创意中国结饰品技法大全

崔芳艳　编著

浙江科学技术出版社

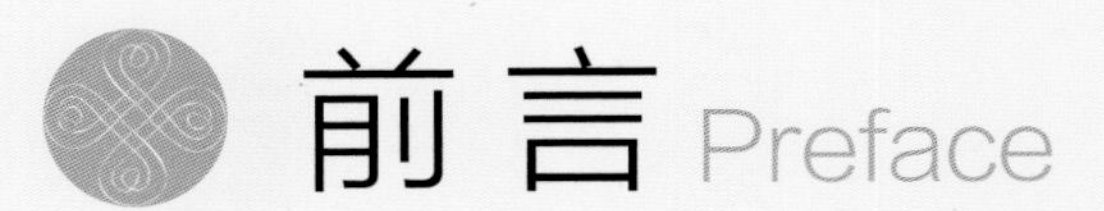

前言 Preface

编中国结是一种手艺活，讲究技巧、耐性、美感，一点都不简单，但不管做什么事情，都会遇到困难，只要不被困难吓倒，持之以恒，你就一定能够编出漂亮的中国结。结果不但让你收获了成功的喜悦，还让你成为了一个心灵手巧的人。

现代的中国结取材简单、多样，玉线、股线、金线、跑马线、扁带，甚至是棉线、尼龙线等均能用来编结。不同质地和颜色的线，可以编出风格、形态与韵致各异的结。把不同的结组合起来或者搭配上珠子、玉石、陶瓷等配件，便能编制出造型独特、寓意深刻、内涵丰富的中国传统吉祥装饰品。

作者共挑选了 86 款创意新颖、操作简单的中国结编成《创意中国结饰品技法大全》，为读者们提供新的教程。本书共分为五部分，第一部分介绍了中国结的基础知识；第二部分介绍了编中国结的材料、配件、工具和编结技法；第三至第五部分属于饰品操作实例，分别为“潮流结式篇”“生活结式篇”“开运结式篇”，且每篇又分别细分三小节，力求实例丰富多样，步骤简洁明了。用多样又精巧的中国结配饰点缀您的生活，一定会使您的生活充满情趣。

目录 Contents

中国结基础

多变中国结技法

潮流结式篇

生活结式篇

开运结式篇

中国结基础

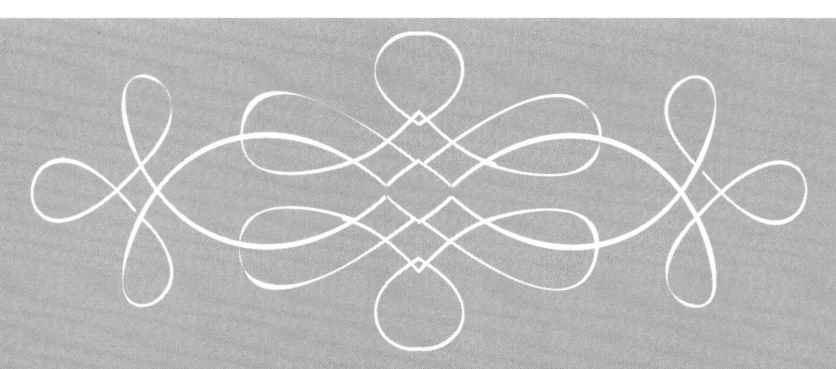

中国结的文化梗概

中国结历史源远流长，始于上古，兴于唐宋，盛于明清。人类的历史有多长，结艺的传统就有多久远。漫长的历史沉淀使得中国结渗透着中华民族特有的文化精髓以及文化底蕴。

据《易·系辞》记载："上古结绳而治，后世圣人易之以书契。"东汉郑玄在《周易注》中道："结绳为约，事大，大结其绳，事小，小结其绳。"可见，"结"被华夏先民赋予了"契"和"约"的法律表意功能，同时还有记载历史事件的作用。"绳"和"神"谐音，又因绳像蟠曲的蛟龙，而中国人又是龙的传人，所以在史前时代，龙神的形象是用绳结编织而成的。而"结"字也是一个表示力量、和谐、充满情感的字眼，"结"的演变渗透着中华民族悠久的文化信仰和浓郁的宗教色彩。"结"承载着人们的各种情感和愿望，人们托"结"寓意祥瑞和美好。结合、结交、结缘、结果、结发夫妻、永结同心等，结都给人一种团圆、亲密、和谐、温馨的美感。而"结"与"吉"谐音，更包含着福、禄、寿、喜、财、安、康等丰富多彩的内涵，因为"吉"是人类永恒追求的主题。

安徽怀宁汉代铸范上"盘长结"纹样的考古发现，证实了早在汉代，结艺文化已贯穿于人们生活之中，并形成了一定的传承机制。中国结真正作为一种装饰艺术是始于唐宋时代，唐诗《结爱》有云："心心复心心，结爱务在深。一度欲离别，千回结衣襟。结妾独守志，结君早归意。始知结衣裳，不如结心肠。坐结行亦结，结尽百年月。"到了明清时期，人们开始给中国结以多种命名，为它赋予了更加丰富的内涵。比如，如意结代表吉祥如意，双鱼结寓意吉庆有余。结义在明清时期达到了鼎盛，有诗为证："交丝结龙凤，镂彩织云霞。一寸同心缕，千年长命花。"其时盛况，可见一斑。

时至今日盛世，结艺之道可谓得到了较大发展。现代结艺早已不是简单的历史传承，它更多地融入了现代人对生活的诠释，融汇了各种艺术、技艺的巧思。人们更加注重结艺体现的现代装饰意味，并将木艺、花艺、陶艺、玉石、年画等多种技巧与传统中国结有机结合，使今天的人们更加乐于接受东方古典元素的现代结艺之美。无论是大小吉祥挂饰，还是各种编结服饰，现代结艺无不彰显其返璞归真的特点，于拙朴中张扬新锐，只要看一看女子身上的传统旗袍，那精致的盘扣、织锦的质地，一望之下，远古的神秘与东方的灵秀融为一体，给人以美的享受。中国结艺已经走进千家万户。越来越多普通民众喜爱中国结、编织中国结，用丰富多彩的中国结为生活增添和谐与情趣。

中国结的编结特点

我们通常所见的中国结一般是由两个或两个以上的单结、配件组合而成的，也就是说单结是结饰最重要的单元。单结一般分为基本结、变化结和组合结。基本结有平结、金刚结、凤尾结、双联结等；变化结一般有盘长结、团锦结、磬结等，这些结都可以在最基础的编法上变化出多种外形的结体；组合结是由多个基本结组合或基本结和变化结组合成为一个结饰的基本单元，如同心结、如意结等。

要做出一个完整、美观的结饰，首先要熟练掌握单结的编结方法。编结的关键是不要弄错线的走向，也不要把线随意扭转，如果是用双线编结，两线不要交叉、重叠。

一个结编好后，往往呈现松散状态，这时就要适当调整结体。结体的调整一般可分为三个步骤：分清内耳和外耳，调整耳翼的大小和长短，把多余的线抽到结的尾端。调整耳翼和抽线一般是同时进行的，而且必须要根据线的走向抽线，所以我们最好在编结前先弄懂线的走向。

很多情况下，编结和调整是同时进行的，如凤尾结、如意结等都是一边编一边调整，而盘长结是编好以后再调整，调整结体在编结的过程中非常重要，不仅讲究技巧，而且考验个人审美眼光。中国结讲究整体的对称和平衡，虽然每个结调整时的具体方法都不一样，但是都应该遵循美的原则来进行。另外，如果结体有线头、接缝等，应该巧妙地藏起来；而一些不易定型、容易松散的结，如双钱结，则要用同色线在结里做一个暗缝或涂上胶水，以固定结形。

中国结加入了玉石、水晶、木雕等配饰后会更好看。当你熟练掌握了中国结的编法以后，就可以为结添加一些配饰，但配饰不能随便加，也应遵循美的原则，根据两者的色彩、形状、质地等方面进行搭配，也可以根据个人的喜好和审美观添加配饰。

◎对于编结初学者来说，理解能力和记忆能力是首要的，在编结之前，要读懂图解，理解各种图标以及挑、压、套、穿等术语，了解并记住结的结构和线的走向，这样才有利于掌握每个结的编法，从而才能得心应手。

多变中国结技法

常用线材

麻绳： 麻绳带有民族特色，规格有粗有细，较粗的适合用来制作腰带、挂饰等，较细的不会引起皮肤不适，适合用来制作贴身的佩饰，如手绳、项链绳等。

股线： 股线有单色和七彩色，由多股丝线扭在一起，分 3 股、6 股、9 股、12 股、15 股等规格。质地比较柔软，常用于绕在中国结的结饰上面作装饰，在制作细款的手绳、脚绳、腰带、手机挂绳等小饰物时也较常应用。

蜡绳： 蜡绳的外表有一层蜡。它有多种颜色，是西方编结常用的线材。

芊绵线： 芊绵线有美观的纹路，适合制作简易的手绳、项链绳、手机挂绳、包包挂绳等饰品。

五彩线： 五彩线由绿、红、黄、白、黑五种颜色的线织造而成，规格有粗有细，有加金和不加金两种。民间传说五彩线可开运保平安，还能结人缘、姻缘，多用来编成项链绳、手绳、手机绳、包包挂绳。

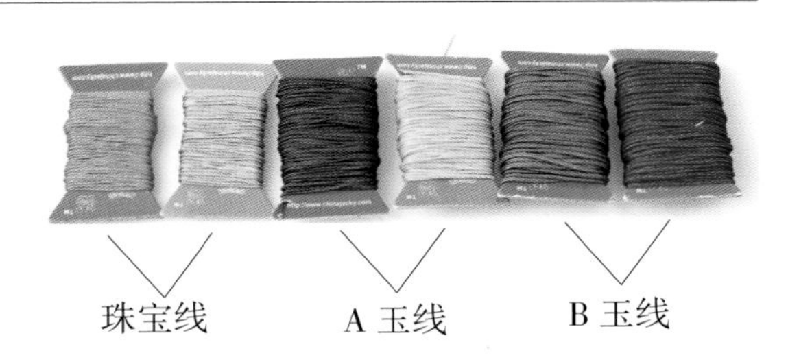

珠宝线　A 玉线　B 玉线

玉线： 玉线比较结实，多用于串编小型挂饰，如手绳、脚绳、手机绳、项链绳、戒指、花卉、包包挂绳。

珠宝线： 珠宝线有 71 号、72 号等规格。这种线的质感特别软滑，特别细，多用于编手绳、项链绳及穿珠宝，是黄金珠宝店常用的线材之一。

6、7 号线： 常用于制作手绳等具中国风的饰品。接合时可用黏胶进行固定，也可以用打火机进行烧粘接合。

棉绳： 棉绳质地较软，可用于制作简单的手绳、脚绳、小挂饰，适合制作一些需要表现垂感的饰品。

皮绳： 皮绳有圆皮绳、扁皮绳之分，此类型的线材可以直接在两端添加金属链扣来使用，也可以加以改变做出其他的效果。

常用工具

钩针： 在编盘长结、团锦结等较复杂的结的时候，钩针可以灵活地在线与线之间完成挑线、钩线的动作。

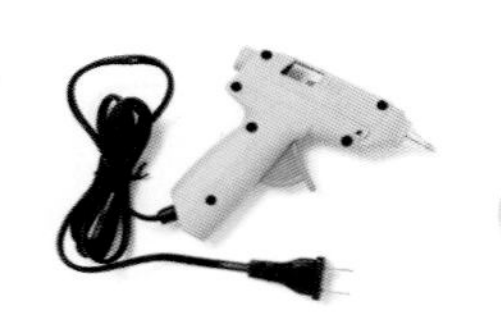

热熔胶和热熔枪： 用热熔枪加热热熔胶，可以更好地固定结体和饰物。

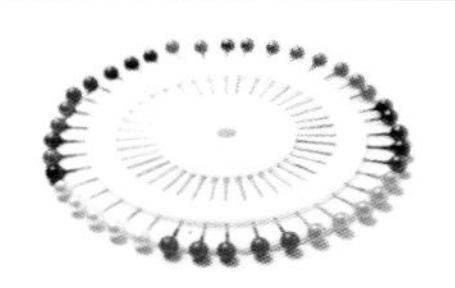

大头针： 大头针常插在垫板上，结合垫板一起使用，用于编较复杂的结体，如盘长结、团锦结。

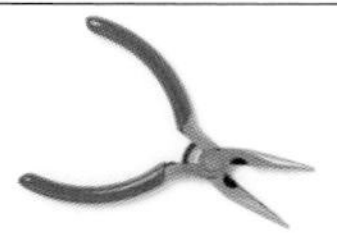

尖嘴钳： 编织中有使用较粗的线材时，取代镊子，收形固定。

垫板： 垫板常和大头针一起使用，用来固定结体，编织较复杂的作品。

剪刀： 剪刀用来剪断线材。宜选用刀口锋利的剪刀，用起来会非常顺手。

双面胶： 双面胶一般应用于绕股线。在编手绳、项链绳等小饰品时，常常在线的外面绕上一段较长的股线作装饰，在绕股线之前，只需在线的外面粘上一圈双面胶，然后利用双面胶的粘力绕出所需要的股线长度。

打火机： 在接线及作品收尾时，多用打火机烧粘线头和线尾，以使作品更美观。但在操作时需注意掌握火焰及烧粘的时间。

电烙铁： 电烙铁是制作线圈的辅助工具。应用时，只需将电烙铁前端的扁头部分将线的两头略烫几秒钟，待线头略熔，马上按压，即可对接成线圈。

胶水： 接线时用于粘合线头。

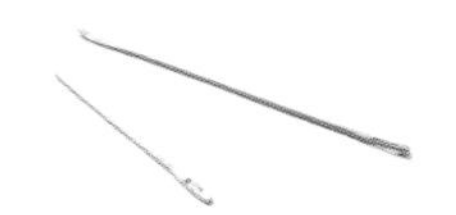

套色针： 比缝纫针粗、长，多用在盘长结、团锦结等结饰上面镶色作装饰。

镊子： 编结时用来穿、压线，收形时用来移动线。

常用配件

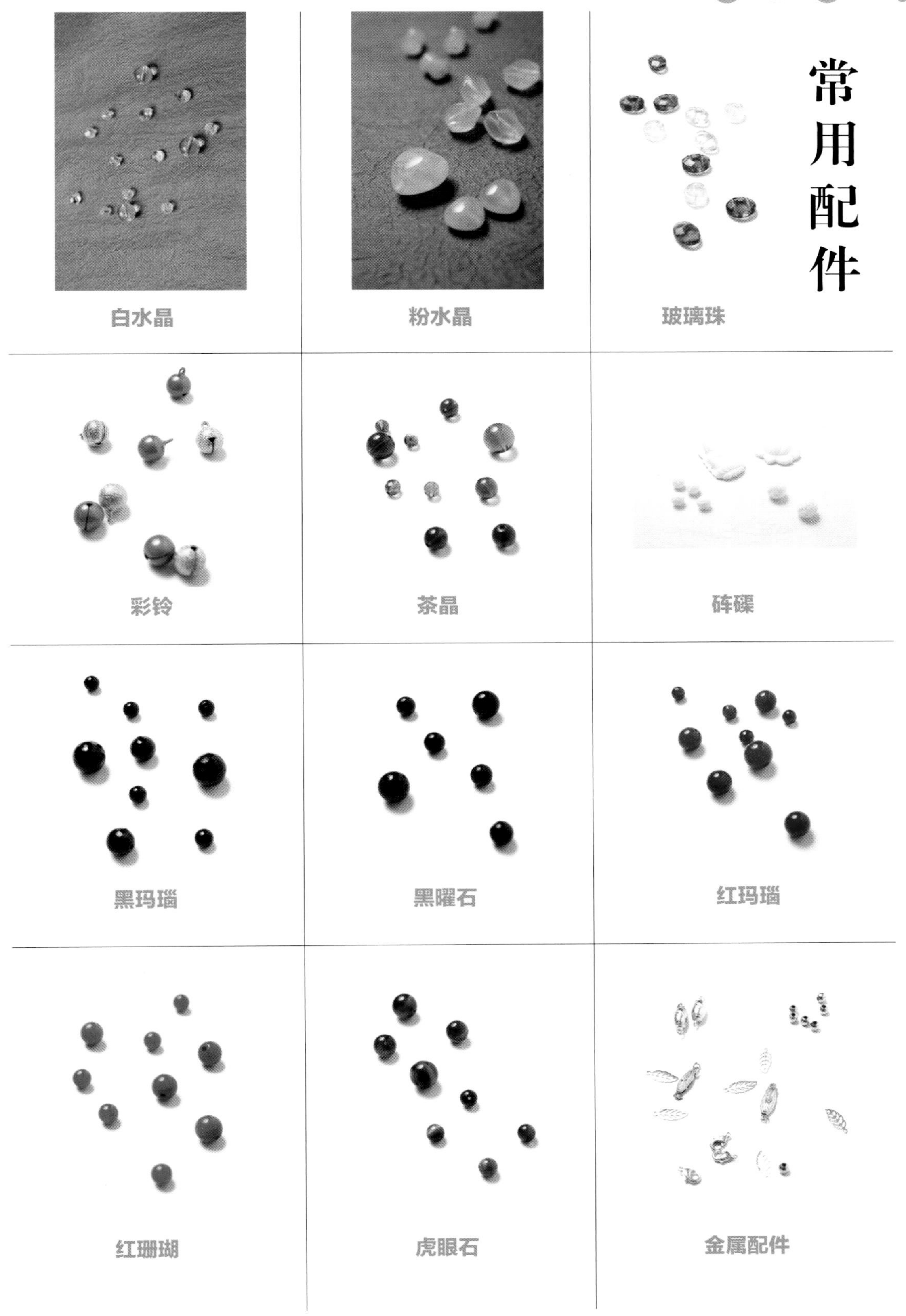

白水晶　粉水晶　玻璃珠

彩铃　茶晶　砗磲

黑玛瑙　黑曜石　红玛瑙

红珊瑚　虎眼石　金属配件

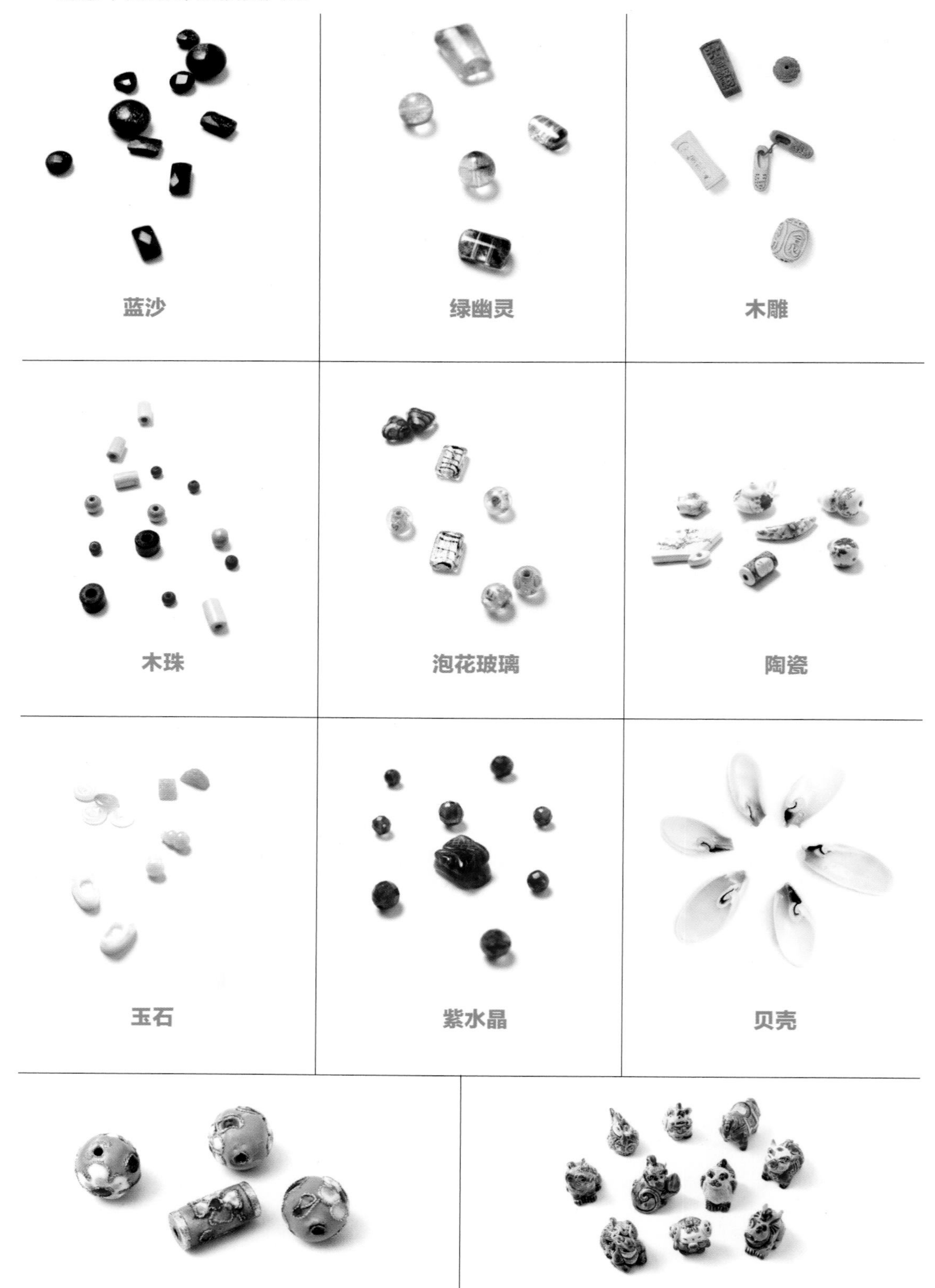

蓝沙 绿幽灵 木雕

木珠 泡花玻璃 陶瓷

玉石 紫水晶 贝壳

景泰蓝 交趾陶

穿珠

双线穿珠

制作过程

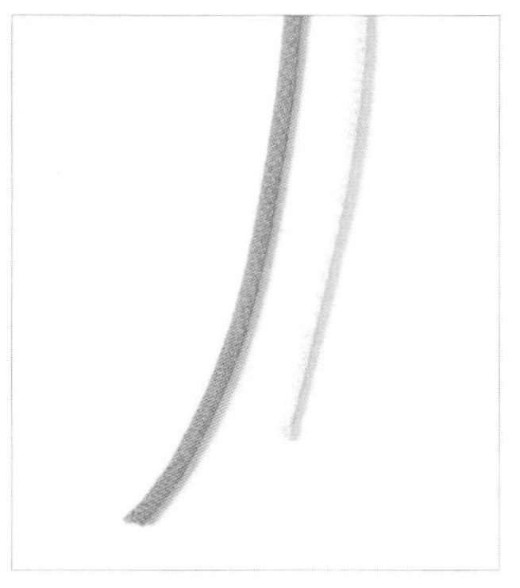

1. 如图，准备两条线。

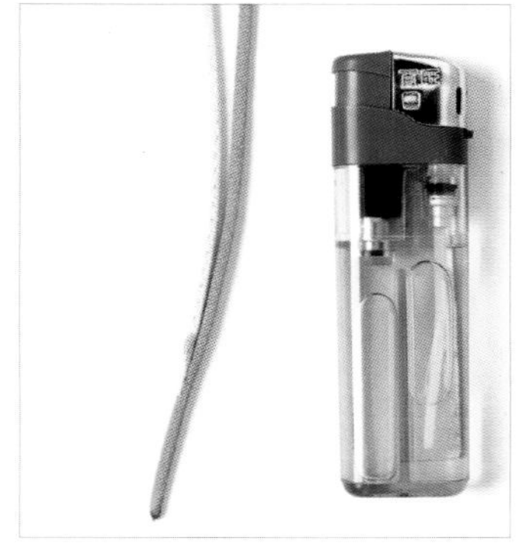

2. 用打火机将蓝色线的一端略烧几秒，待线头烧熔时，将这条线贴在橘色线的外面并迅速用指头将烧熔处稍稍按压，使两条线粘在一起。

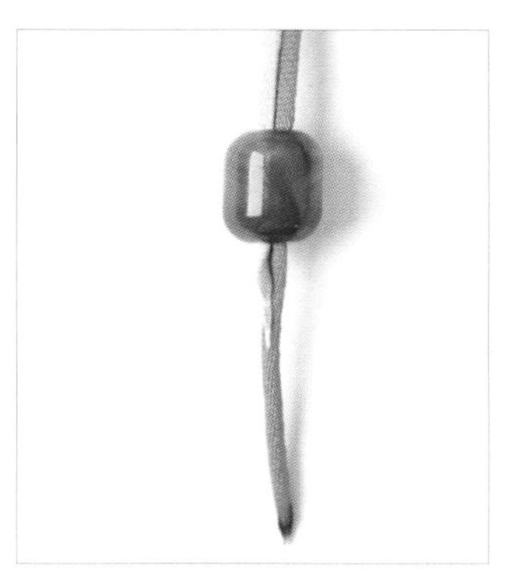

3. 先用橘色线穿过珠子，然后蓝色线也会顺利穿过珠子。

多线穿珠

制作过程

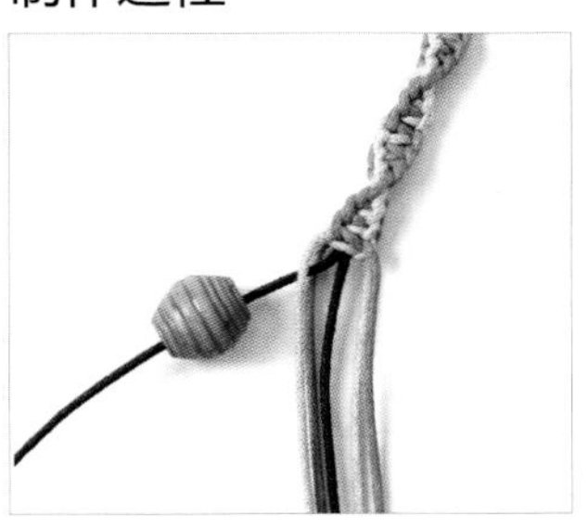

1. 先用其中的一条线穿过一颗珠子。

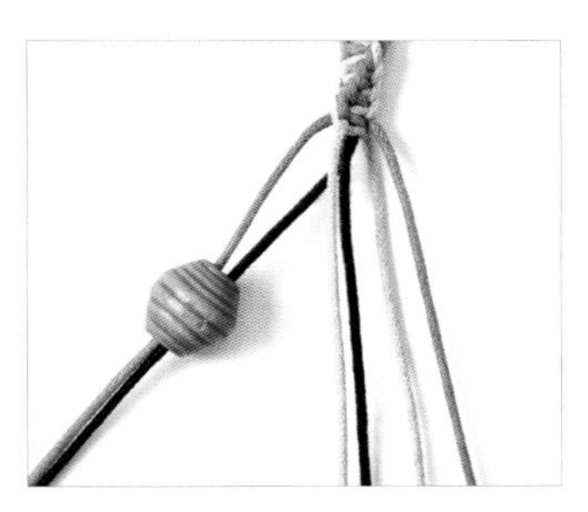

2. 然后将第二条线穿过珠子。

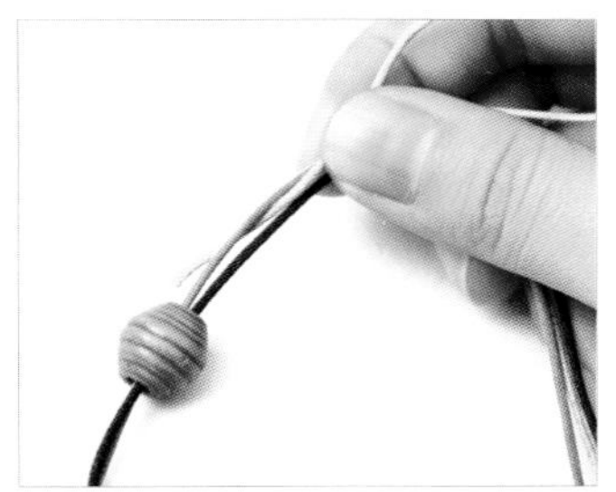

3. 将第三条线夹在之前穿过珠子的两条线间，然后拖动那两条线，第三条线就顺利穿过珠子。

4. 用同样的方法使其余的线穿过珠子。

5. 将所有的线合在一起打一个单结。

6. 线尾保留所需的长度，然后将多余的线剪掉即可。

绕线

制作过程

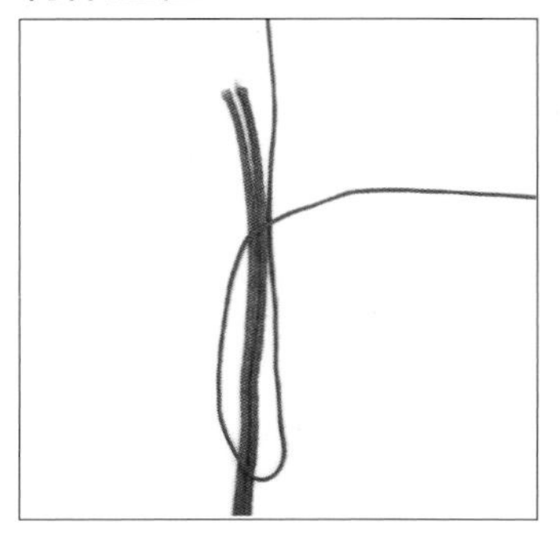

1. 以一条或数条绳为中心线，取一条细线对折并放在中心线的上方。

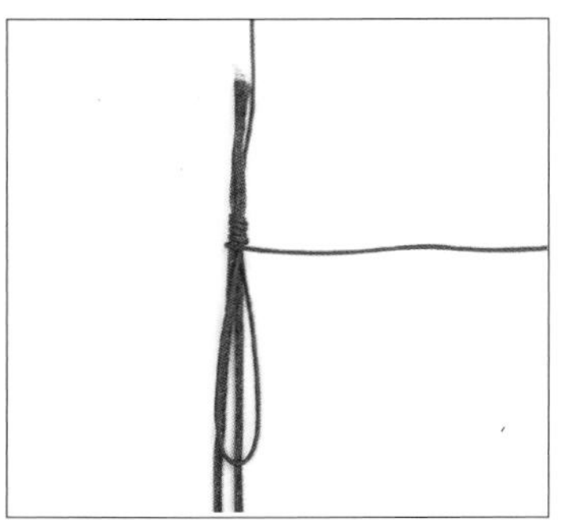

2. 将细线右侧的线如图所示围绕中心线反复绕圈。

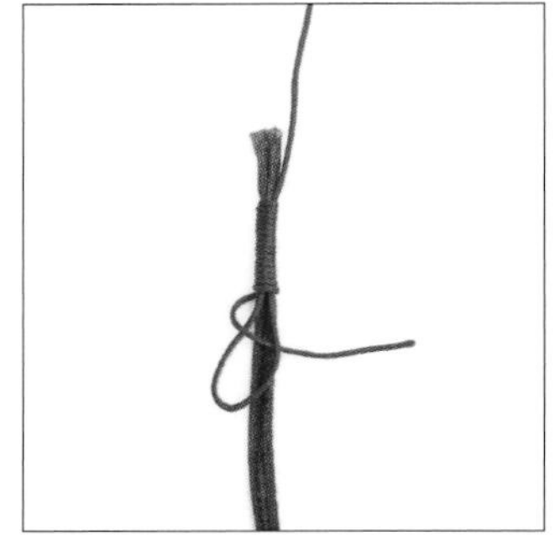

3. 将细线右侧的线如图所示穿过对折端留出的小圈。

4. 轻轻拉动细线左侧的线，将细线右侧的线拖入圈中固定。

5. 最后剪掉细线两端多余的线头，用打火机将线头略烧熔后按压即可。

挂耳

制作过程

1. 准备一条线。

2. 用打火机将这条线的两头烧 1~3 秒，趁线头略烧熔时将线对接起来，用作挂饰的挂耳。

3. 另取一条线，对折挂在这个挂耳上，然后在下面编一个双联结。

4. 在挂耳靠近双联结的位置粘上一层双面胶。

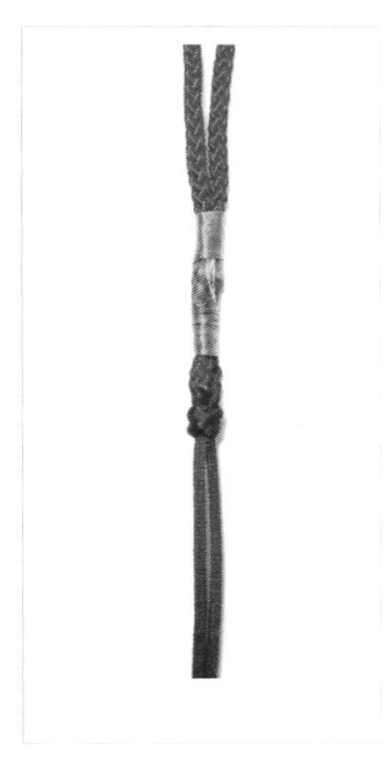

5. 在双面胶的外面绕上股线。

6. 在股线的中间位置粘一片漂亮的丝带作装饰。

7. 这样，挂饰的挂耳就制作完成了。

流苏

一条流苏

制作过程

1. 用挂饰的两条尾线一起向下穿过一条流苏。

2. 用这两条尾线打一个死结即可。

两条流苏

制作过程

1. 用挂饰的两条尾线分别向下穿过一条流苏。

2. 用这两条尾线打一个死结，这样，两条流苏就系好了。

三条流苏

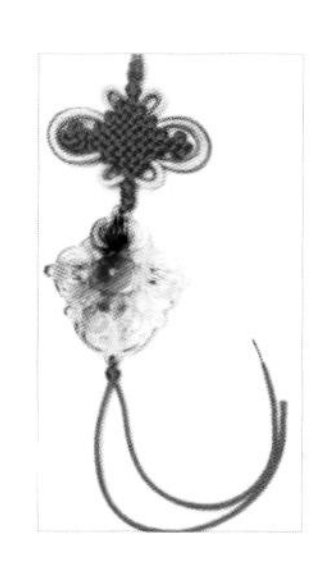

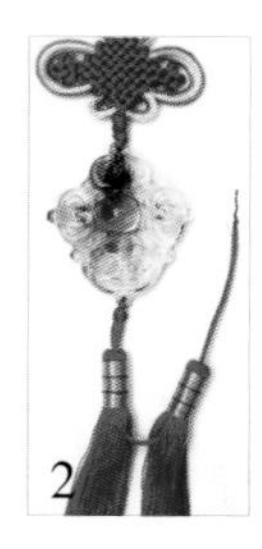

制作过程

1. 用挂饰的两条尾线一起穿过一条流苏。

2. 用右边的尾线从第二条流苏的下面穿过。

3. 把右边的尾线向上从两条尾线中间的空隙穿过去。

4. 用右边的尾线穿过第三条流苏。

5. 把两条尾线系在一起打一个死结就可以了。

双联结

双联结又名双扣结，由两个单结相套连而成，浑圆小巧，不易松散。“联”与“连”同音，有连、合、持续不断之意。双联结常用于编制结饰的开端或结尾，固定主结的上下部分，有时用来编手链、项链或腰带中间的装饰结，别有一番风味。

制作过程

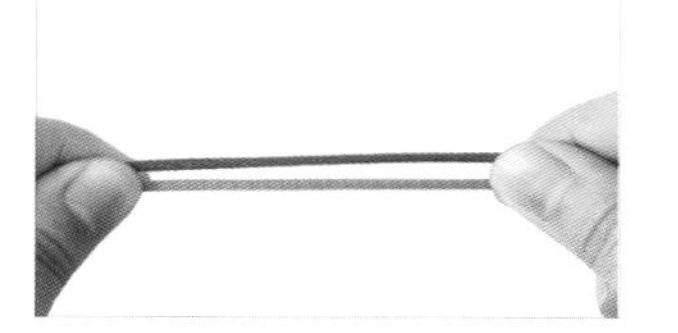

1. 如图，将一条红色线和一条橘色线平行摆放。

2. 用橘色线如图所示绕一个圈。

3. 将步骤 2 中做好的圈如图所示夹在左手的食指和中指之间固定。

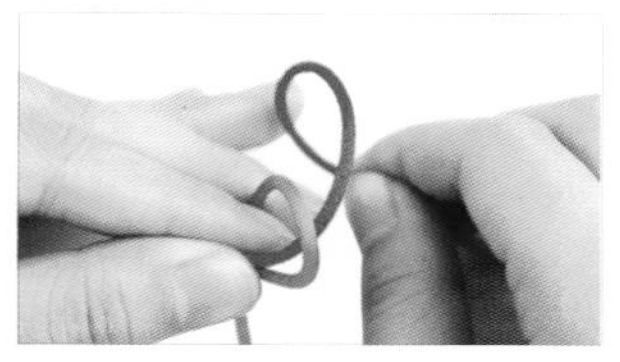

4. 用红色线如图所示绕一个圈。

5. 将步骤 4 中做好的圈如图所示夹在左手的中指和无名指之间固定。

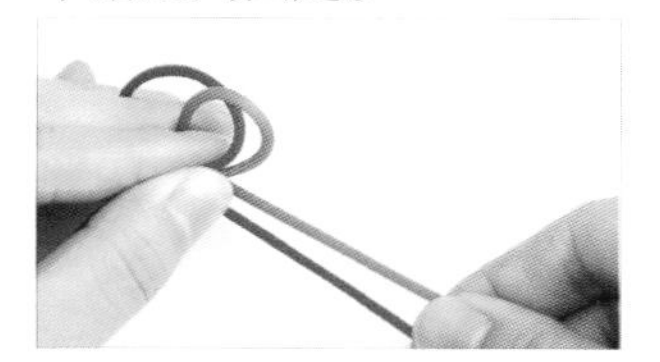

6. 如图，用右手捏住红色线和橘色线的线尾。

7. 两个线尾如图所示分别穿入前面做好的两个圈中。（注意：两条线可以同时穿入各自所形成的圈中，也可以一先一后穿入，先将红色线穿入红色的圈中，再将橘色线穿入橘色的圈中）

8. 拉紧两端。

9. 收紧线，调整好结体即可。

10. 重复前面的做法即可编出连续的双联结。

双环结

双环结因其两个耳翼如双环而得名，又称双叶酢浆草结，是一个美丽的装饰结。其编法简单，可以单线头编制，易于搭配其他结饰。

制作过程

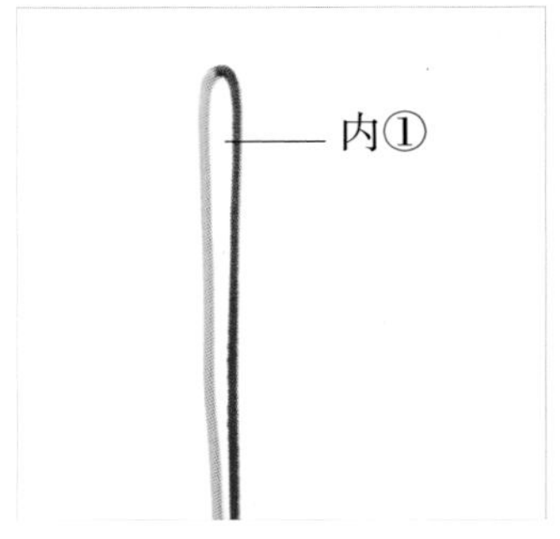

1. 准备一条线，对折，形成内①。

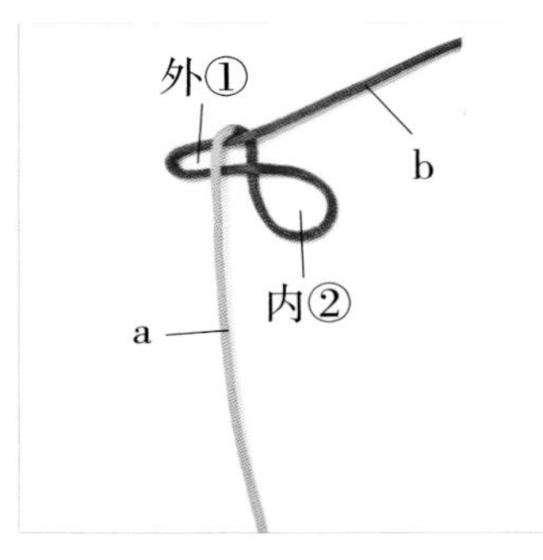

2. b线如图所示走线，做出内②和外①。

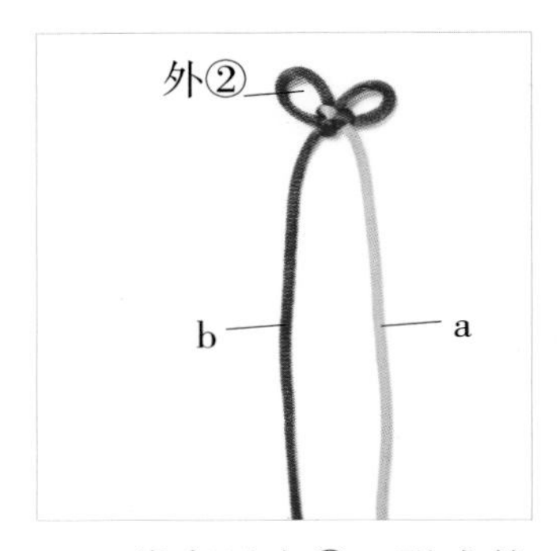

3. b线穿过内②，形成外②，然后压a线。

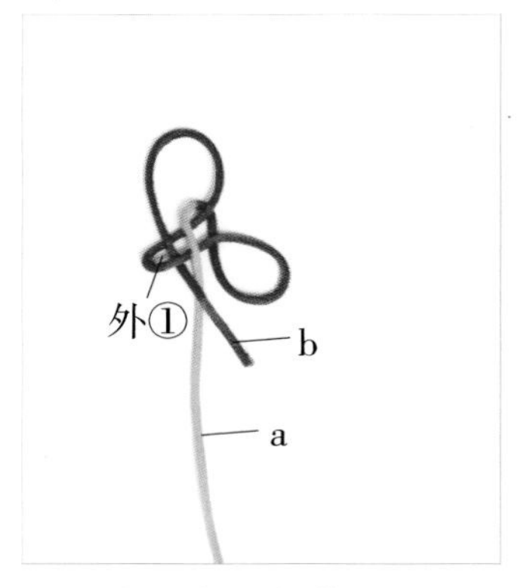

4. b线再穿过外①。

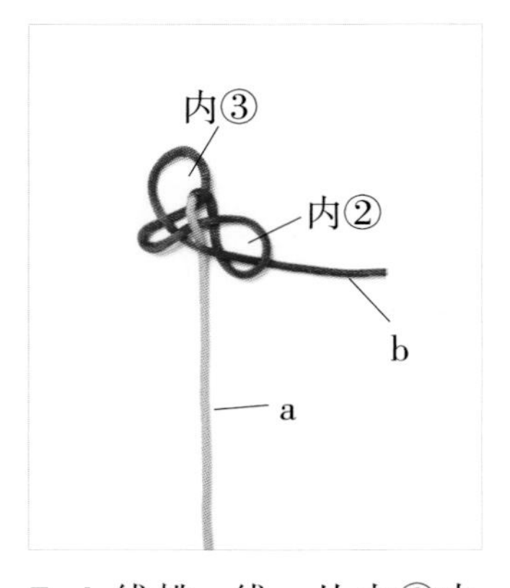

5. b线挑a线，从内②中穿出，形成内③。

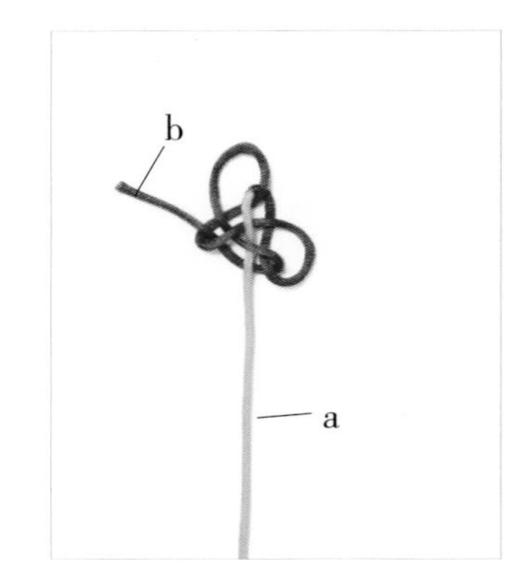

6. 拉紧a、b线，调整好结体即可。

横双联结

结与结之间环环相连，隐喻连中三元、连年有余、连科及第等。在编手链、项链时可以在环里加入饰物作装饰。

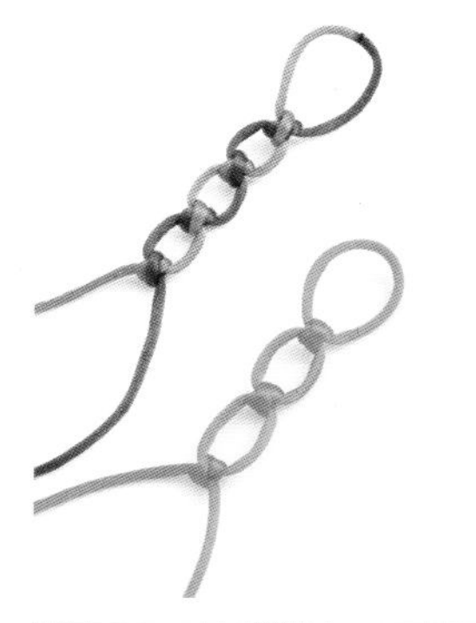

制作过程

1. 如图，准备两条线。

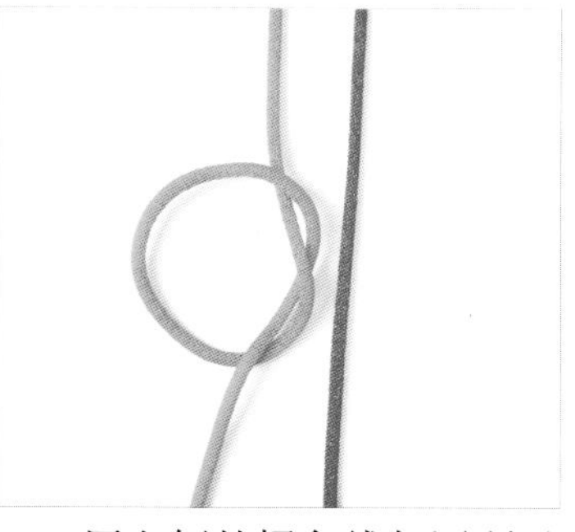

2. 用左侧的橘色线如图所示按顺时针的方向绕一个圈。

3. 右侧的红色线如图所示穿入左侧形成的圈中。

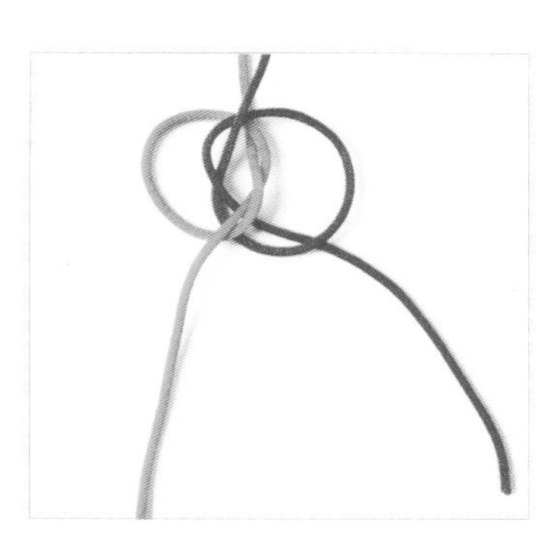

4. 红色线如图所示按逆时针的方向绕一个圈。

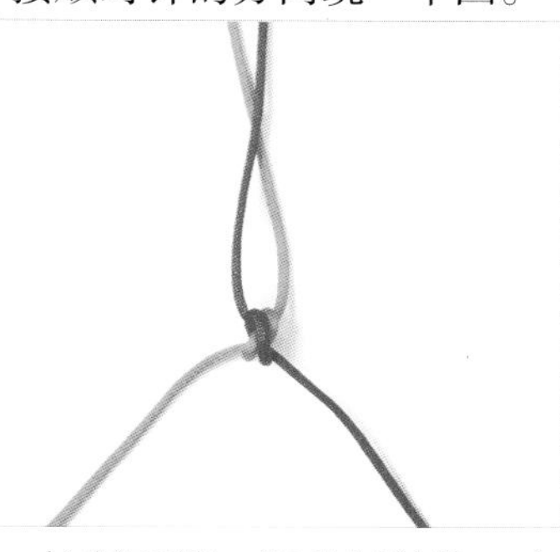

5. 拉紧两端，调整好结体，由此完成一个横双联结。此为横双联结的一面。

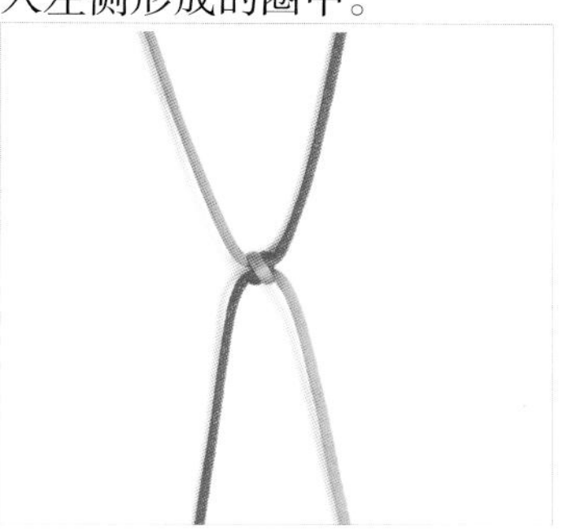

6. 此为横双联结的另一面。

7. 重复步骤 2~4 的做法，用橘色线和红色线再完成一个横双联结。

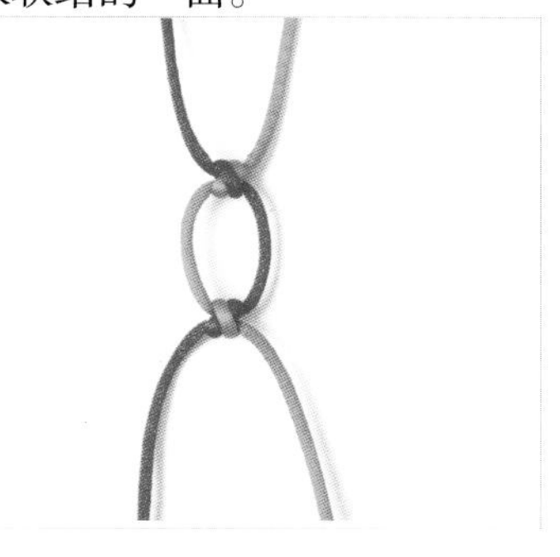

8. 拉紧线的两端，调整好两个双联结之间线的长度。

9. 重复前面的做法即可编出连续的横双联结。

单向平结

单向平结呈螺旋上升状，寓意征服、高低相等、不相上下。它常用来编手链、项链等。

制作过程

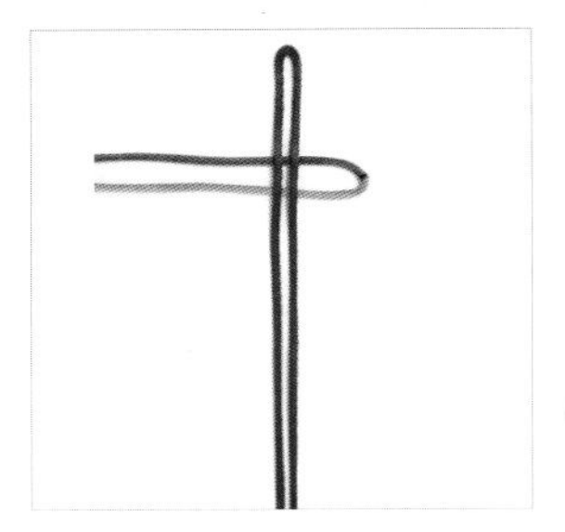

1. 如图，准备两条线，呈“十”字叠放。

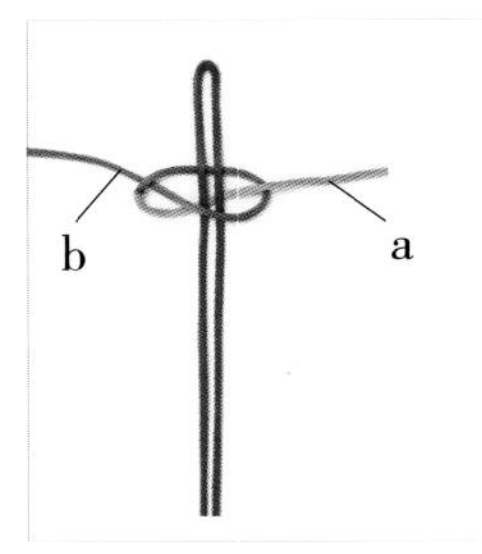

2. b 线挑 a 线，压竖线，穿过左圈。

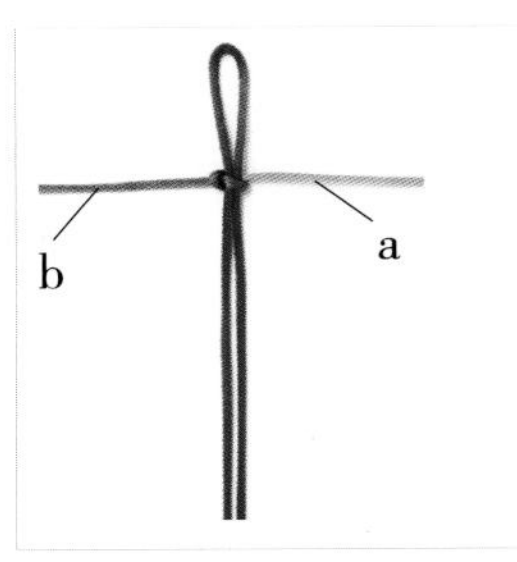

3. 把线拉紧。

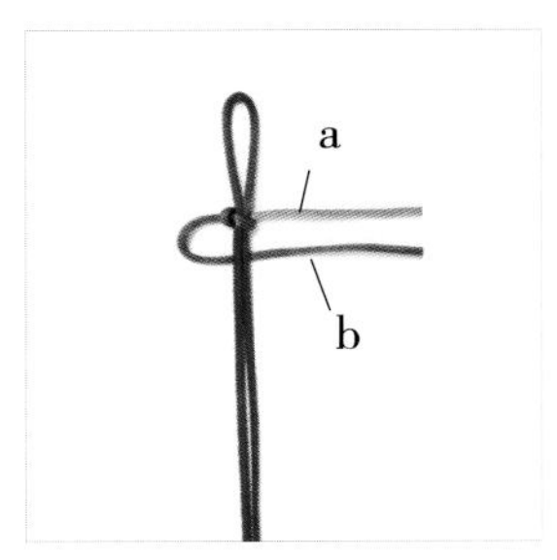

4. b 线挑竖线。

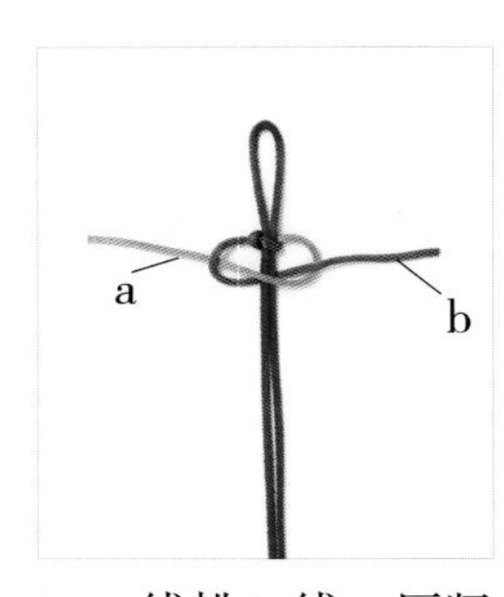

5. a 线挑 b 线，压竖线，穿过左圈。

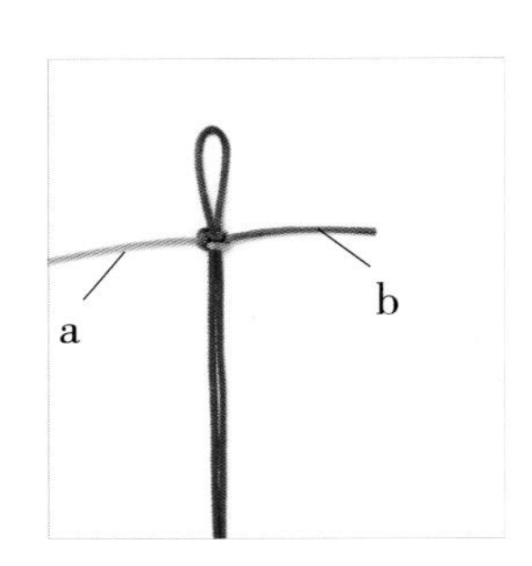

6. 把线拉紧。

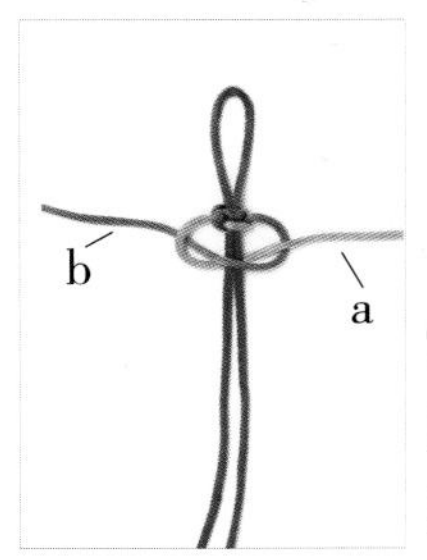

7. a 线向右挑竖线，压 b 线，b 线向左压竖线，穿进左圈。

8. 重复前面的做法编结，结体自然形成螺旋状。

单结

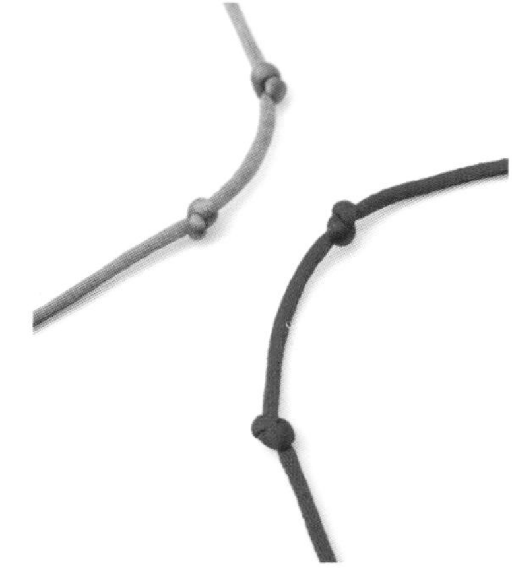

制作过程

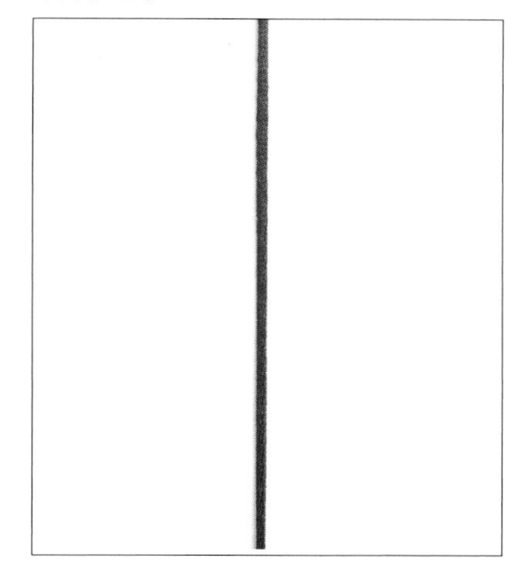

1. 如图，准备一条线。

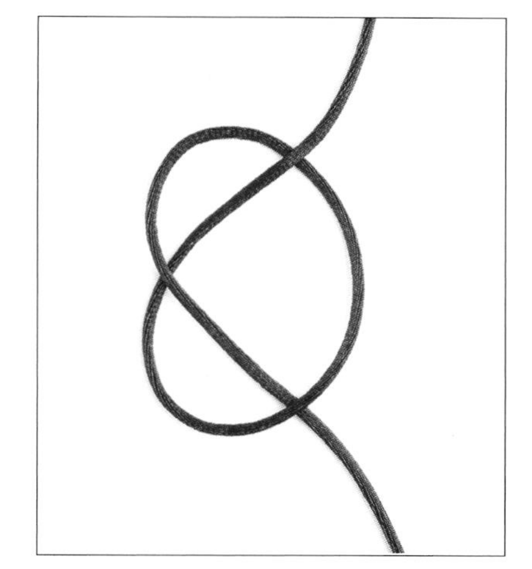

2. 将线绕转打一个结。

3. 拉紧线的两端。

4. 重复步骤 2、3 即可编出连续的单结。

线圈

制作过程

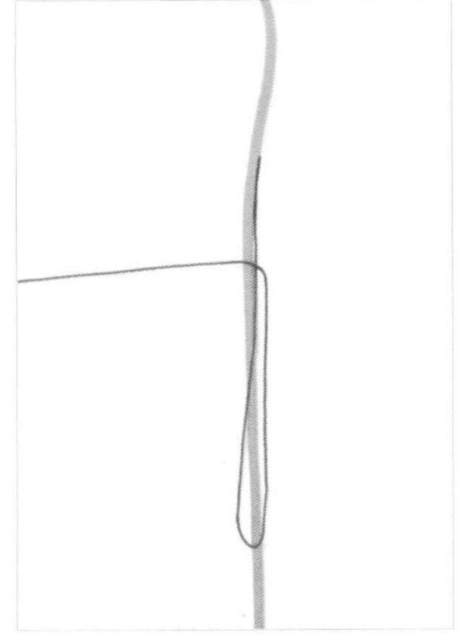

1. 将一段细线折成一长一短，放在一条丝线的上面。

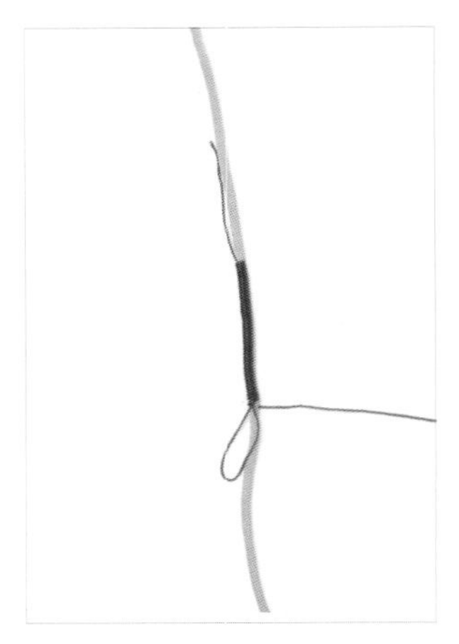

2. 用较长的一段线缠绕丝线数圈。

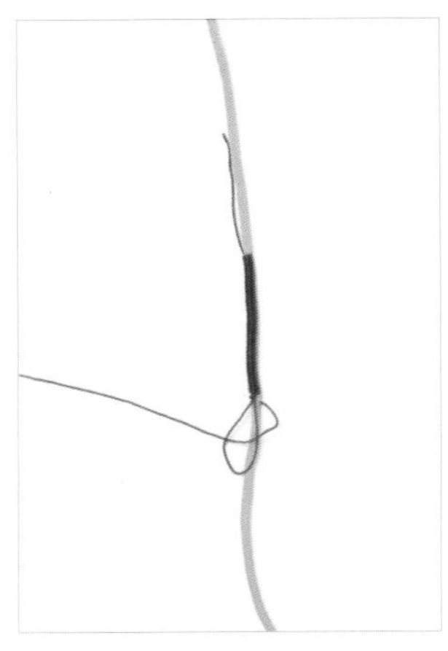

3. 绕到合适的长度时，用较长的线段穿过线圈。

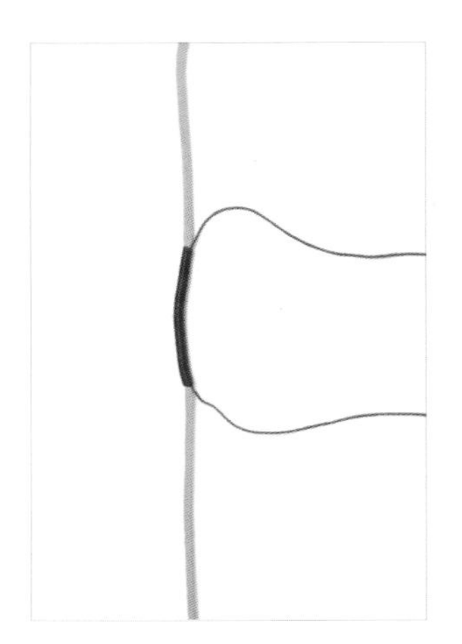

4. 向上拉紧较短的线段。

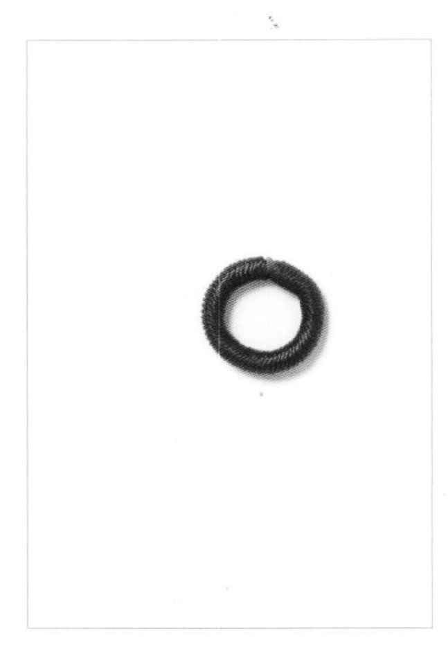

5. 把多余的细线剪掉，将绕了细线的丝线两端用打火机或电烙铁略烫后对接起来即可。

藻井结

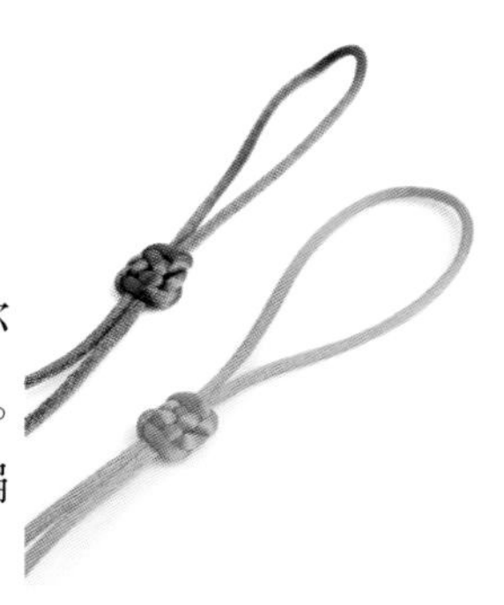

藻井结的中央似“井”字，周边为对称的斜纹，因此得名。中国宫殿式建筑中饰以彩文图案的天花板，谓之“藻井”，又称“绮井”。在敦煌壁画中就有许多藻井图案，井然有序，光彩夺目。藻井结可说是一个装饰结，结体简单，牢固不易松散，可连续编数个制成手链、项链、腰带，非常美观。

制作过程

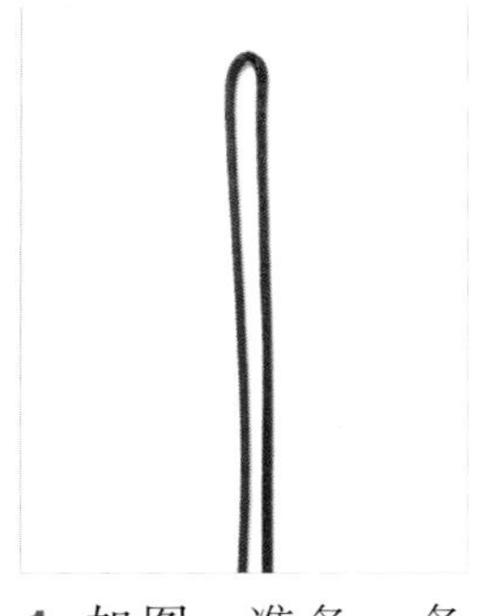

1. 如图，准备一条线，对折。

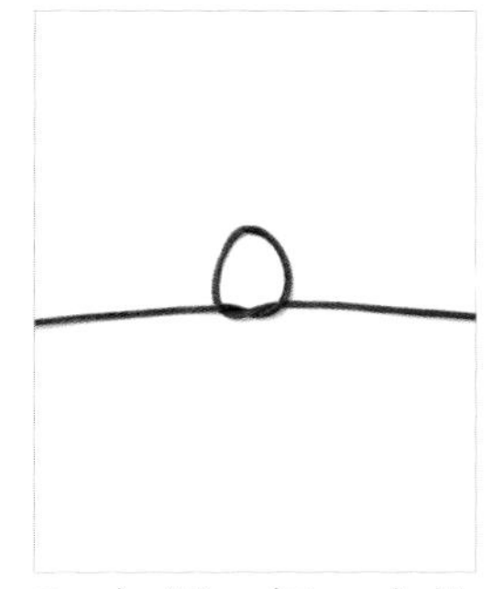

2. 如图，打一个松松的单圈结。

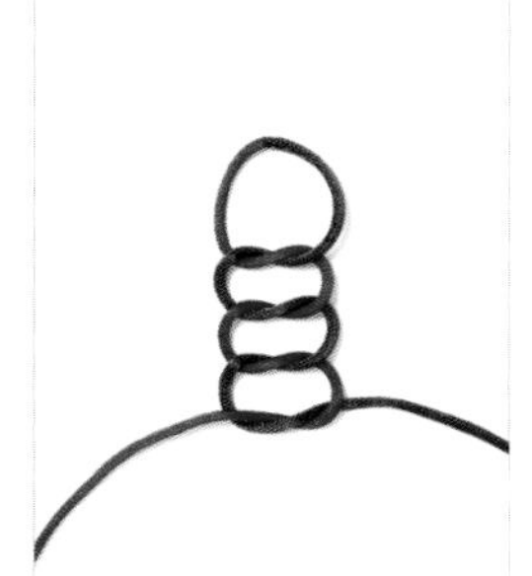

3. 在下面再连续打三个单圈结。

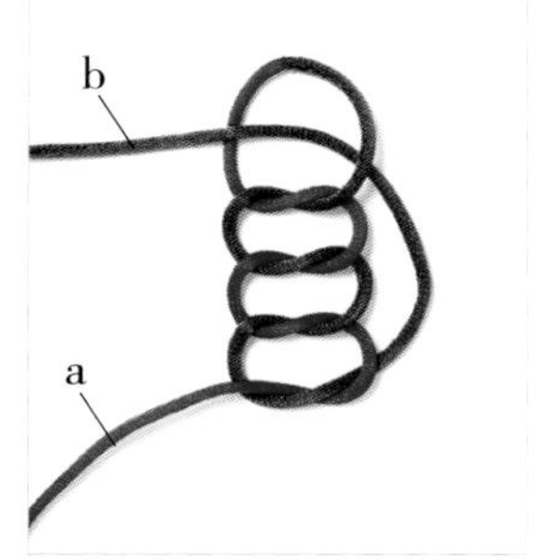

4. b线向上穿过第一个结。

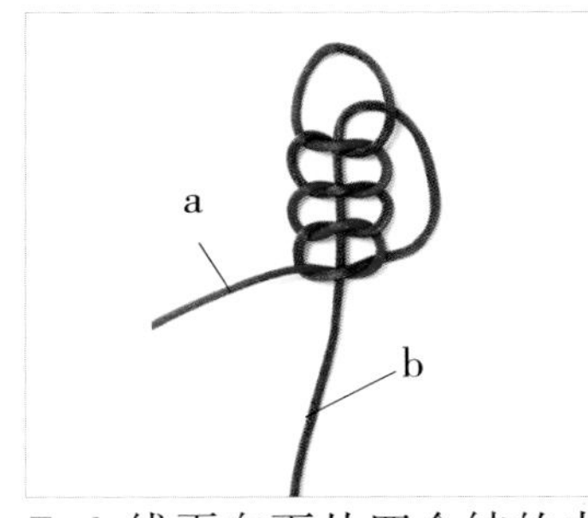

5. b线再向下从四个结的中间穿过。

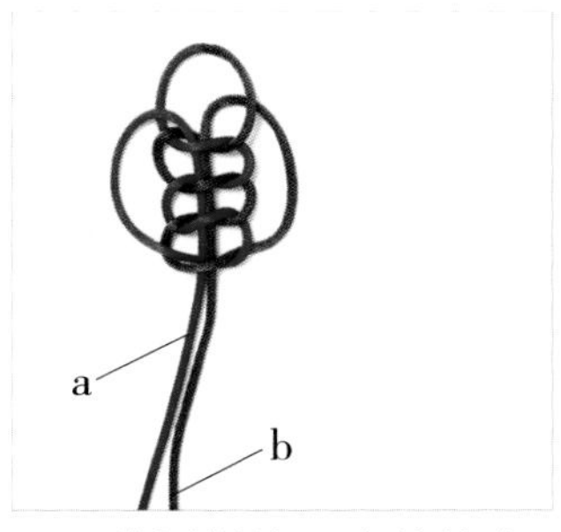

6. a线同样从四个结的中间向下穿。

7. 最下面的左圈从前面往上翻，最下面的右圈从后面往上翻。

8. 把上面的线收紧，留出下面的两个圈。

9. 最下面的左圈和最下面的右圈仿照步骤7的做法，再翻一次。

10. 收紧结体即可。

酢浆草结

酢浆草结因其外形酷似酢浆草的“十”字花瓣而得名，寓意幸运吉祥。

制作过程

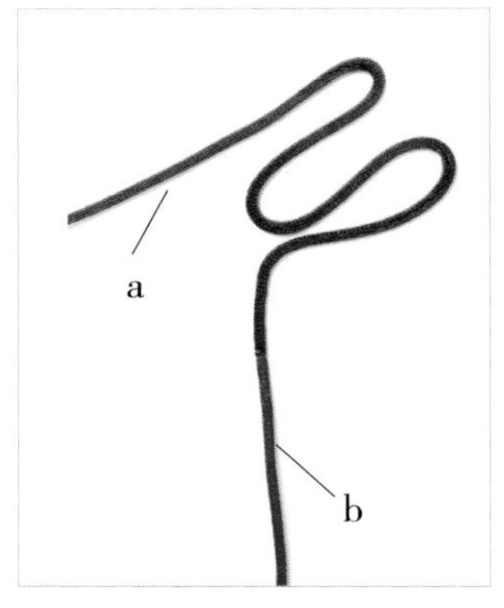

1. a线如图所示做两个套。（注意：线头对折处叫做“套”，套与套之间的弧度叫做“耳”）

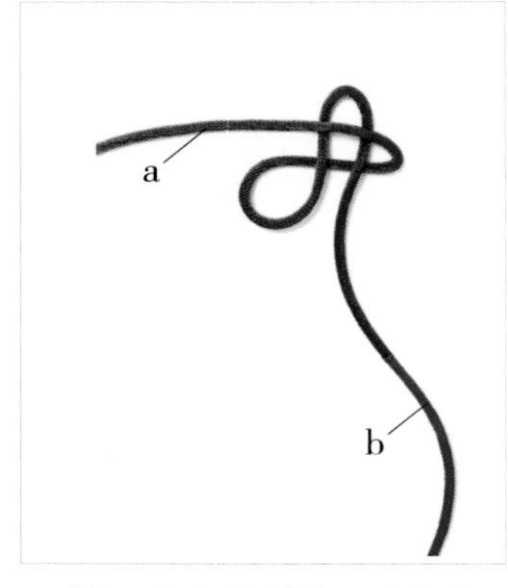

2. 第二个套进到第一个套中。

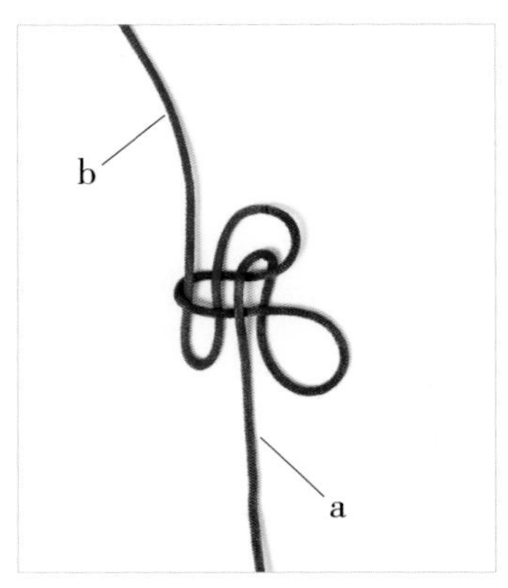

3. b线绕出第三个套，进到第二个套中。

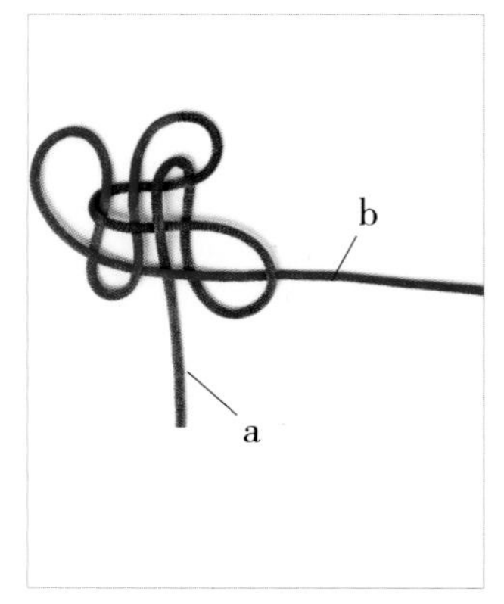

4. b线进到第三个套中，包住第一个套。

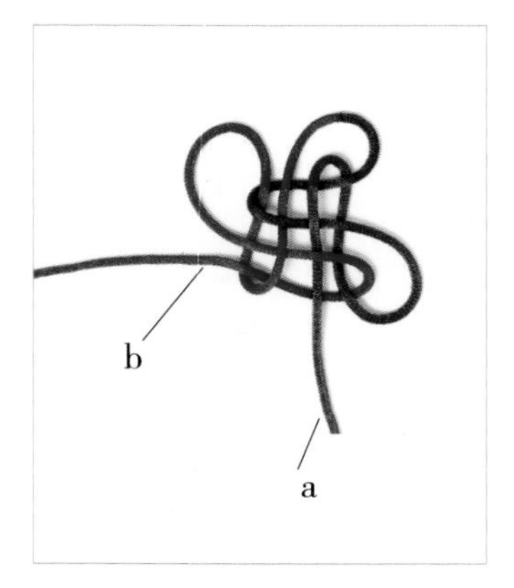

5. b线从第三个套中穿出。

6. 拉紧三个耳翼，调整结体即可。

蛇结

蛇结形如蛇骨体，结体稍有弹性，可以左右摇摆，结式简单大方，常用于编项链、手链等，是一种比较常用的基本结。

制作过程

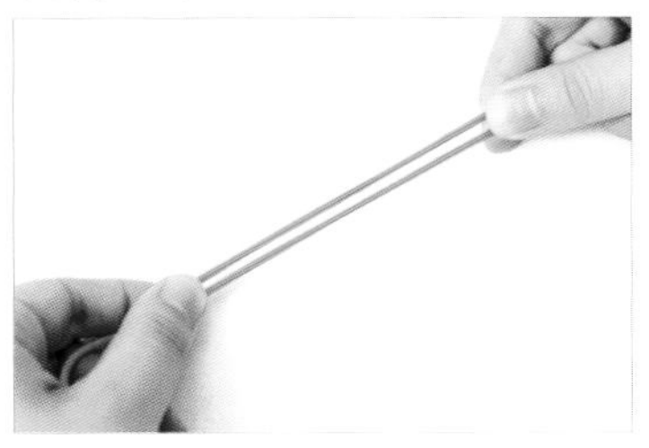

1. 准备一条线，对折，用左手捏住对折的一端。

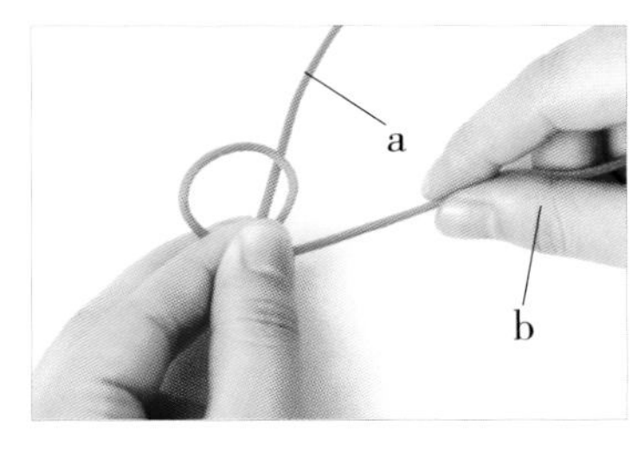

2. 用b线如图所示绕一个圈，将这个圈夹在左手食指与中指之间。

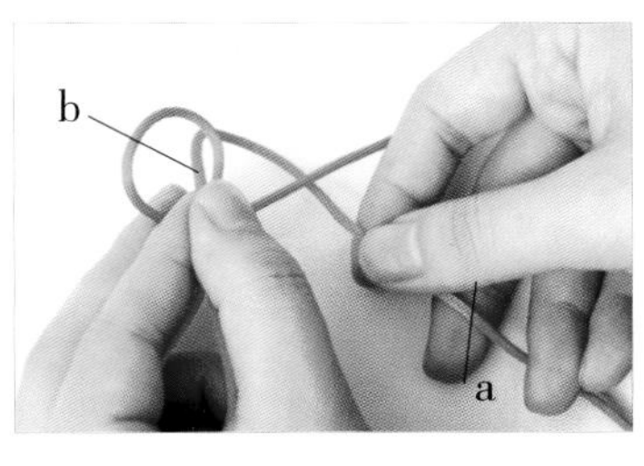

3. a线如图所示从b线的下方穿过。

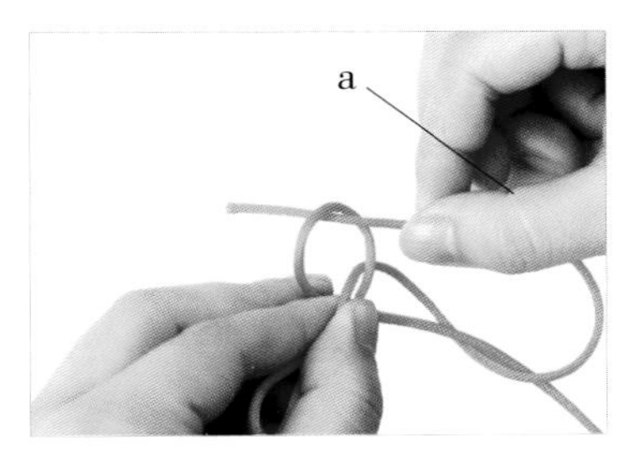

4. a线如图所示穿过步骤2中形成的圈。

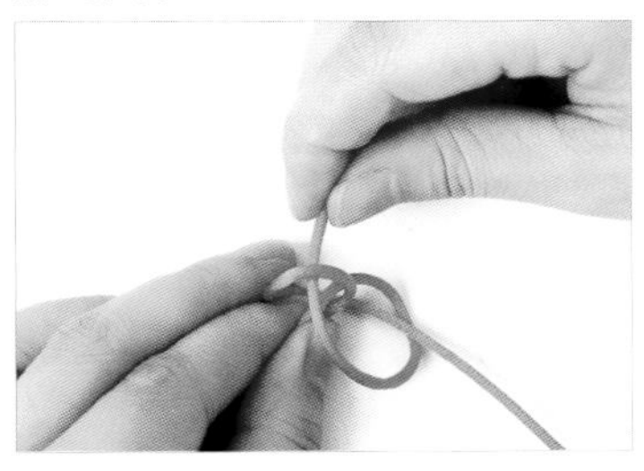

5. a线同样形成一个圈。

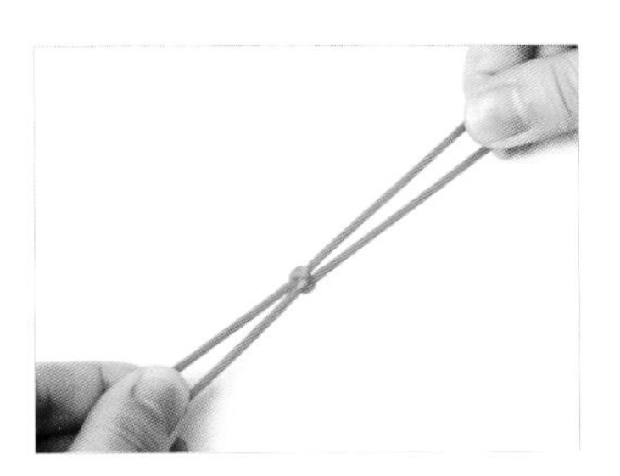

6. 拉紧两端即可形成一个蛇结。

7. 重复步骤2~5的做法。

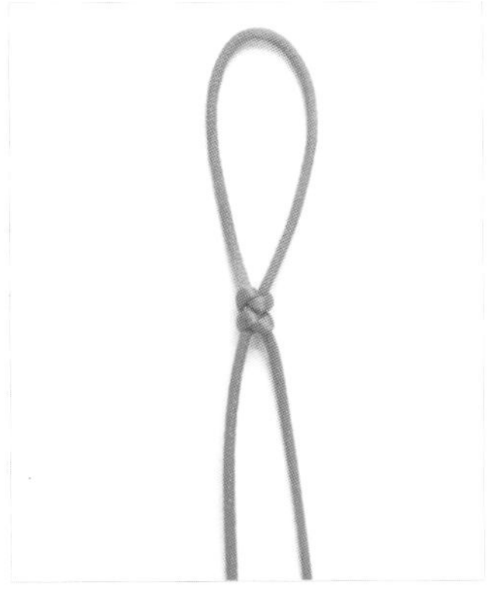

8. 拉紧两条线，由此形成一个蛇结。

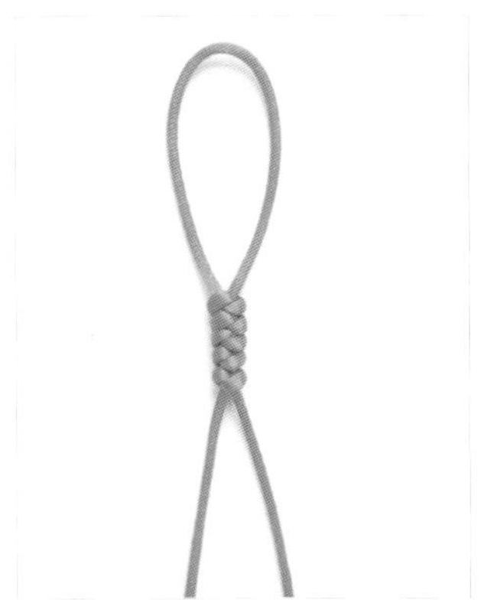

9. 重复前面的做法即可编出连续的蛇结。

双钱结

双钱结又称金钱结或双金钱结，形似两个古铜钱相连，“钱”与“全”谐音，寓意好事成双。其外观成环形，气派大方，常用来编手链、项链、腰带等饰物。

制作过程

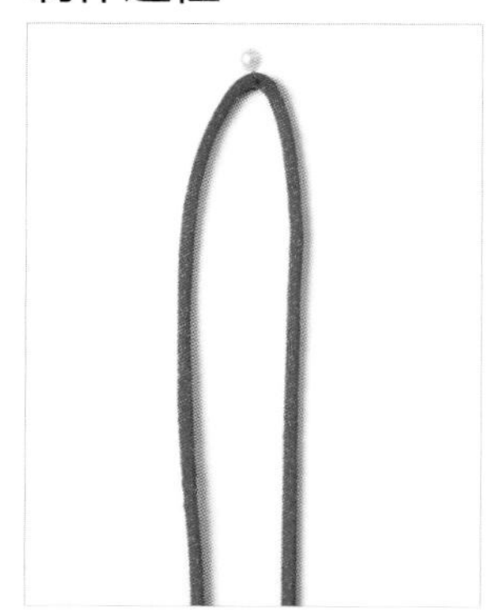

1. 如图，准备一条线。

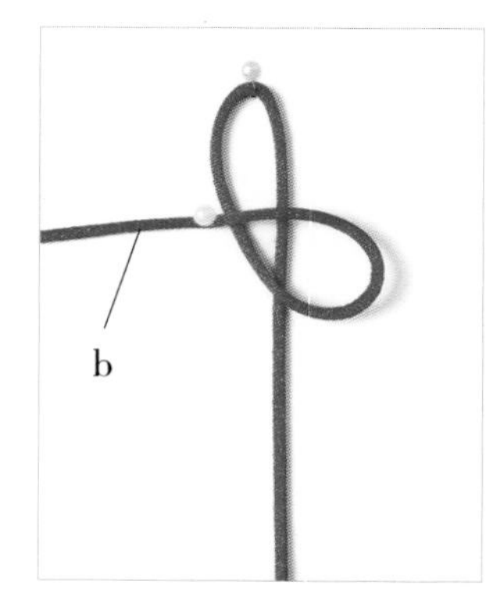

2. 如图，用b线按逆时针方向绕一个圈。

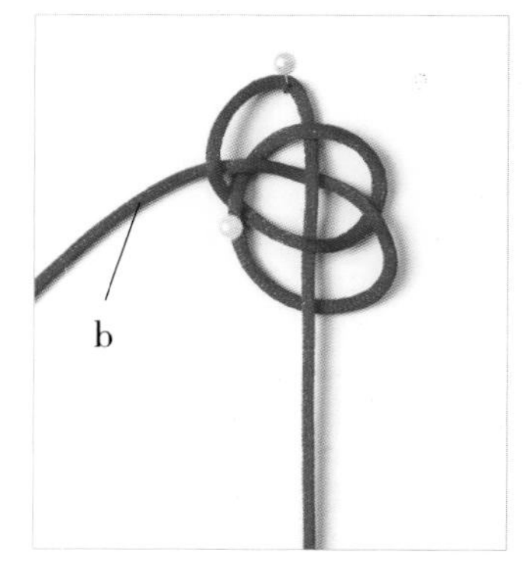

3. b线如图所示做挑、压。

4. 将结体调整好。

5. 用b线继续编一个双钱结。

6. 重复前面的做法即可编出连续的双钱结。

十字结

十字结正面呈“十”字，背面似方形“田”字，寓意十全十美，所以又称成功结。结形小巧简单，多用在饰品组合中作装饰。

制作过程

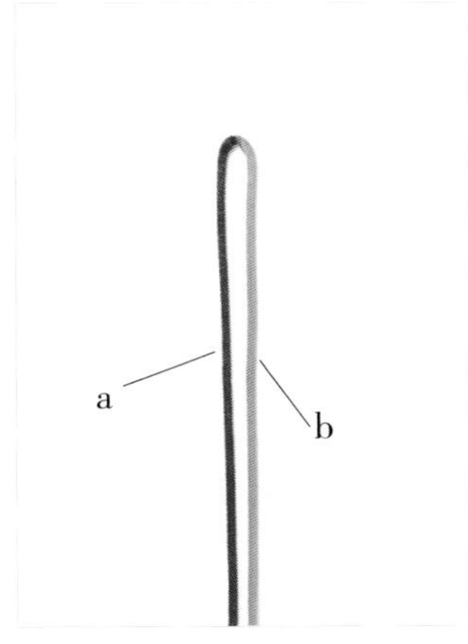

1. 如图，准备一条线，对折。

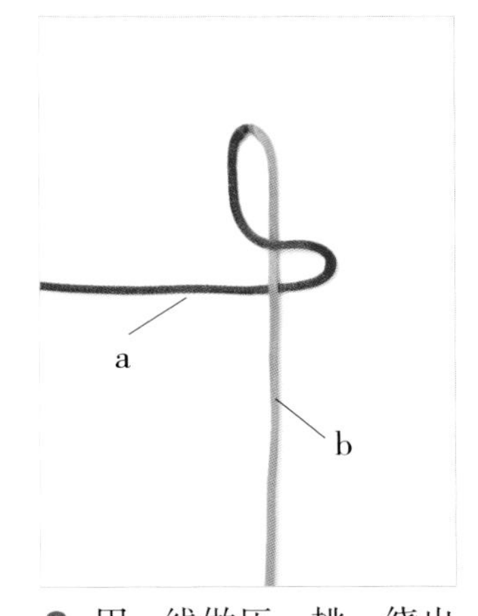

2. 用 a 线做压、挑，绕出右圈。

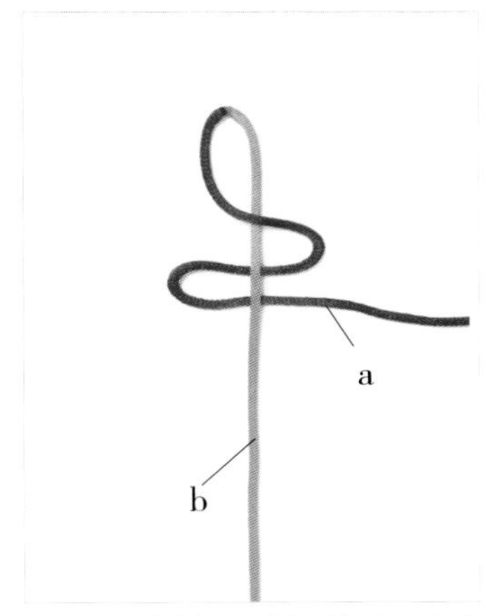

3. 用 a 线做压、挑，绕出左圈。

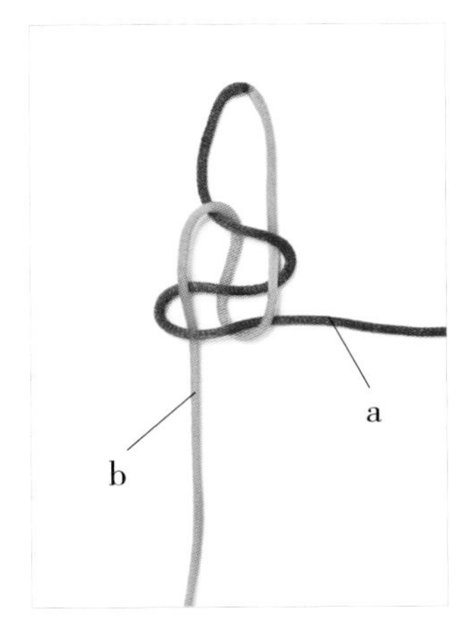

4. 用 b 线包住右圈，进到左圈。

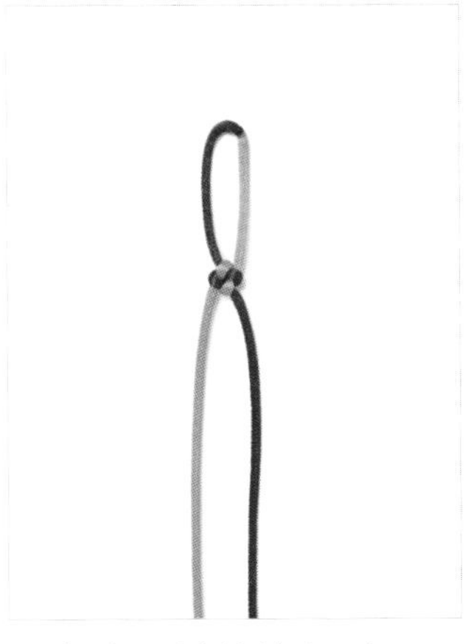

5. 拉紧两端的线即可。

6. 重复前面的做法即可编出连续的十字结。

吉祥结

吉祥结是一个古老的结饰，常出现在中国僧人的服饰和庙堂的装饰上，寓意吉祥如意、吉祥平安、吉祥康泰。

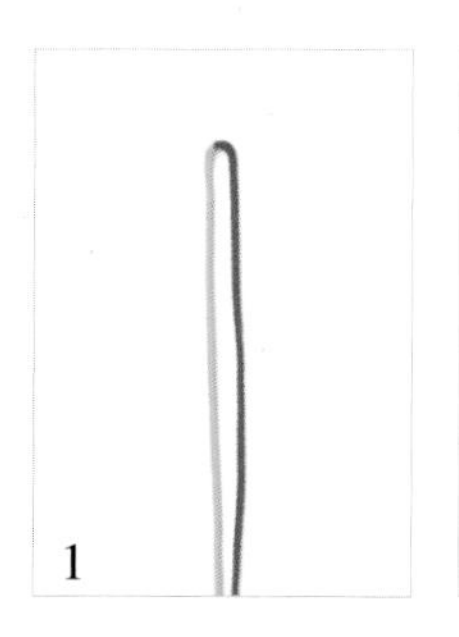
1

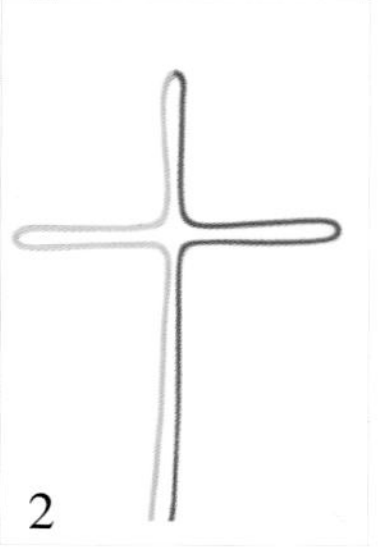
2

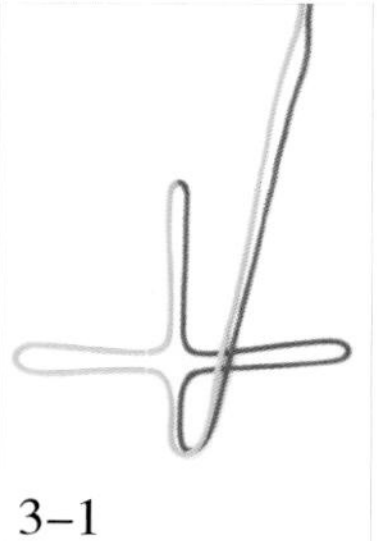
3–1

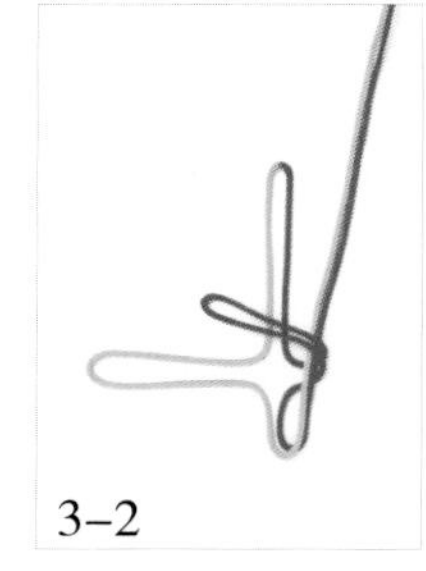
3–2

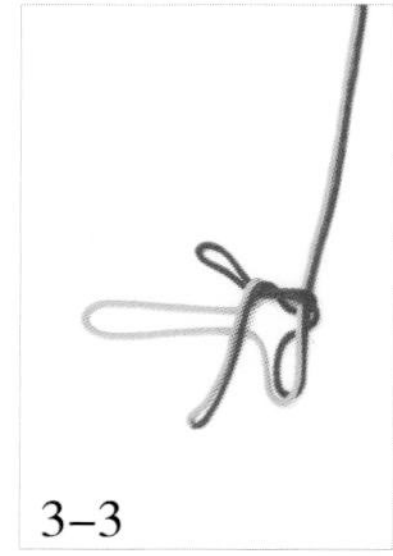
3–3

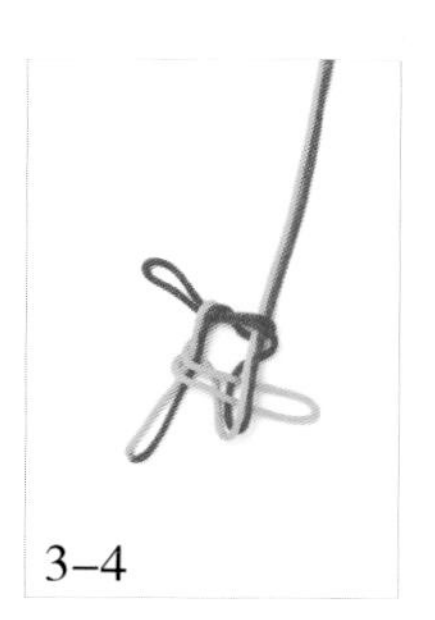
3–4

4

5

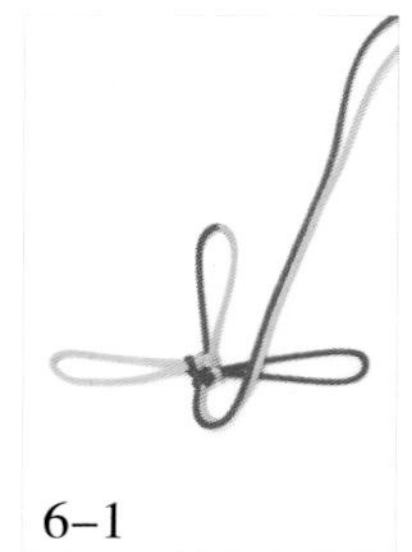
6–1

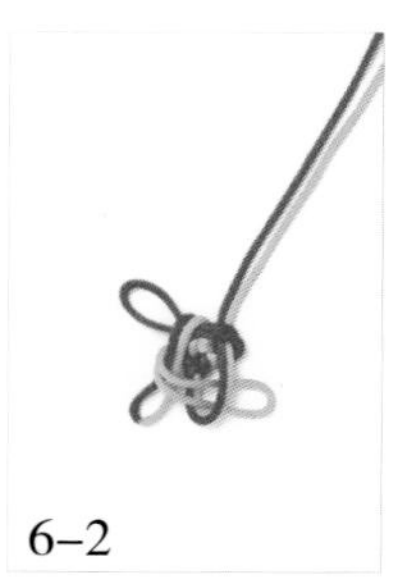
6–2

6–3

7

制作过程

1. 准备一条线。

2. 左右各拉出两个耳翼。

3. 取一耳向右压相邻的耳。（注意：以逆时针方向相互挑压，以任意一耳起头皆可）

4. 拉紧结体。

5. 调整好结体。

6. 重复步骤 3 的做法。

7. 拉出耳翼，调整成形即可。（注意：外耳不能太小，以免松脱）

如意结

如意结由四个酢浆草结组合而成。如意为吉祥之物，如意结因形似如意而得名，有平安如意、万事如意、吉祥如意等寓意。

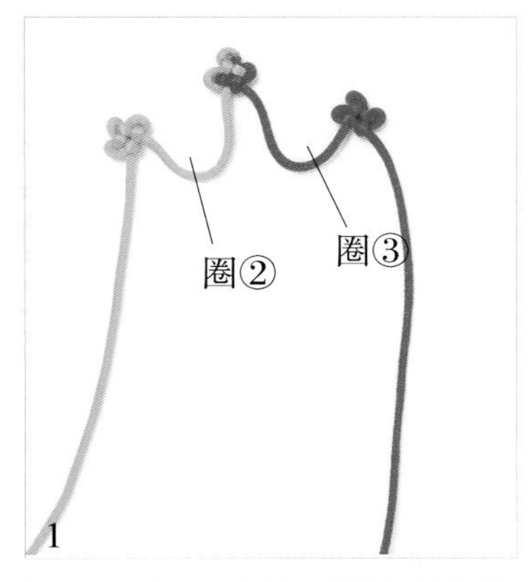

1

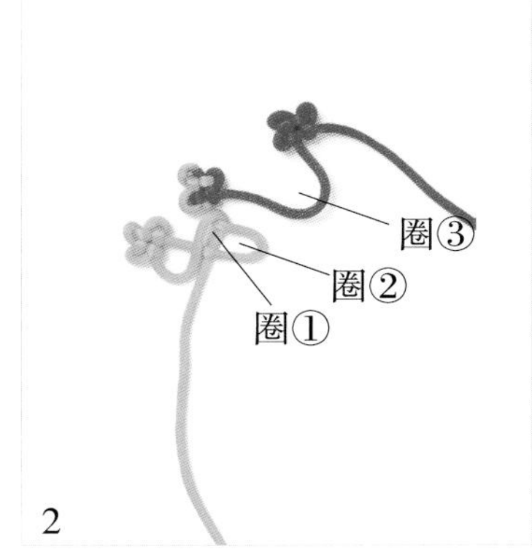

2

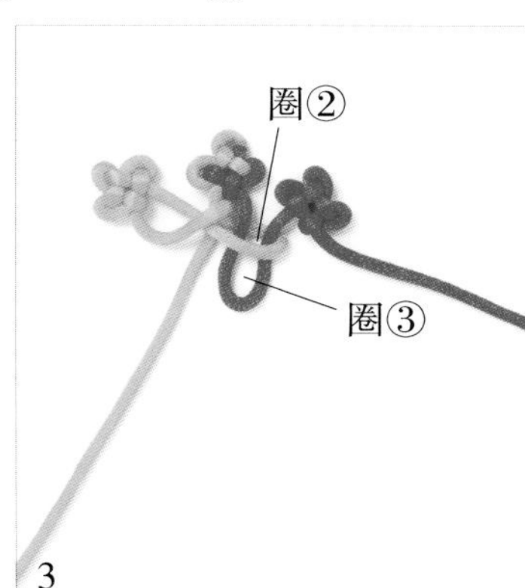

3

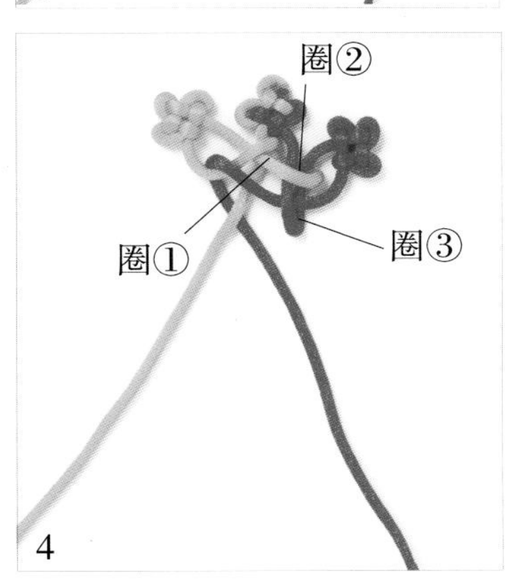

4

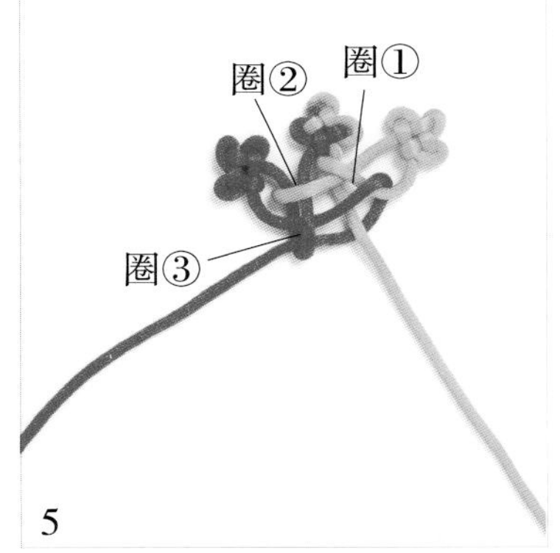

5

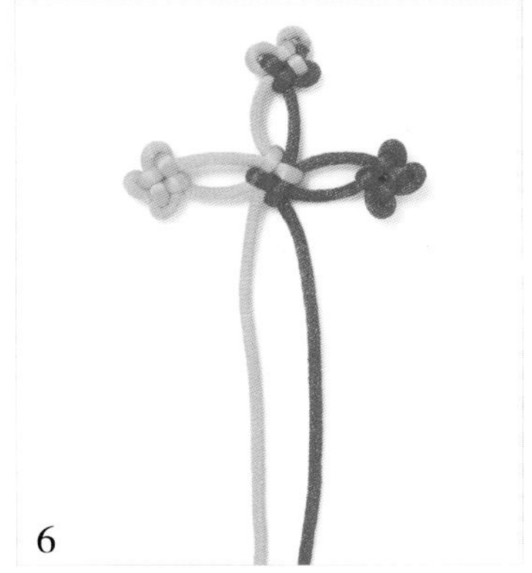
6

7

制作过程

1. 如图，做三个酢浆草结，结与结之间留出适当的长度，分别作圈②和圈③。
2. 用左边的线绕出圈①，用圈①包住圈②。
3. 用圈③进到圈②中。
4. 用右边的线穿进圈③，再包住圈①。
5. 右边的线从圈③穿出来。
6. 把酢浆草结收紧。
7. 调整成形即可。

龟结

龟结由双钱结变化而成，形似龟背，而乌龟是长寿的象征，所以此结有健康长寿、不断累积之意。

制作过程

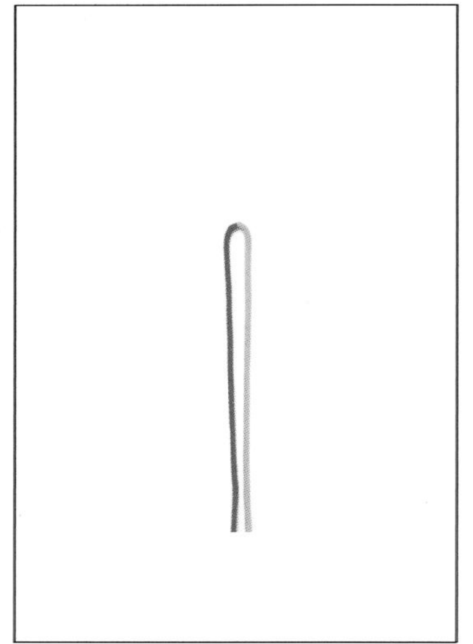

1. 如图，准备一条线，对折。

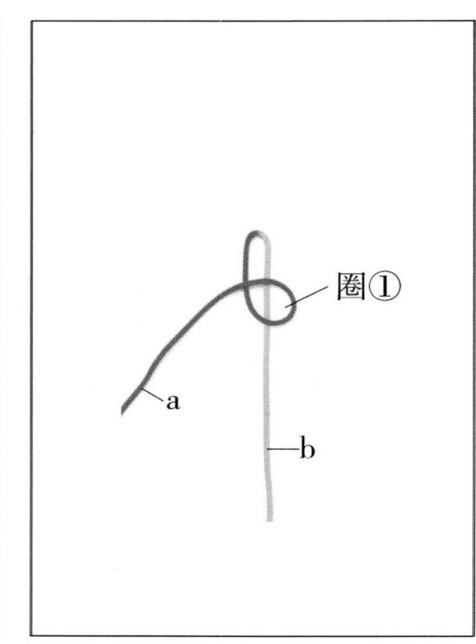

2. 用 a 线绕出圈①。

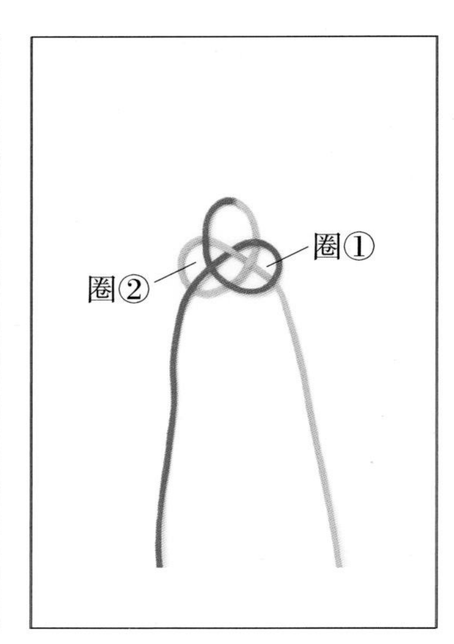

3. 用 b 线绕出圈②。

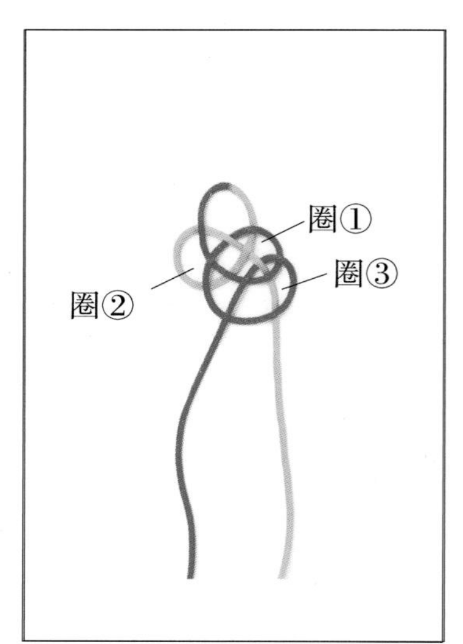

4. a 线如图所示做挑、压，压圈①，做出圈③。

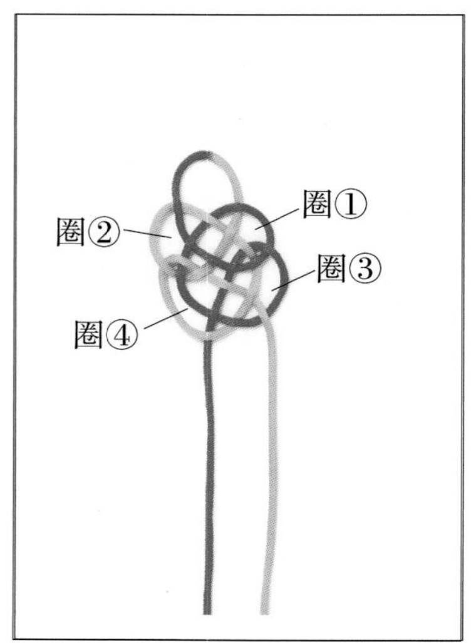

5. b 线如图所示做挑、压，挑圈②，做出圈④。

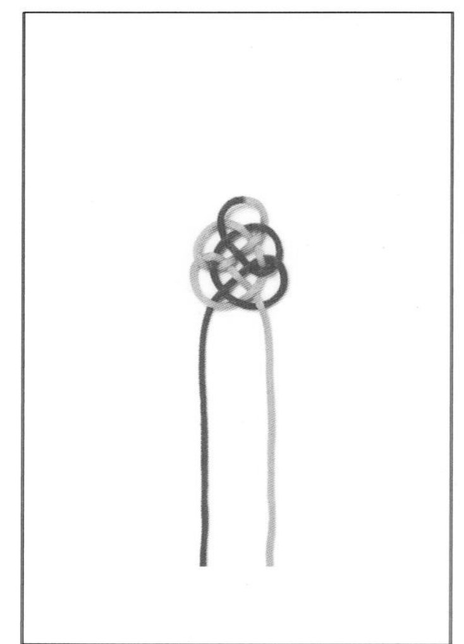

6. 把结体调整好即可。

左斜卷结

因编出的结体倾斜，故名斜卷结。编斜卷结时，以一根线作轴，另一线打斜卷，每编两次就换另一条线再编，只要变化轴线或方向就可以编出不同形状的结体。

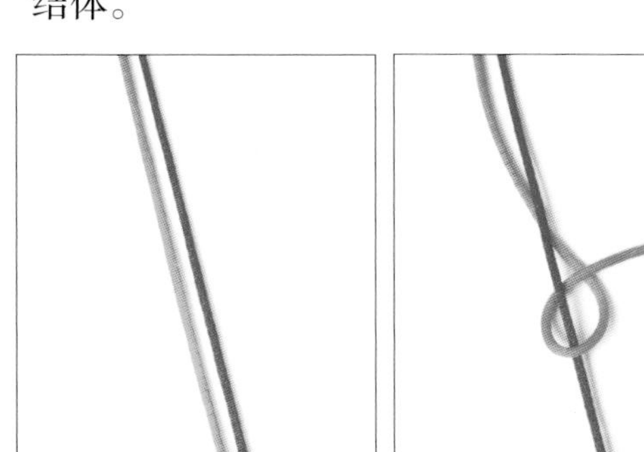

1

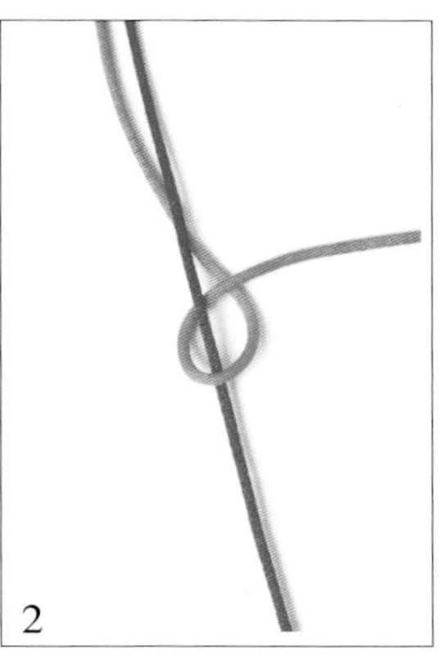

2

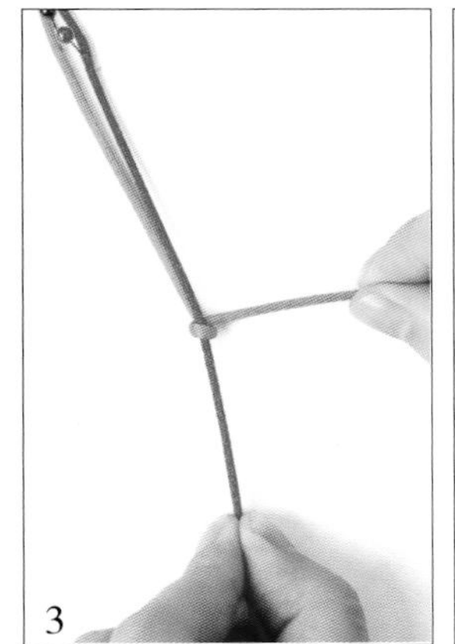

3

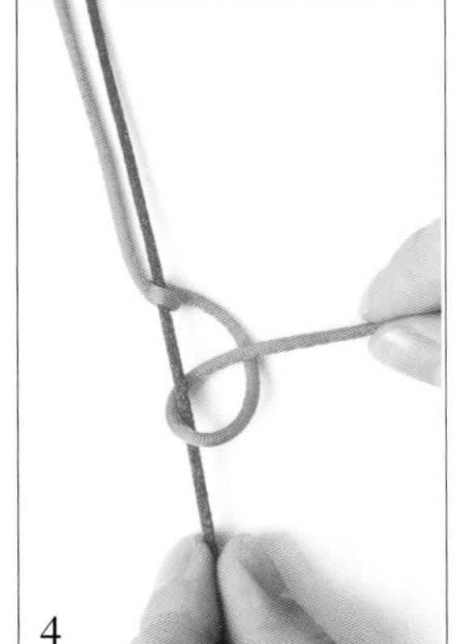

4

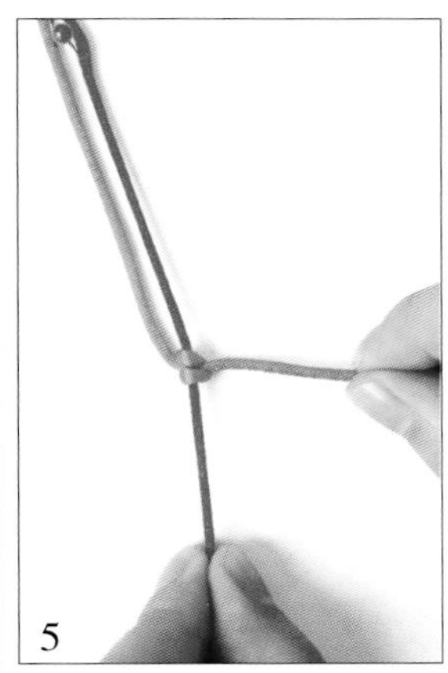

5

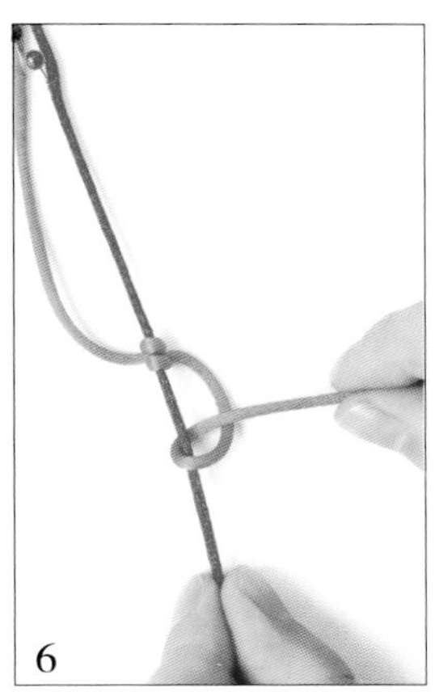

6

7

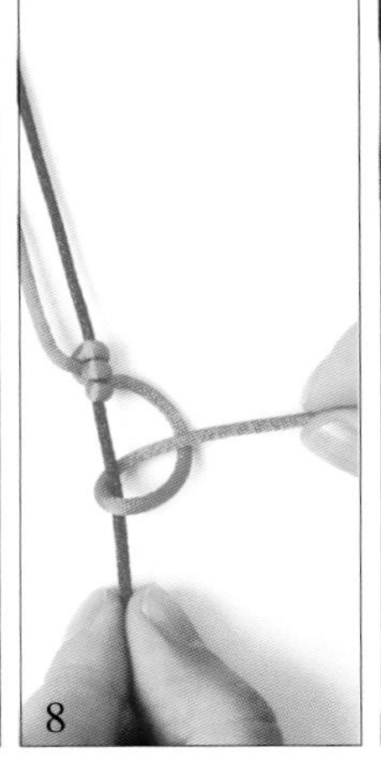

8

9

制作过程

1. 如图，准备两条线。

2. 以红色线为中心线，用橘色线如图所示在中心线的上面绕一个圈。

3. 拉紧两条线。

4. 如图，橘色线在中心线的上面再绕一个圈。

5. 再次拉紧两条线，由此完成一个斜卷结。

6. 用橘色线如图所示绕一个圈。

7. 拉紧两条线。

8. 用橘色线再绕一个圈。

9. 拉紧两条线即可。

攀缘结

攀缘结由一个能抽动的耳翼和两个并列的耳翼构成。由于能抽动的环耳有时需攀缘于棍状或环状物上，有时需套在某一绳线或另一花结上，故称之为攀缘结。编制时注意将能抽动的耳翼固定或套住，以免脱落松散。

制作过程

1. 如图，准备一条线，对折。
2. 用 b 线如图所示绕出两个套。
3. a 线向上进左套。
4. a 线向右进右套。
5. a 线穿回左套。
6. 收紧线，拉出三个耳翼即可。

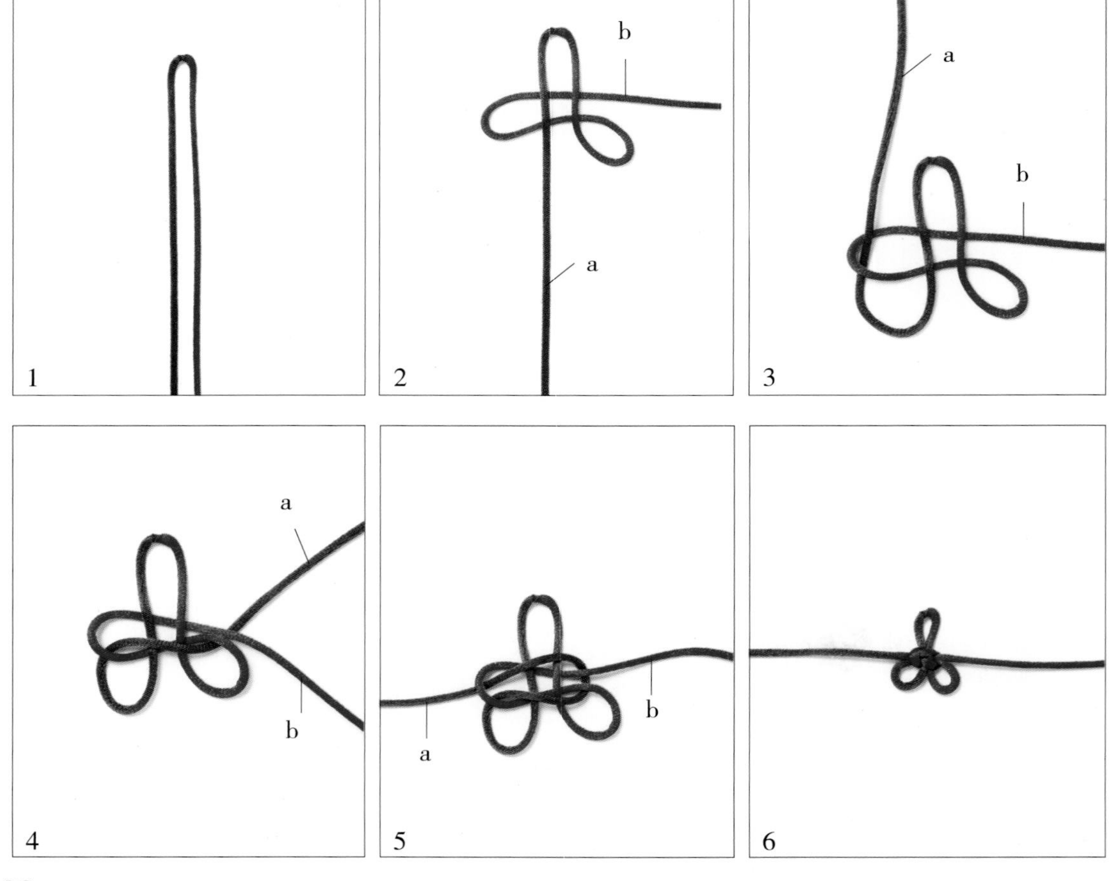

凤尾结

凤尾结又名发财结，因结体形似凤凰的尾巴而得名，寓意龙凤呈祥、事业发达、财源滚滚。它是一种简单实用的结饰，多用于编手链、项链及小挂饰的结尾，起装饰作用。

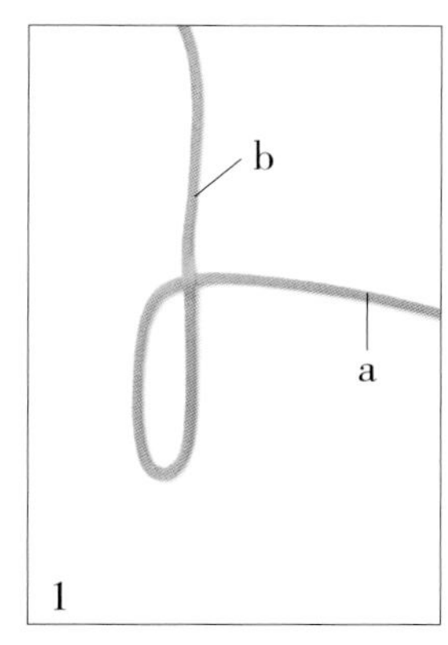

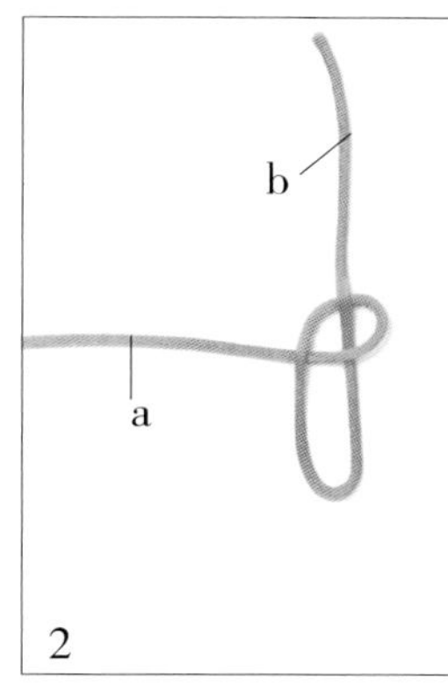

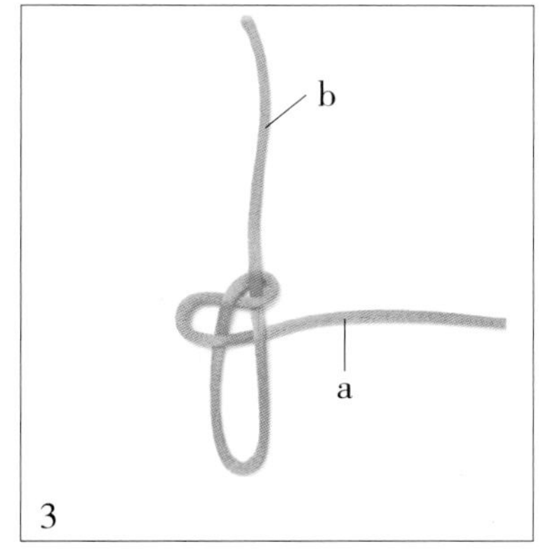

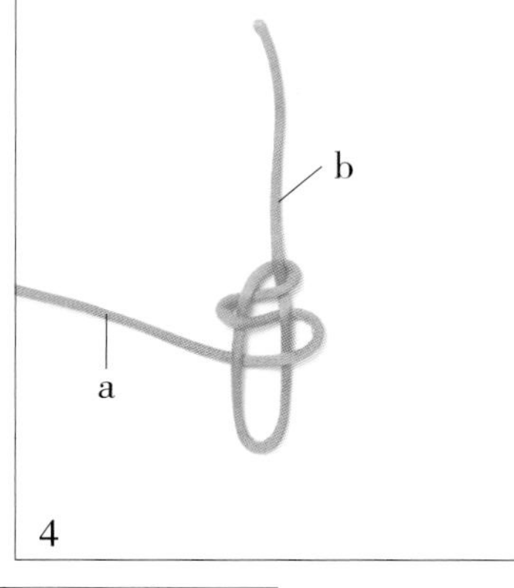

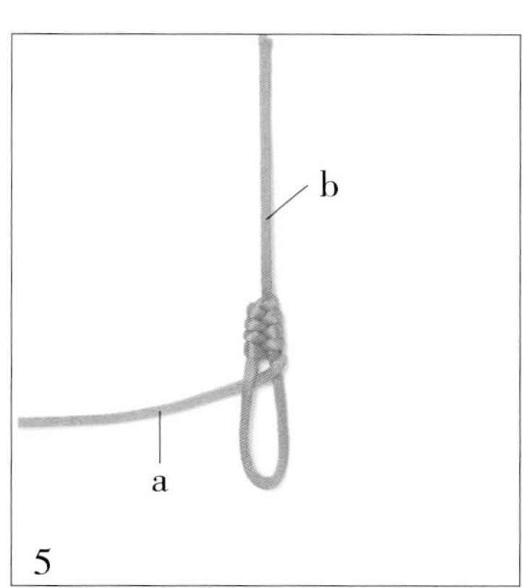

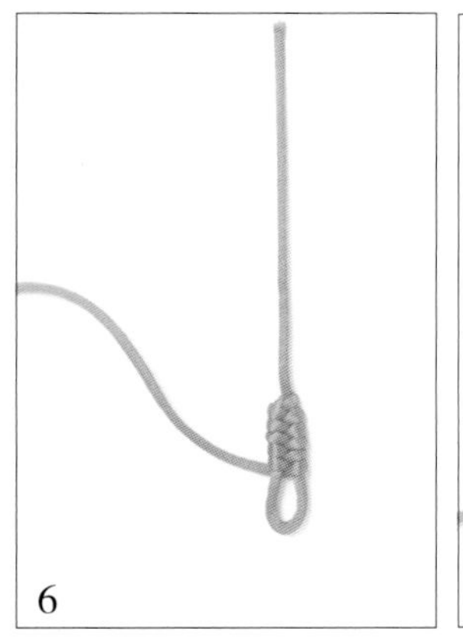

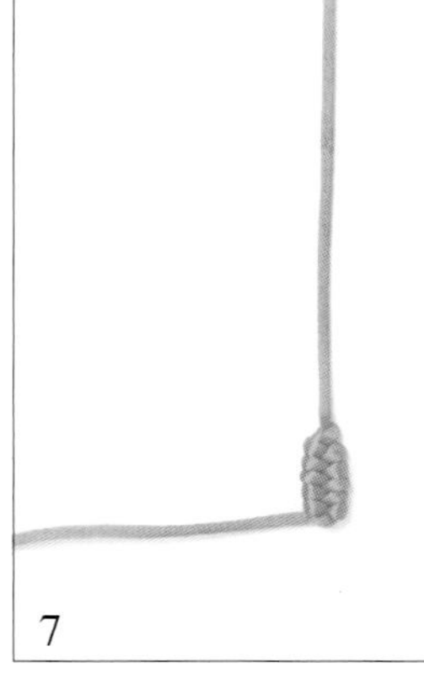

制作过程

1. 用 a、b 线绕出一个圈。

2. a 线以压、挑 b 线的方式，向左穿过线圈。

3. a 线依照步骤 2 的做法向右穿出线圈。

4. 重复步骤 2 的做法。

5. 编结时按住结体，拉紧 a 线。

6. 重复步骤 2、3 的方法编结。

7. 最后向上收紧 b 线，把多余的 a 线剪掉，处理好线头即可。

雀头结

雀头结结式简单，是常用的基本结，寓意喜上眉梢、心情雀跃，常应用于结与饰物之间作相连或固定线头之用，或作饰物的外圈用。

制作过程

1. 准备两条线，用其中的一条线作为中心线，另一条线围绕中心线做一个圈。
2. 用这条线如图所示再绕一个圈。
3. 拉紧线，由此完成一个雀头结。
4. 将线的上端拉向右方，用线的下端如图所示绕一个圈。
5. 拉紧线。
6. 重复步骤 2 的做法再绕一个圈。
7. 拉紧线，由此又完成一个雀头结。
8. 重复步骤 4~7 的做法，编出连续的雀头结。

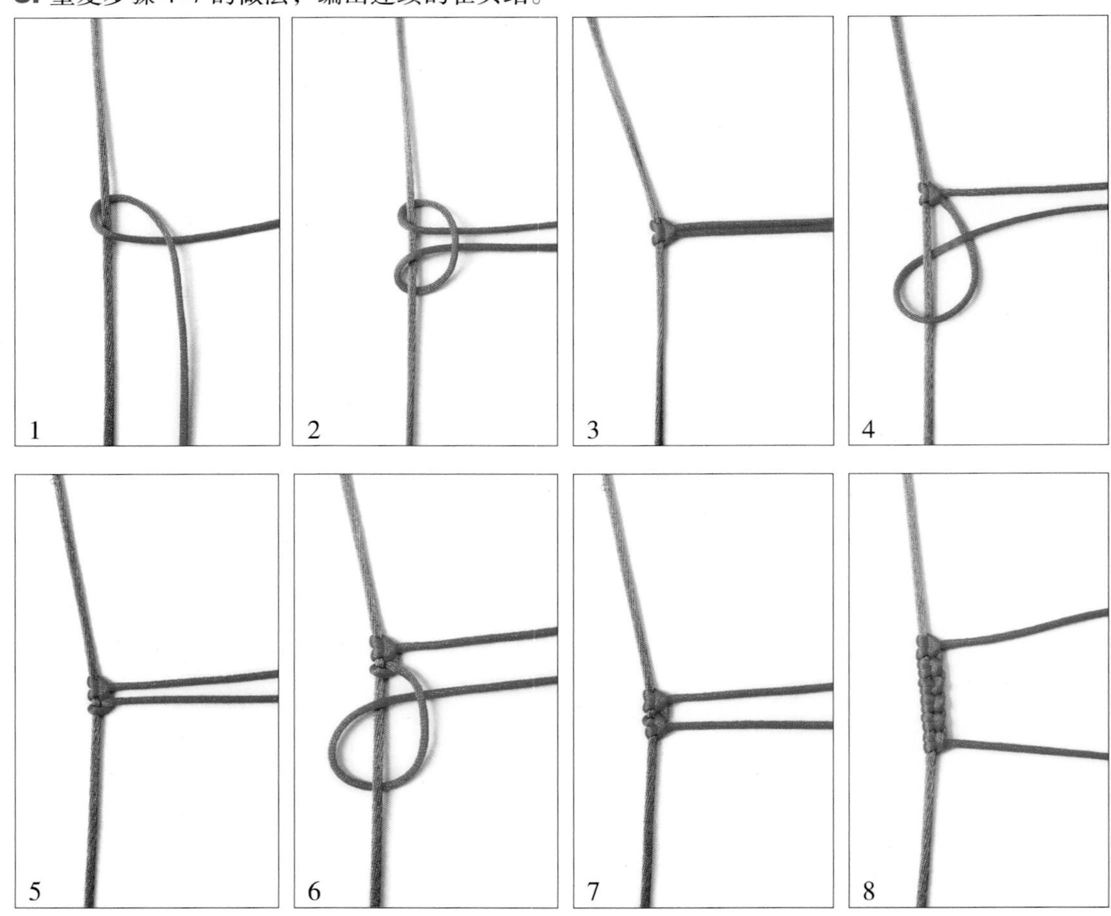

金刚结

金刚结寓意金玉满堂、平安吉祥。金刚结外形与蛇结相似，蛇结容易摇摆松散，金刚结比较牢固，更稳定。

制作过程

1. 如图，准备一条线，对折。
2. a 线压 b 线，绕出右圈。
3. b线挑a线，向下穿过右圈，形成左圈。
4. 拉紧 a、b 线。
5. 重复步骤 2、3 的做法。
6. 用同样的方法即可编出连续的金刚结。

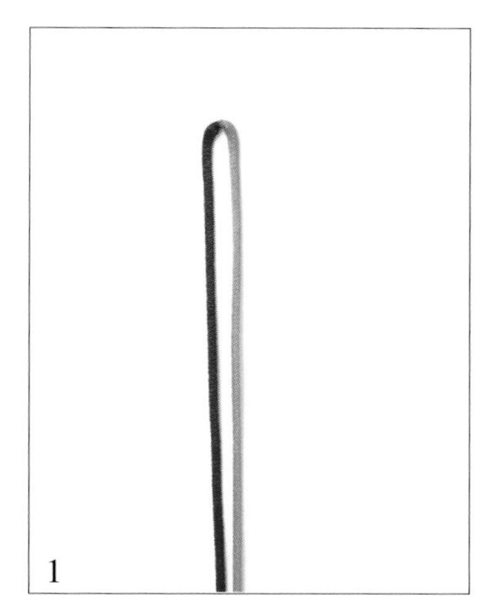

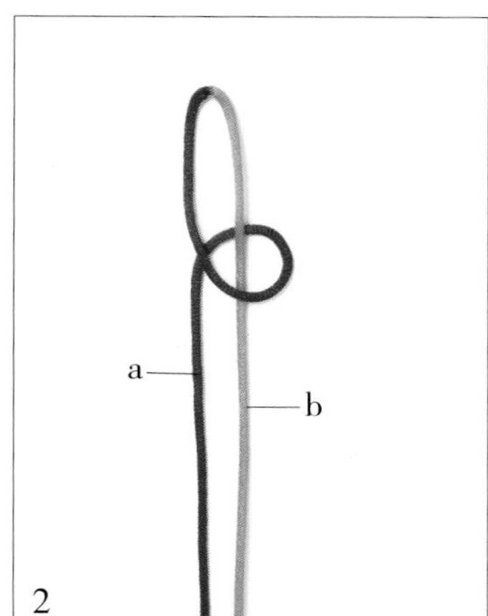

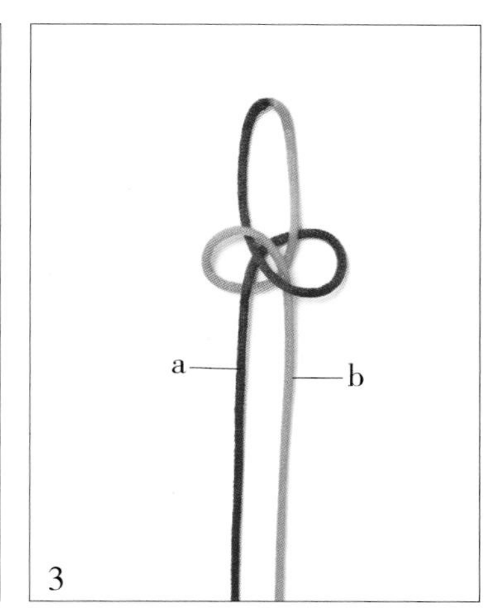

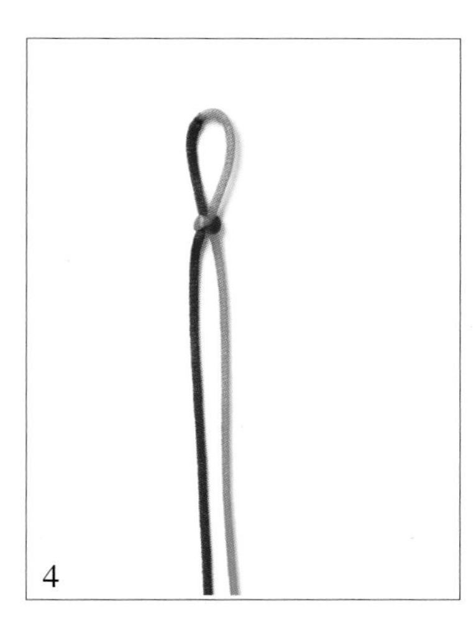

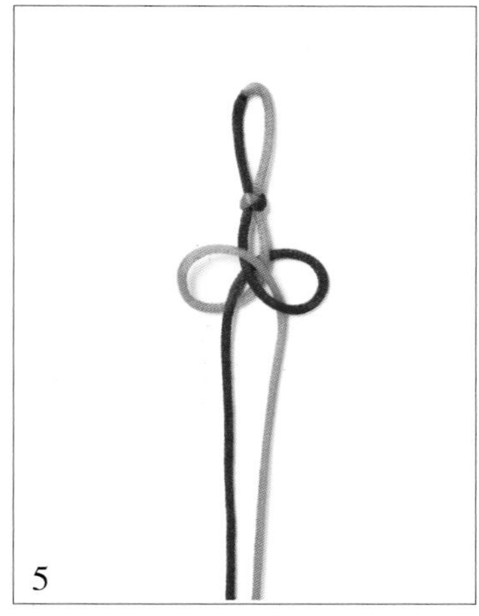

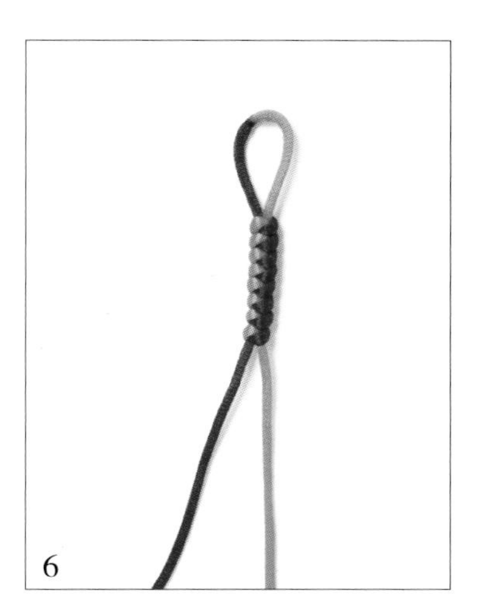

秘鲁结

秘鲁结常用于项链和手链的结尾，用于灵活调节链绳的长度。

制作过程

1. 如图，准备一条线，贴近笔管。（注意：这里采用一枝笔作为辅助工具进行示范讲解，实际操作中可以使用手指来代替笔）

2. 用 b 线绕 a 线两圈。（注意：所绕的圈数可以根据需要而定）

3. b 线向上穿过 a 线，在内侧打结固定。

4. 拉紧 a、b 线即可。

1

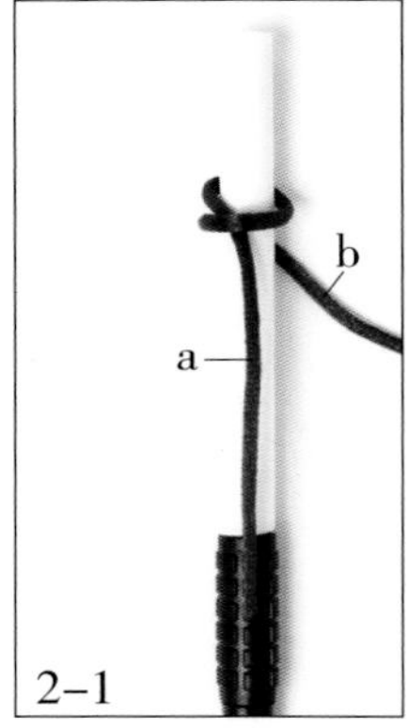

2–1

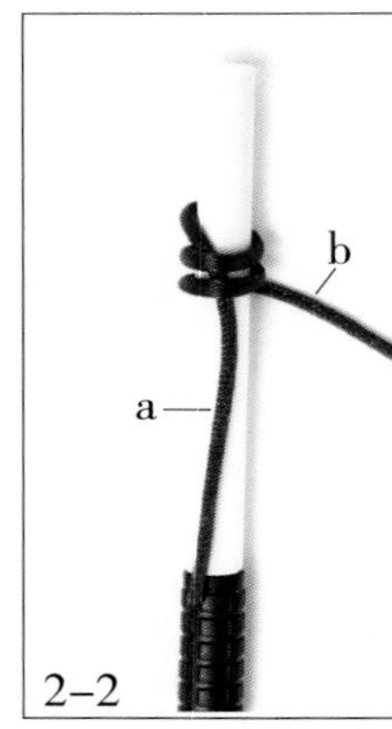

2–2

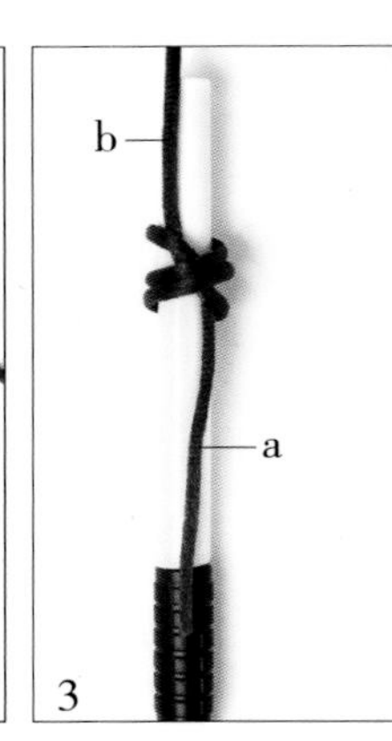

3

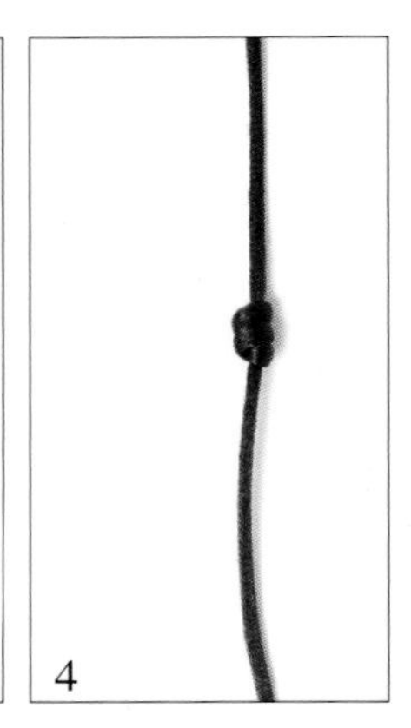
4

两股辫

两股辫简单易学，结形美观，多用于编织项链、手链、腰带。

制作过程

1. 如图，准备一条线，对折。

2. 将两段线往同一方向搓即可。

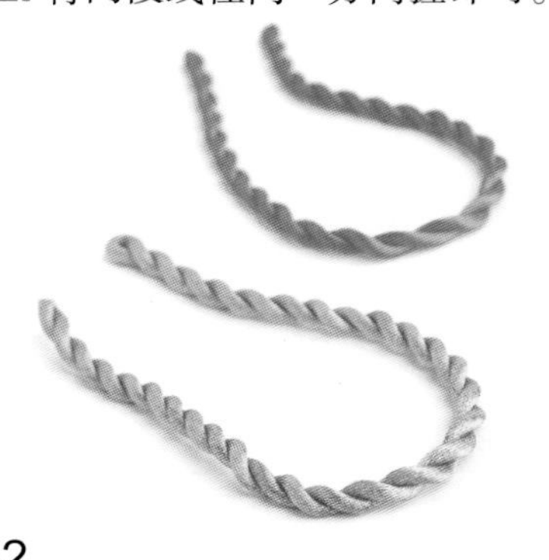

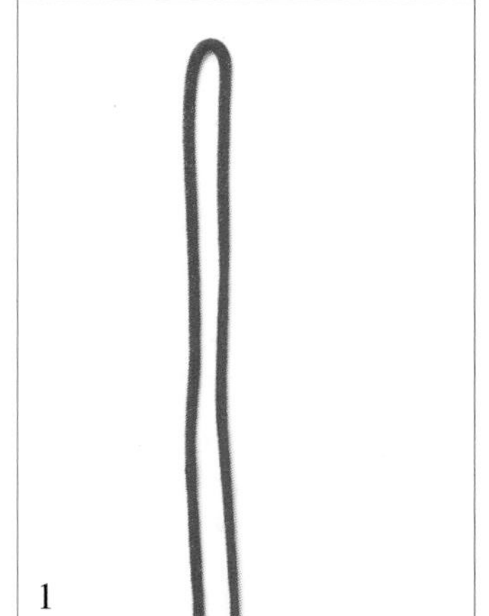
1

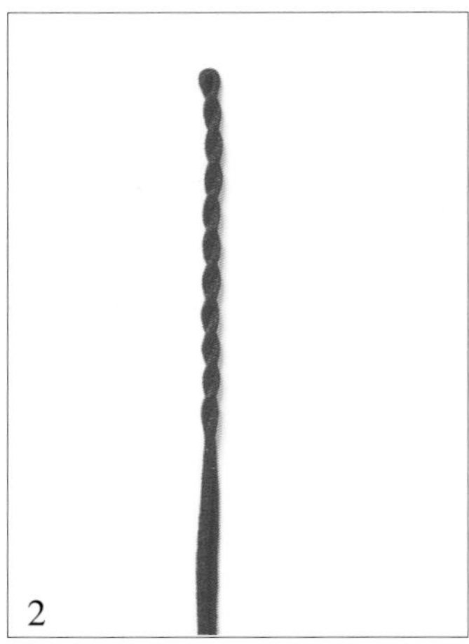
2

三股辫

三股辫以左右线交叉编结而成，是一种非常实用的结，常用于项链、手链的编织。

制作过程

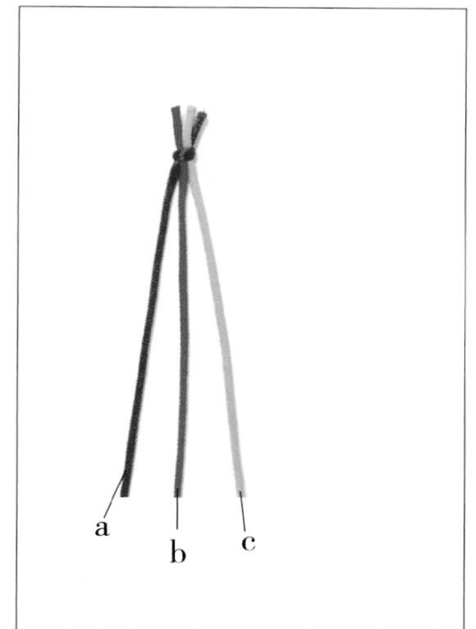

1. 如图，准备三条线。

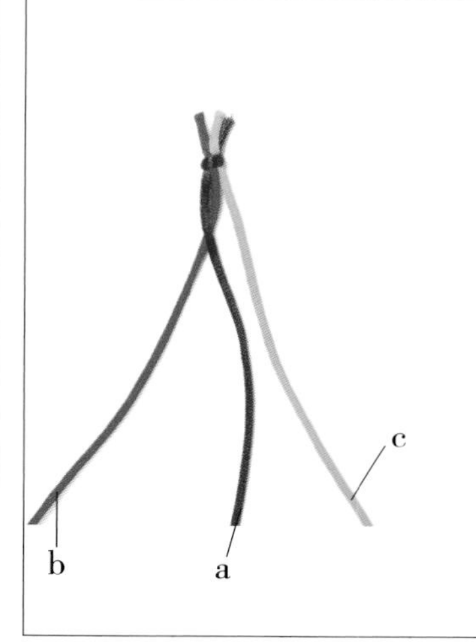

2. a 线往右压线。

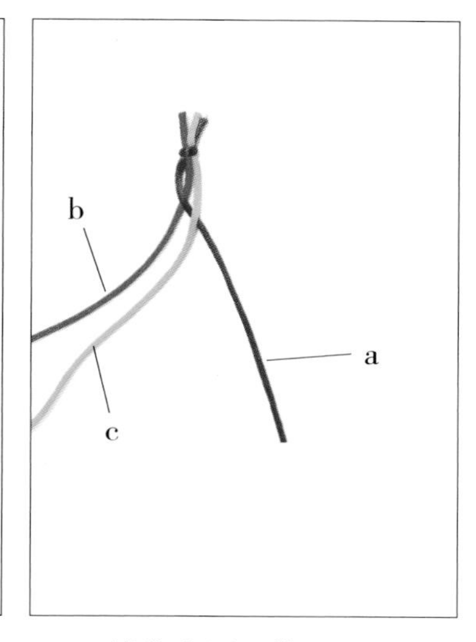

3. c 线往左压 a 线。

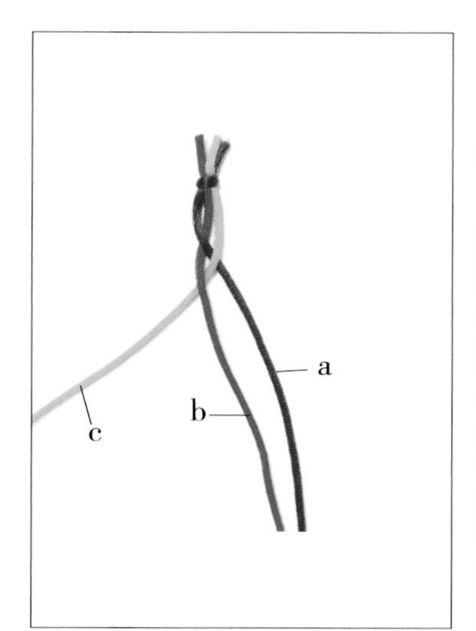

4. b 线往右压 c 线。

5. 重复前面的做法连续做挑、压。

6. 编至合适的长度，打单结结尾即可。

万字结

制作过程

1. 准备一条线并对折，用大头针定位。
2. 右边的线按顺时针方向绕一个圈。
3. 左边的线如图所示穿过右边形成的圈。
4. 左边的线按逆时针方向绕一个圈。
5. 如图，将左边的圈从右边的圈中拉出来。
6. 如图，将右边的圈从左边的圈中拉出来。
7. 拉紧左右两个耳翼，由此完成一个万字结。
8. 重复步骤2～7的做法，即可编出连续的万字结。

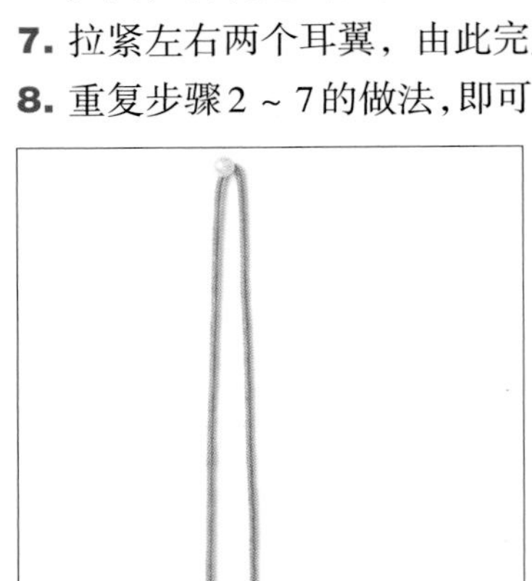
1

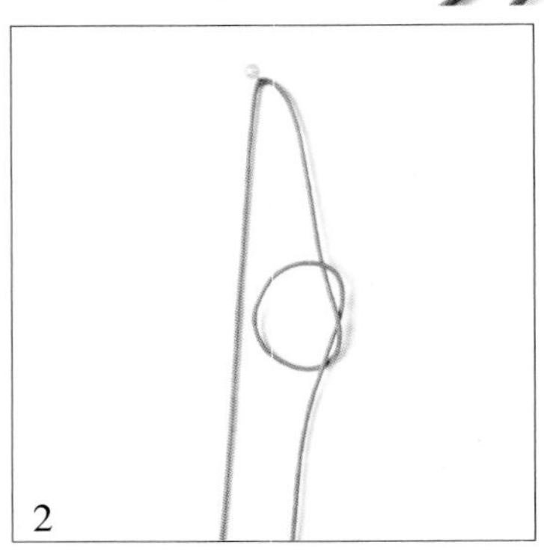
2

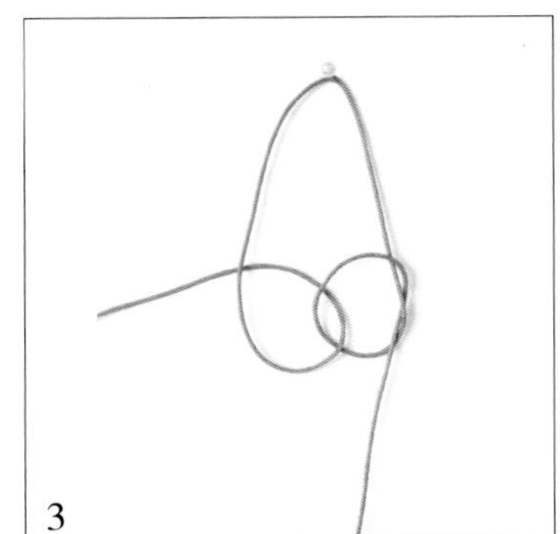
3

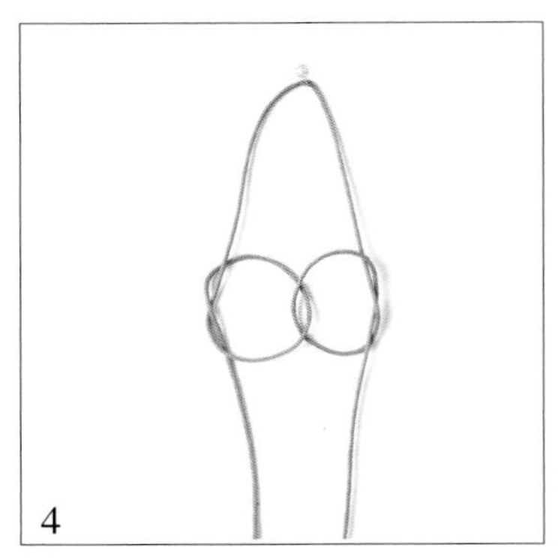
4

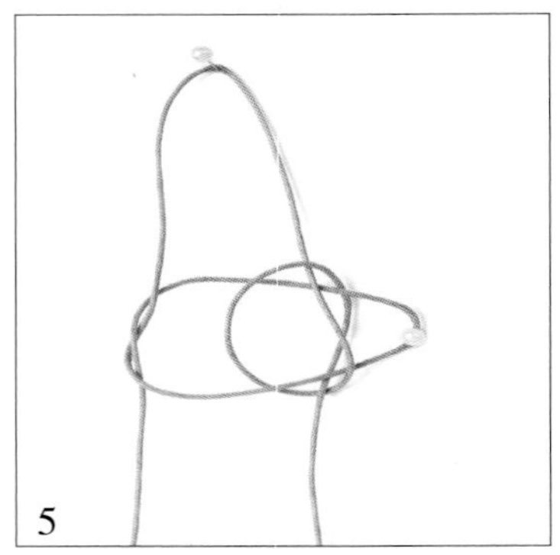
5

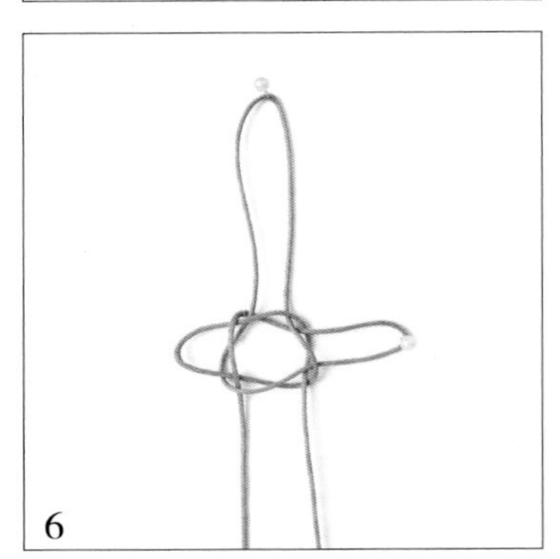
6

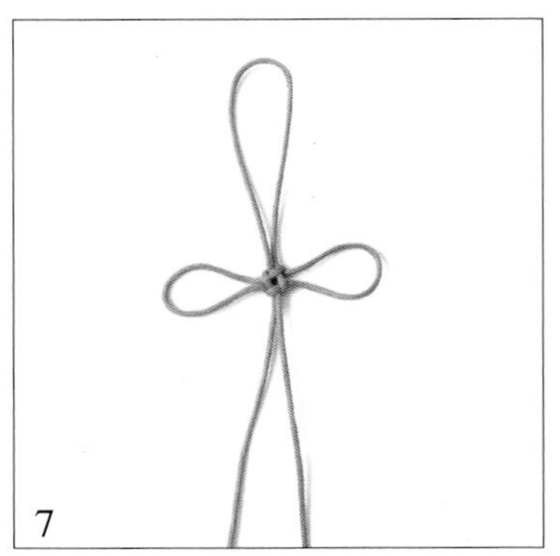
7

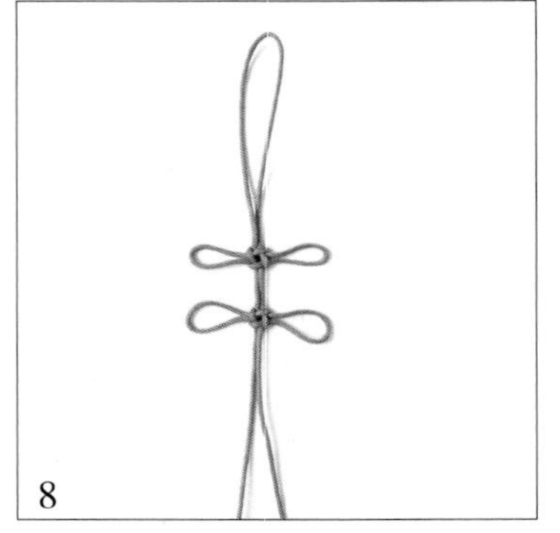
8

四股辫

四股辫四线相绕，轮回旋转，象征着人生的爱恨情仇、喜怒哀乐。

制作过程

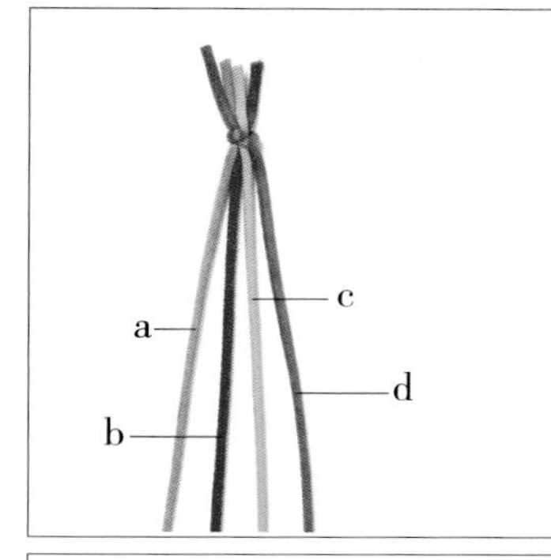

1. 如图，准备 a、b、c、d 四条线。

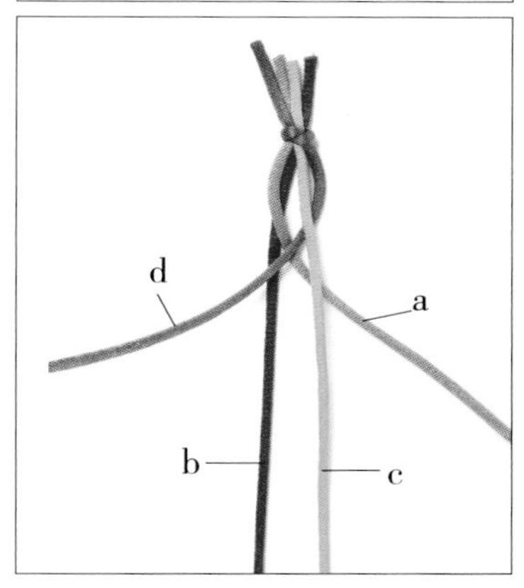

2. d 线压 a 线，在 b 线和 c 线的中间做一个交叉。

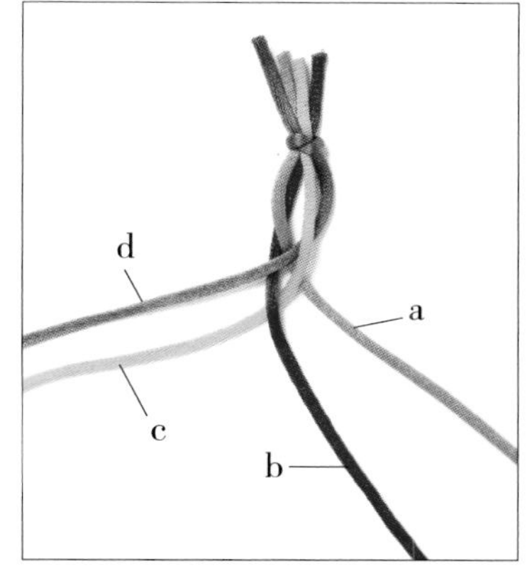

3. b 线压 c 线，在 a 线与 d 线的下面做一个交叉。

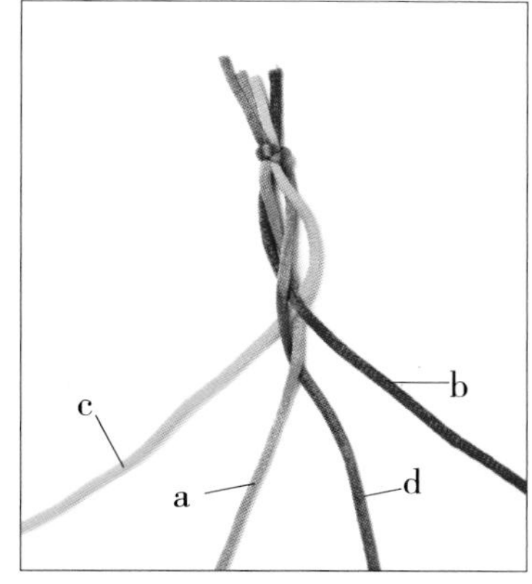

4. a 线压 d 线，在 b 线和 c 线的下面做一个交叉。

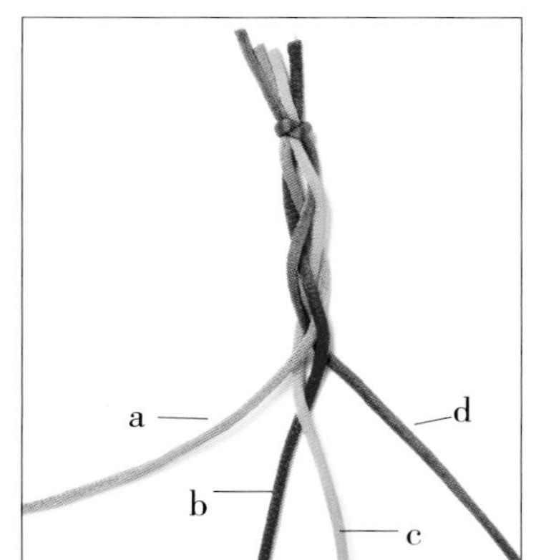

5. c 线压 b 线，在 a 线和 d 线的下面做一个交叉。

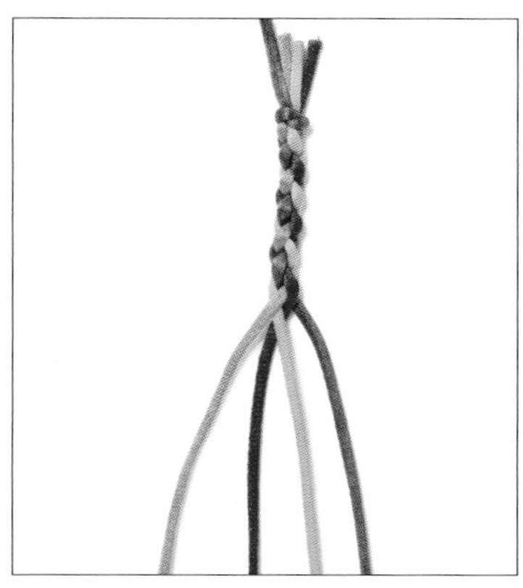

6. 把线拉紧。

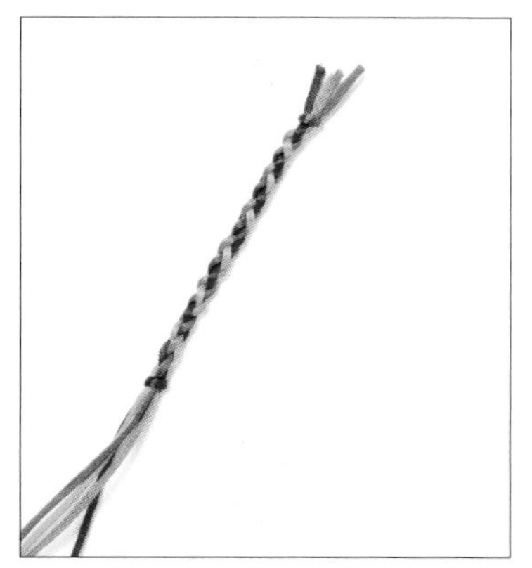

7. 重复前面的做法即可连续编结。

同心结

同心结由三回盘长结和酢浆草结组合而成，常用来编挂饰，寓意两情相悦、夫妻同心、永远恩爱。

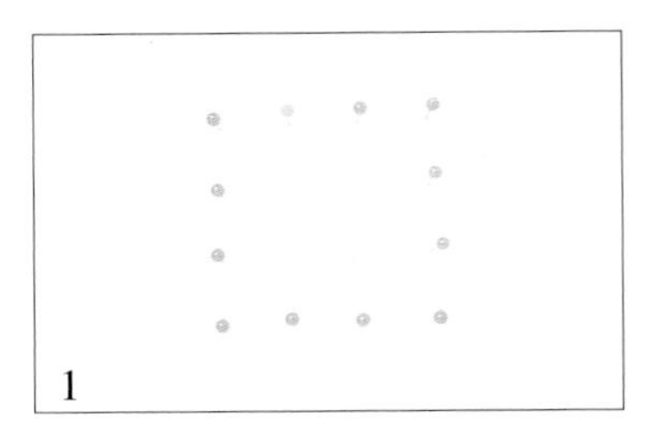

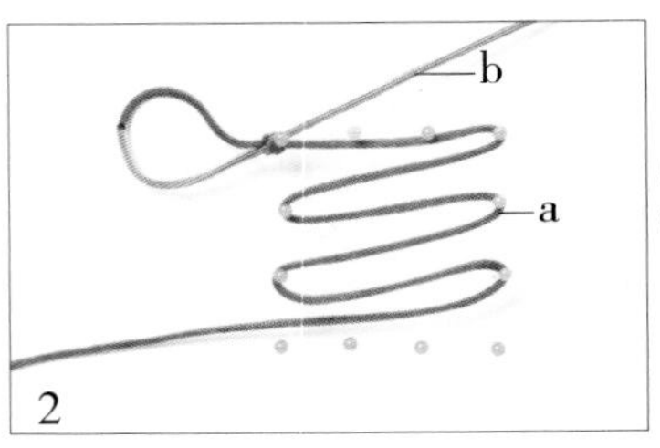

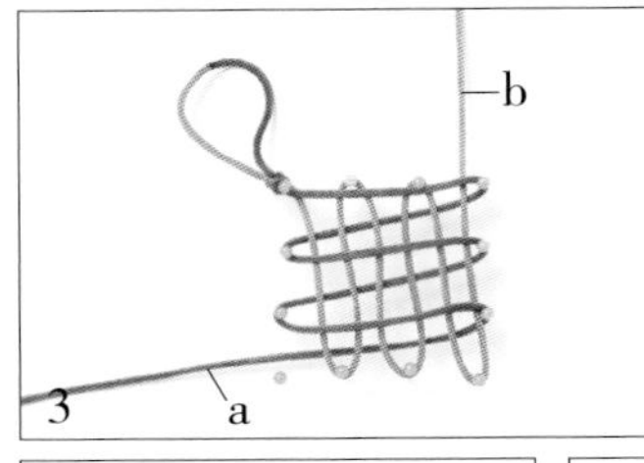

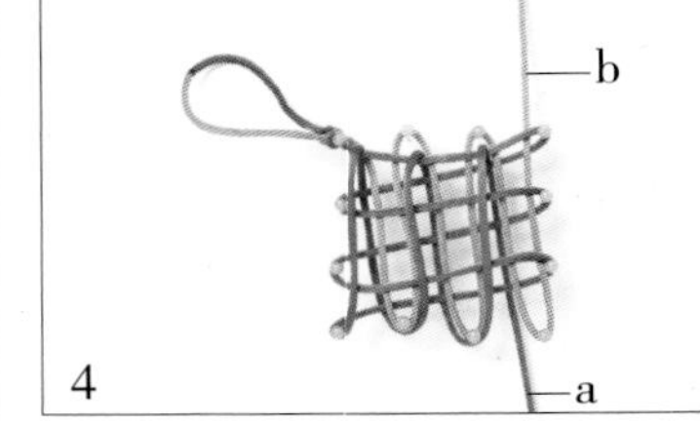

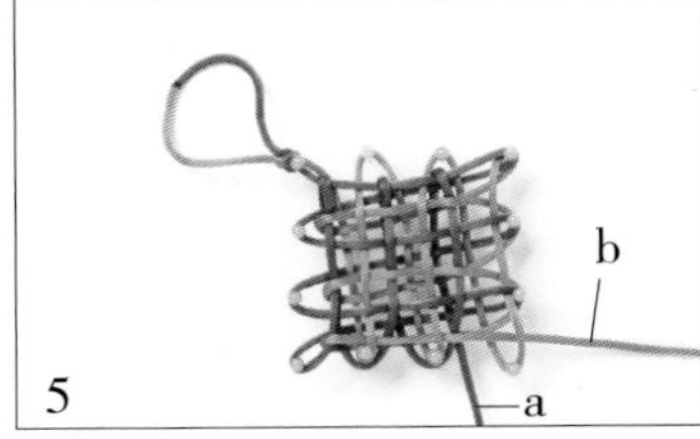

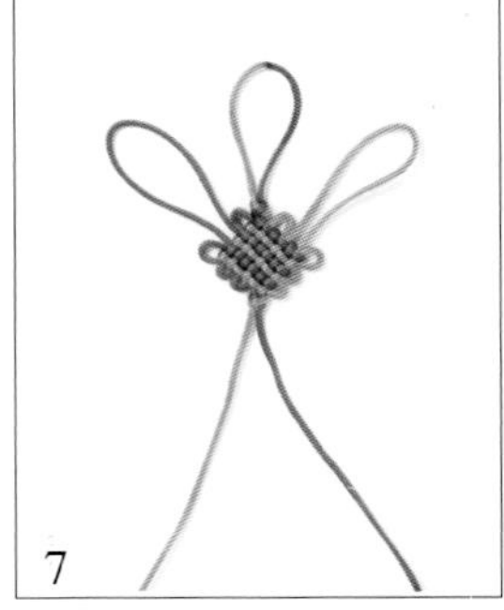

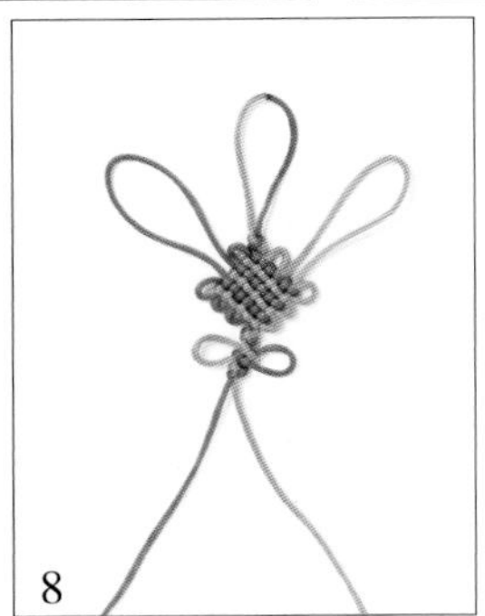

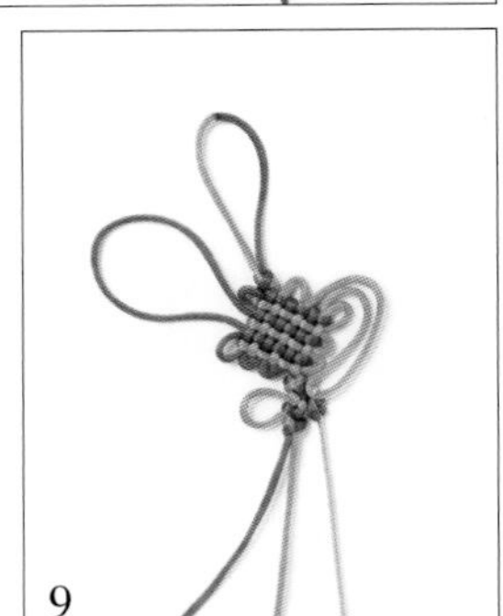

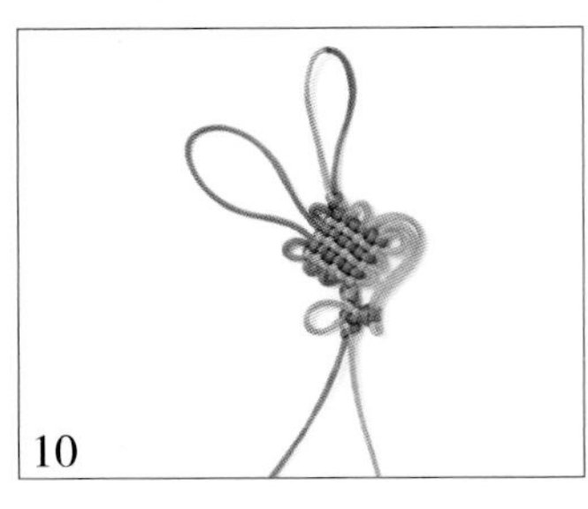

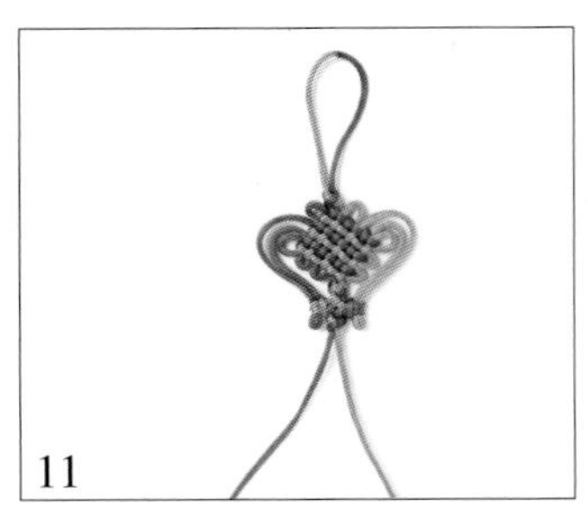

制作过程

1. 用 12 根大头针插成一个方形。

2. a 线在大头针上绕出六行横线。

3. b 线挑第一、第三、第五行 a 横线，绕出六行竖线。

4. a 线包住所有的横线，绕出六行竖线。

5. b 线如图所示绕出六行横线。

6. 从大头针上取出结体。

7. 调整结形，分别拉长两侧的一个耳翼。

8. 在盘长结下面依次打双联结、酢浆草结、双联结。（注意：把酢浆草结两侧的耳翼拉大一些）

9. 把酢浆草结右侧的耳翼弯起来做成一个套，钩针从套中伸过去，钩住上面的长耳翼。

10. 把右边的长耳翼向下钩。

11. 左边仿照右边的做法编结。这样，一个同心结就制作完成了。

单线纽扣结

纽扣结形如钻石，故又称钻石结。单线纽扣结由线的一头编结而成，多用于项链、手链、耳环的装饰，以增加结饰的美感。

制作过程

1. b线顺时针向上绕一圈。

2. b线再绕一圈。

3. b线挑a线。

4. b线做压、挑、压、挑。

5. b线从a线后面绕过向左，然后向上穿过中间的洞。

6. 把a、b线分别向上下拉，把结形调圆即可。

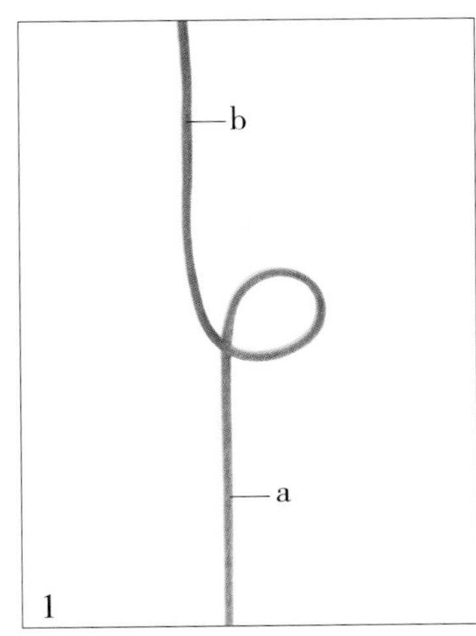

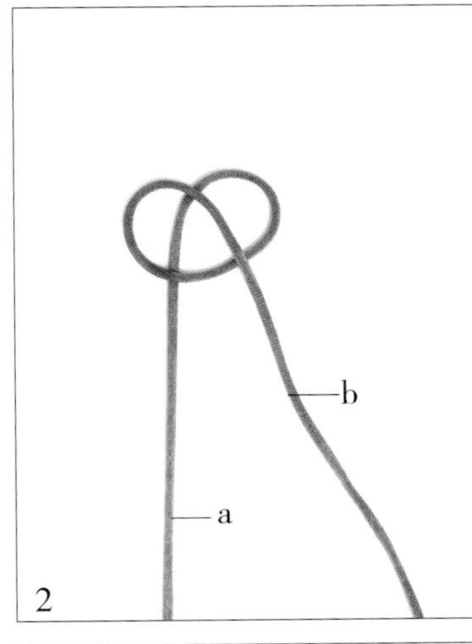

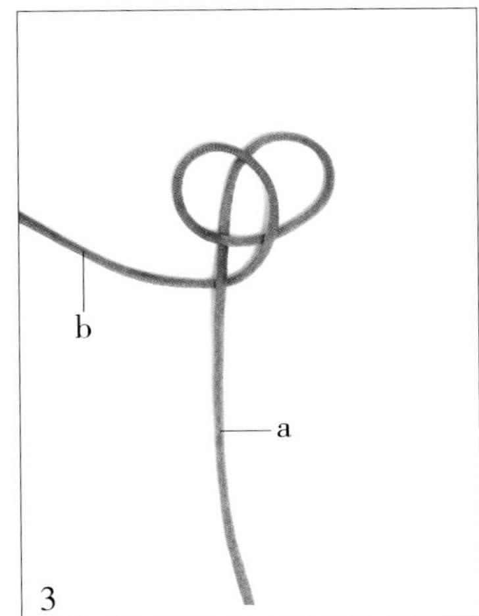

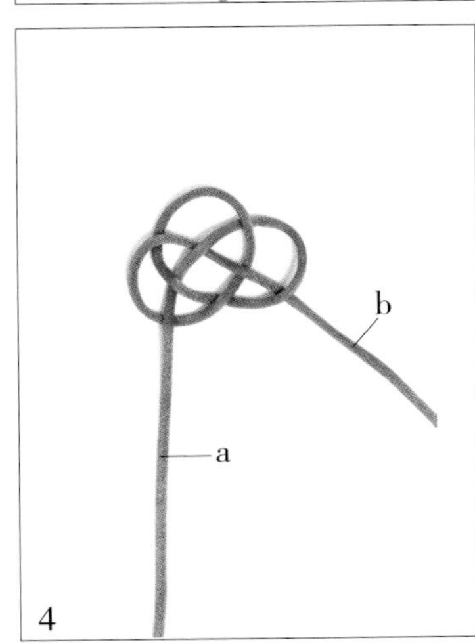

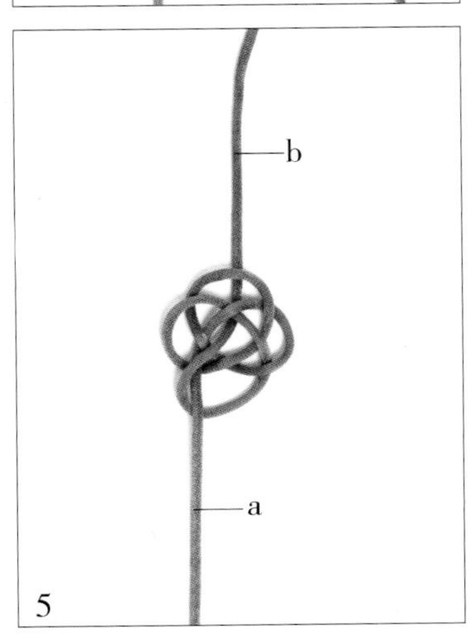

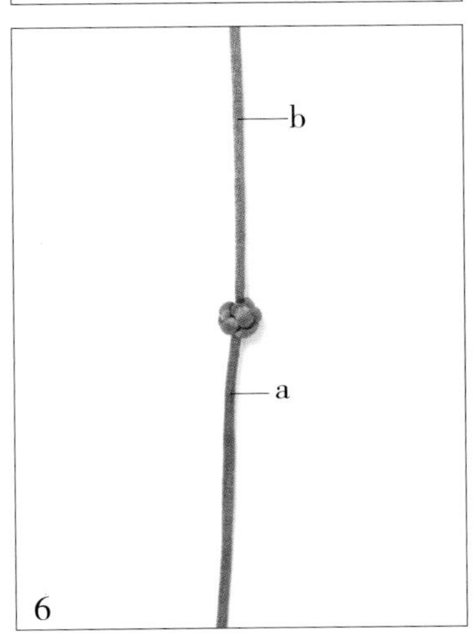

方形玉米结

方形玉米结因编出来的结体似方柱，故又称“方柱结”，一般用来编手机挂饰、项链等。

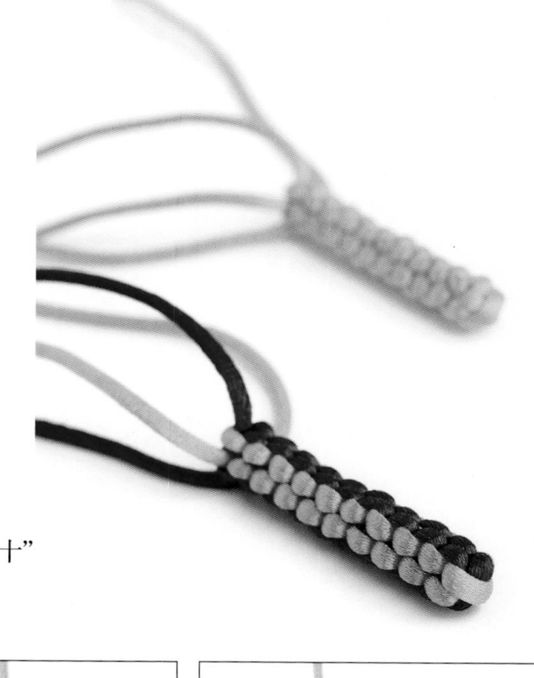

制作过程

1. 取两条线，呈“十”字交叉摆放。

2. 如图，按逆时针方向相互挑压。

3. 拉紧四条线。

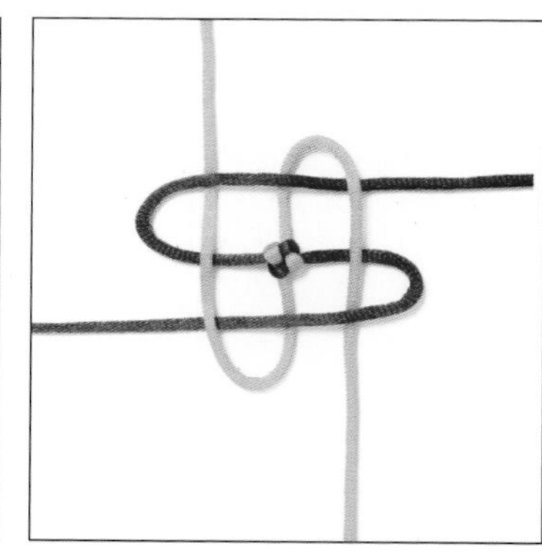

4. 以同样的方式按顺时针方向相互挑压。

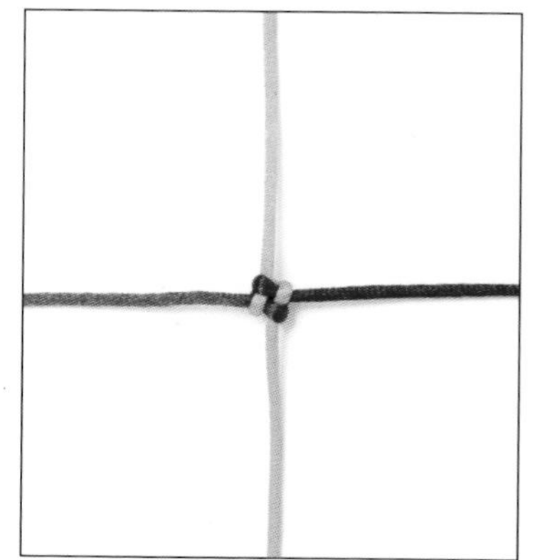

5. 将线拉紧。

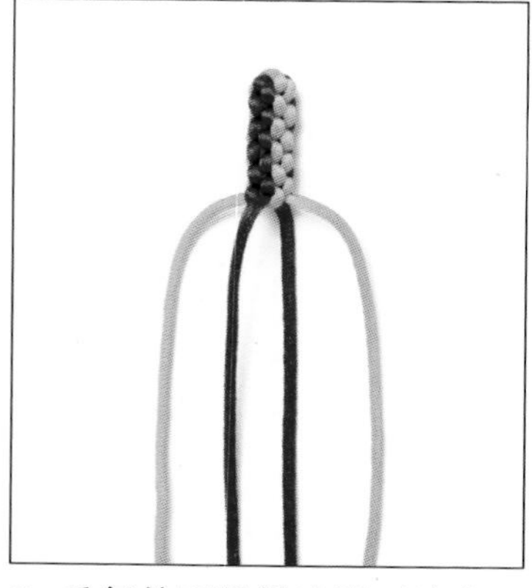

6. 重复前面的做法即可编出方形的玉米结。

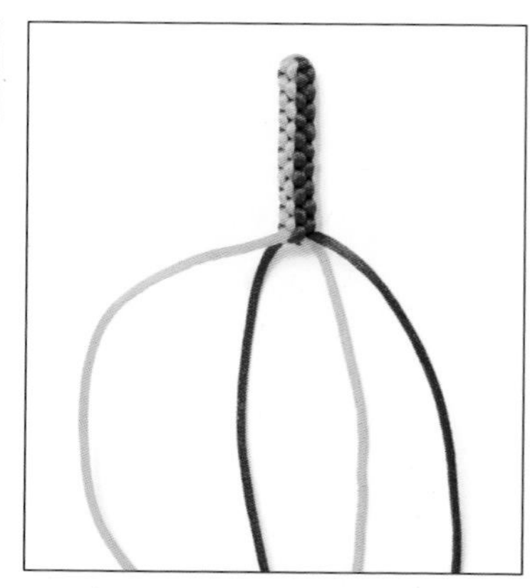

7. 编至合适的长度即可。

四边菠萝结

四边菠萝结形似菠萝，由一个双线双钱结推拉而成，常用在项链上作装饰。

制作过程

1. 先编一个双钱结。

2. 用其中一线跟着原线再穿一次，形成一个双线双钱结。

3. 把双钱结向上轻轻推拉，即可做成一个四边菠萝结。

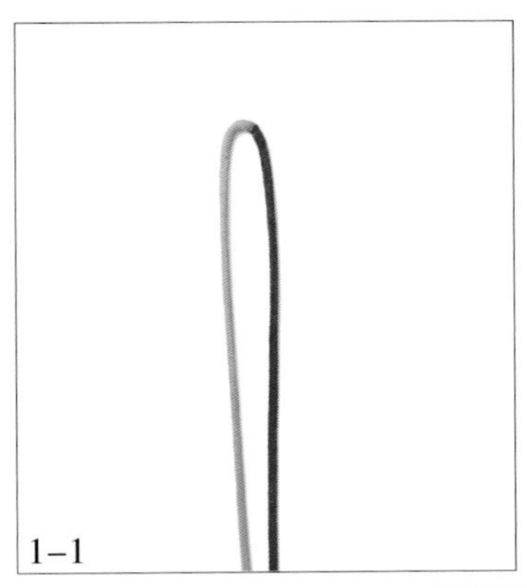

1–1

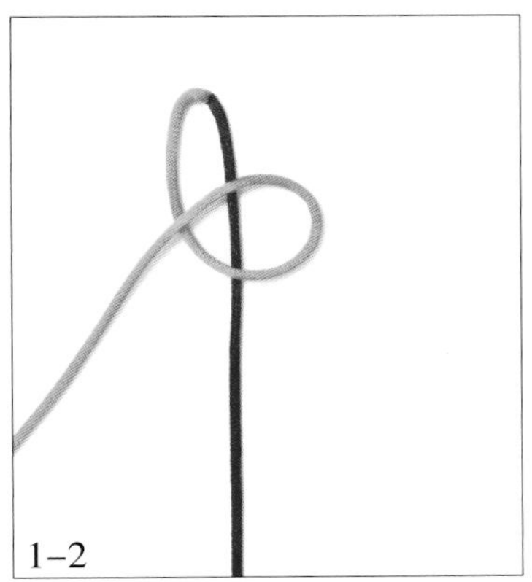

1–2

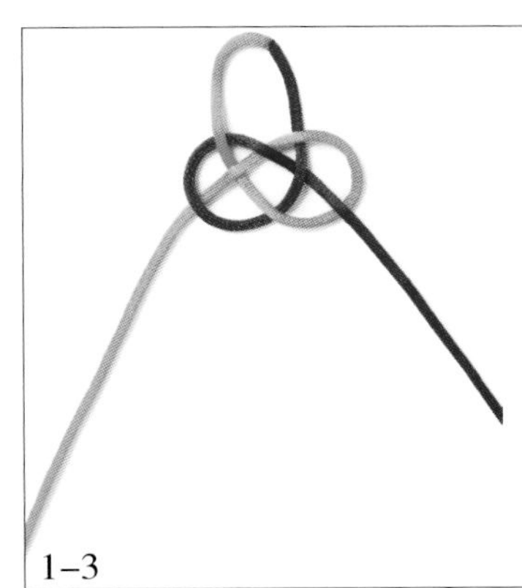

1–3

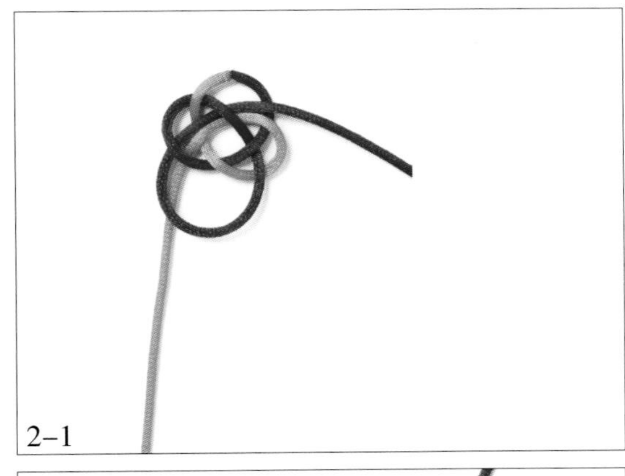

2–1

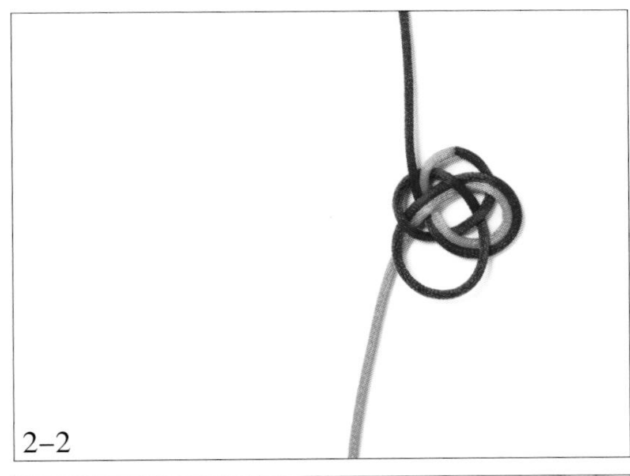

2–2

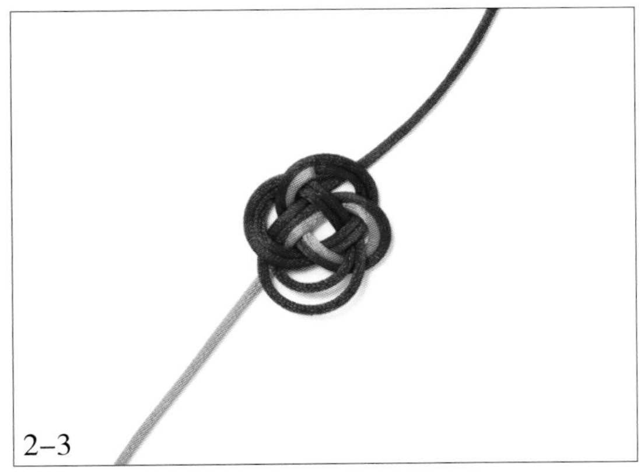

2–3

3

六边菠萝结

六边菠萝结由一个六边双钱结推拉而成，外形美观大方。

制作过程

1. 先编一个双钱结。

2. 如图所示走线，在双钱结的基础上做成一个六耳双钱结，注意线挑压的方法。

3. 用其中的一条线再走一次线。

4. 将结体推拉成圆柱状即可。

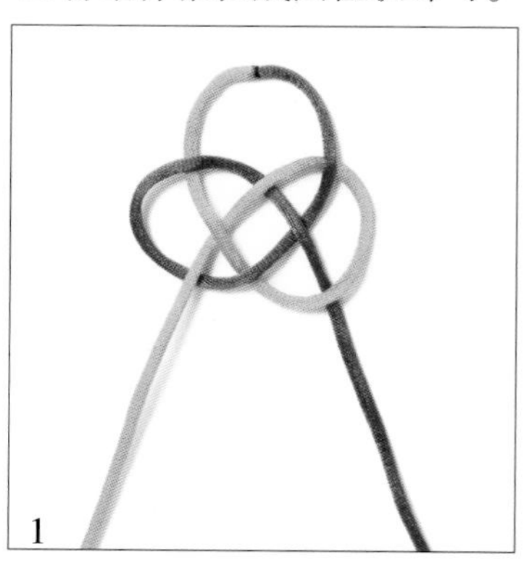
1

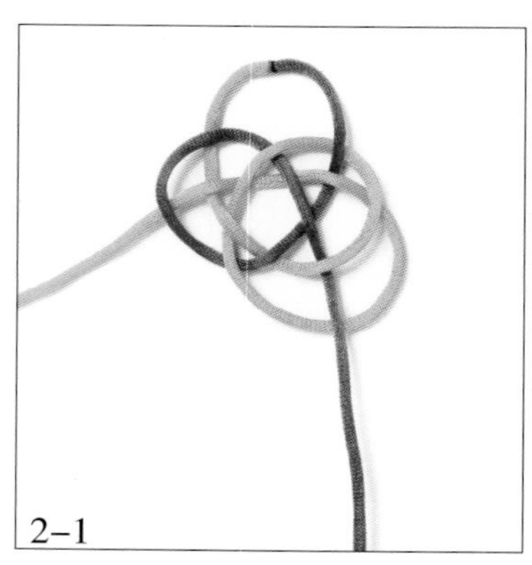
2–1

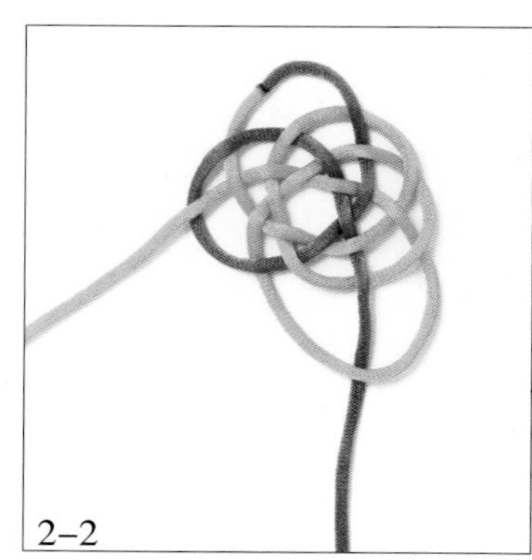
2–2

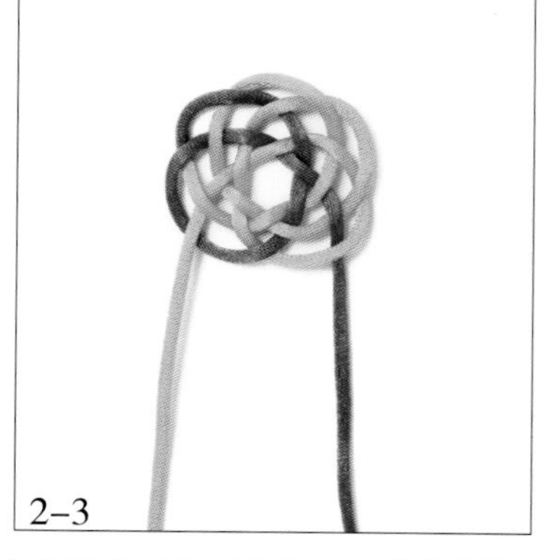
2–3

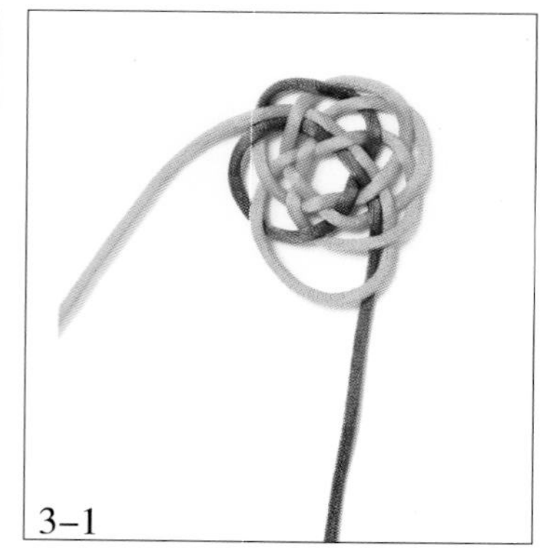
3–1

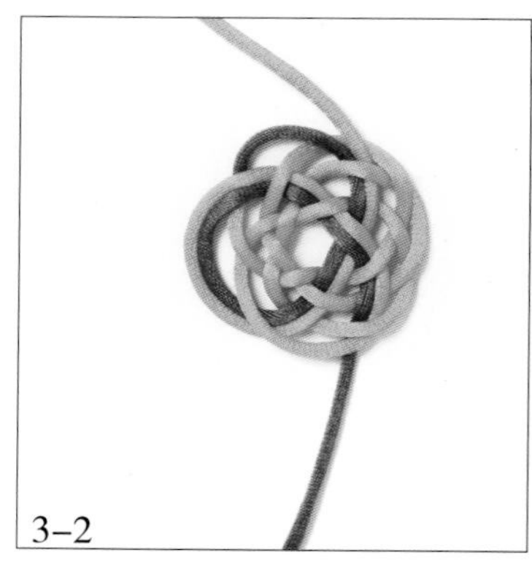
3–2

3–3

4

二回盘长结

盘长是佛门“八宝”中的第八品佛，俗称八吉，寓意连绵不绝、长长久久。二回盘长结的各方位皆由两个一来一回的回转线组合而成，故称“二回盘长结”，常用于作挂饰。

制作过程

1. 用 8 根大头针在垫板上插成一个方形。

2. 用线编一个双联结作为开头。

3. 用 a 线走四行横线。

4. b 线挑第一、第三行 a 横线，走两行竖线。

5. b 线依照步骤 4 的方法再走两行竖线。

6. 钩针从四行 a 横线的下面伸过去，钩住 a 线。

7. 把 a 线钩向下。

8. a 线依照步骤 6、7 的做法，一来一回走两行竖线。

9. 钩针挑 2 线，压 1 线，挑 3 线，压 1 线，挑 1 线，钩住 b 线。

10. 把 b 线钩向左。

11. 钩针挑第二、第四行 b 竖线，钩住 b 线。

12. 把 b 线钩向右。

13. b 线依照步骤 9~12 的做法，一来一回走两行横线。

14. 从大头针上取出结体。

15. 固定并拉出六个耳翼，调整好结体，并在下面编一个双联结固定即可。

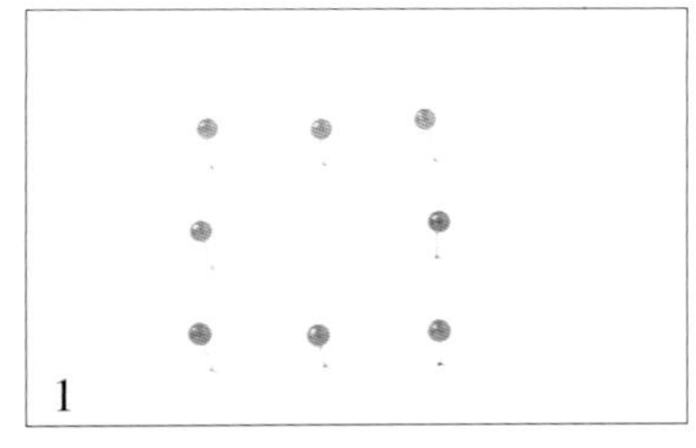

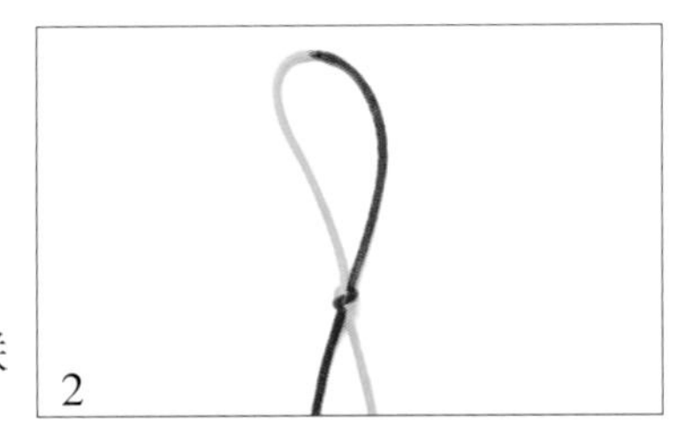

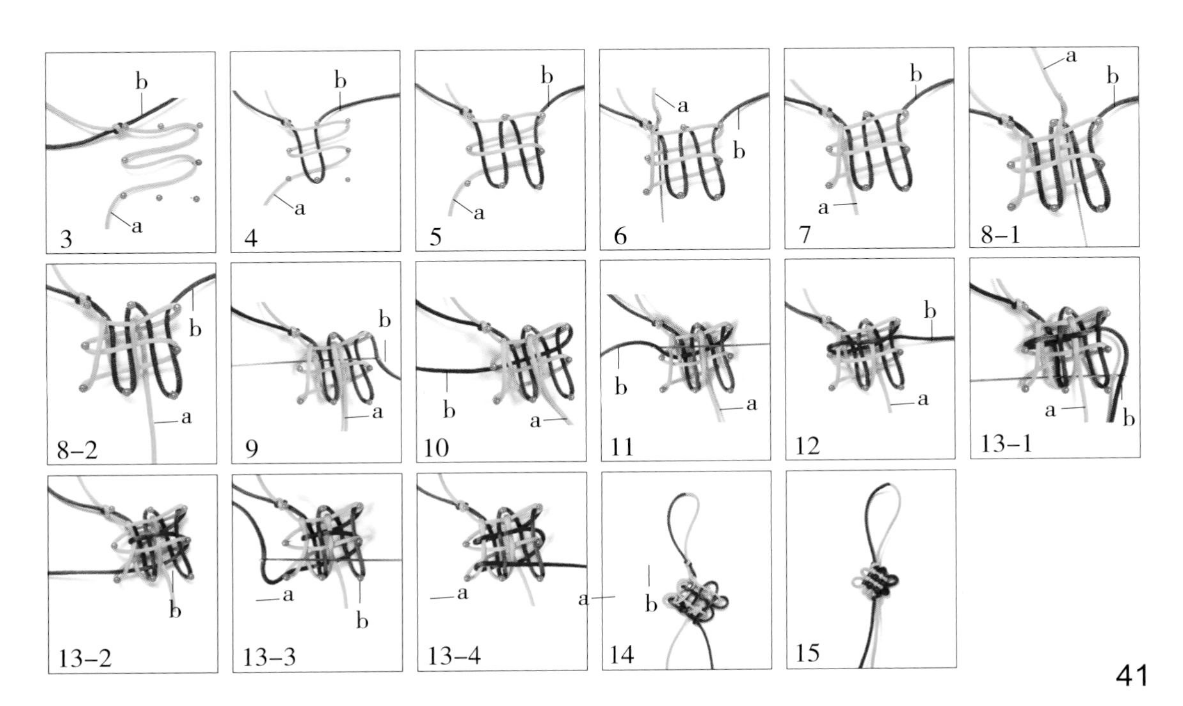

蝴蝶盘长结

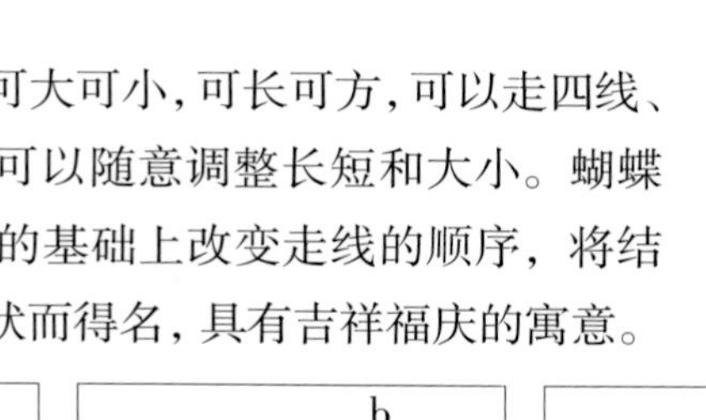

盘长结的结体可大可小，可长可方，可以走四线、六线、八线，耳翼可以随意调整长短和大小。蝴蝶盘长结是在盘长结的基础上改变走线的顺序，将结体变化成蝴蝶的形状而得名，具有吉祥福庆的寓意。

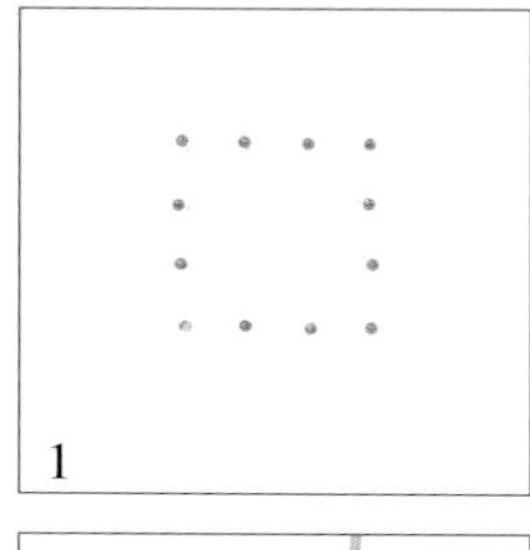
1

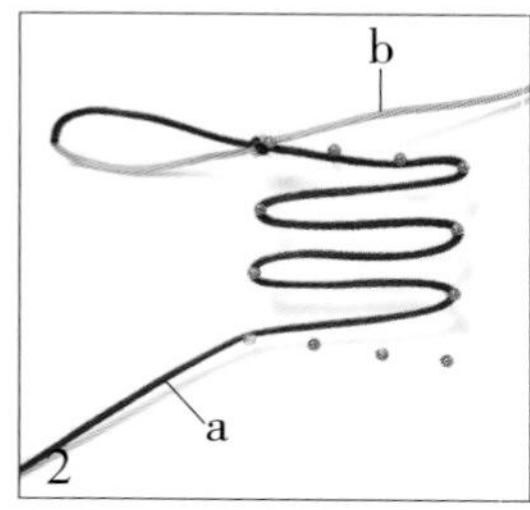

2

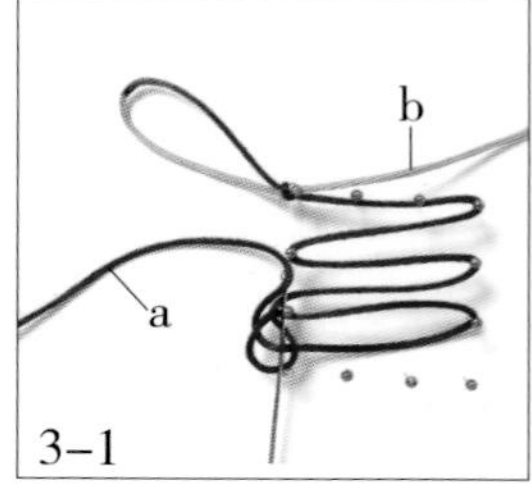

3–1

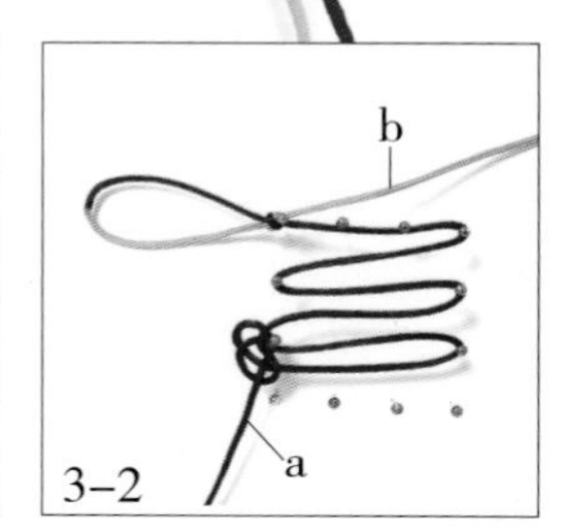

3–2

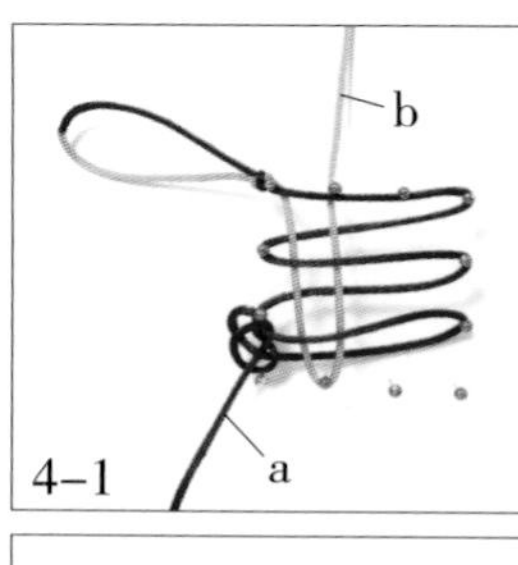

4–1

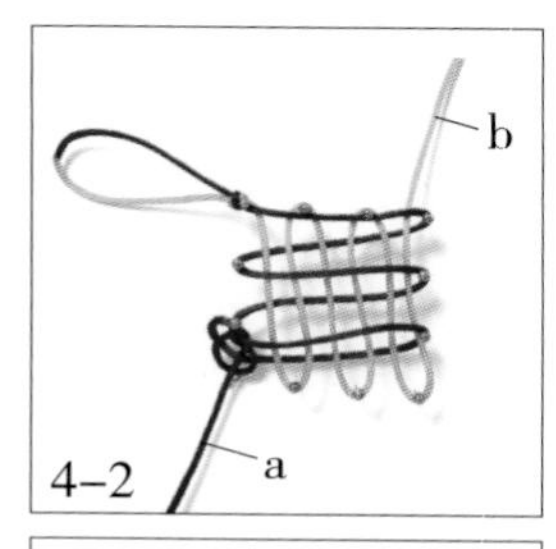

4–2

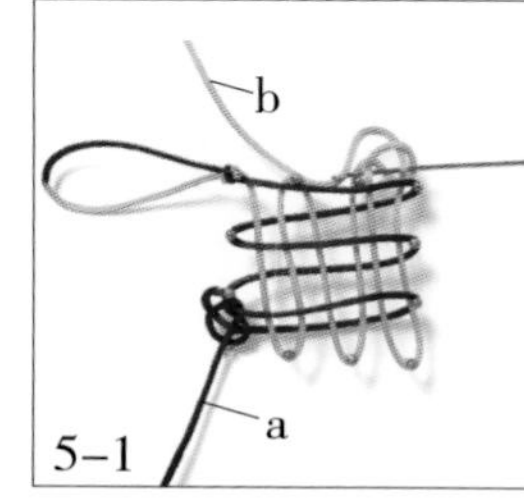

5–1

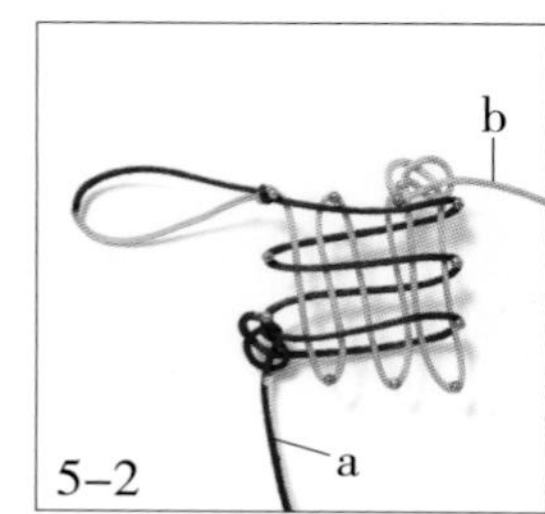

5–2

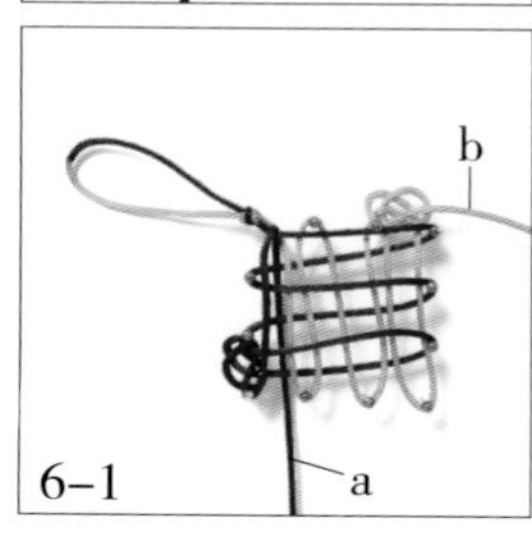

6–1

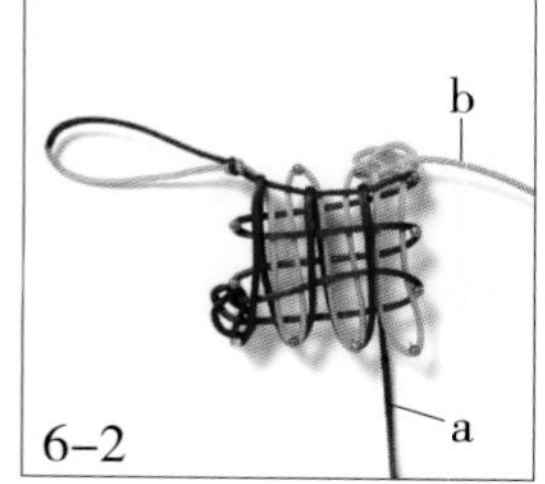

6–2

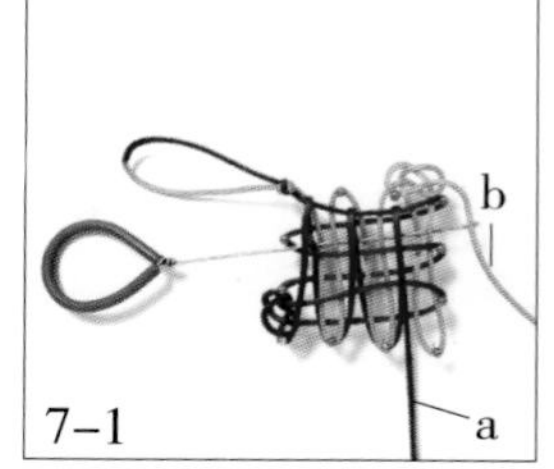

7–1

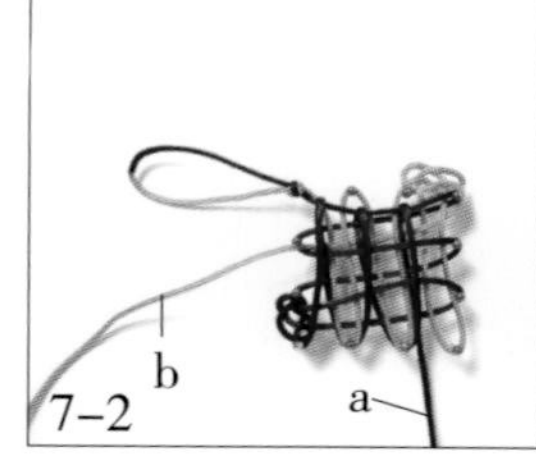

7–2

制作过程

1. 用 12 根大头针插成一个方形。
2. 先用 a 线绕出六行横线。
3. 用 a 线编一个双钱结。
4. 用 b 线走六行竖线。
5. 用 b 线编一个双钱结。
6. 用 a 线走六行竖线。
7. 用 b 线走六行横线。
8. 从大头针上取出结体。
9. 固定并拉出耳翼，调整好结体即可。

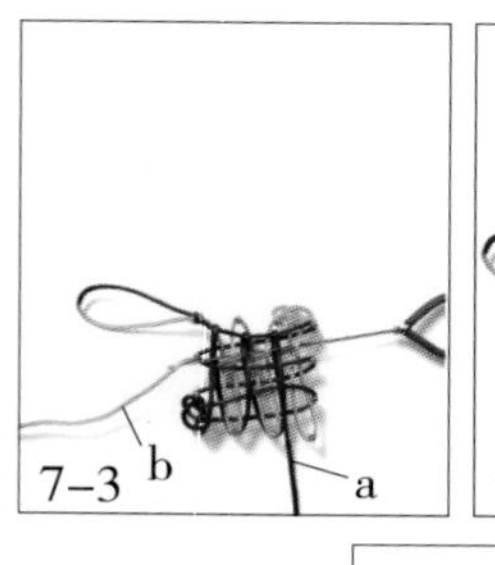

7–3

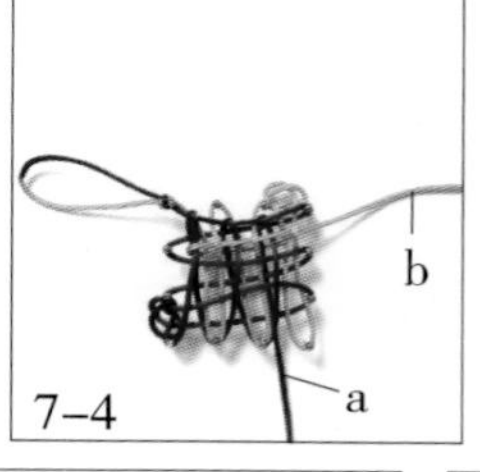

7–4

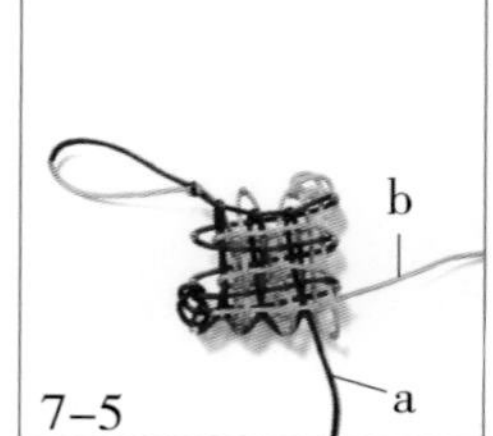

7–5

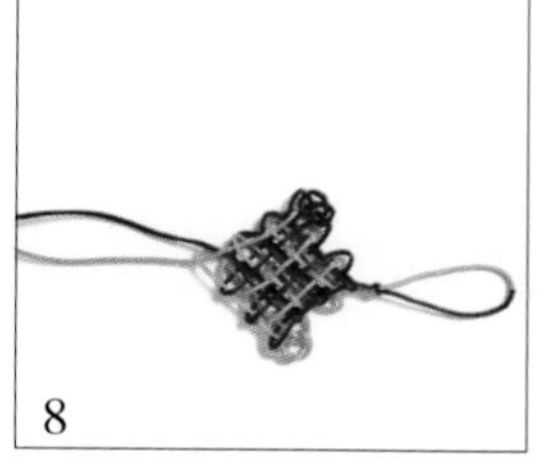
8

9

二宝三套结

宝结由台湾的谭蓬竹创造，宝结结形美观，可以变化出很多种结形，如二宝二套、二宝三套、三宝四套、四宝三套等。

制作过程

1. 用黄线做三个竖套。第一个竖套最长，第二个稍短，第三个最短。
2. 蓝线穿入上面做好的三个竖套中。
3. 蓝线包住所有的竖套。
4. 蓝线从三个竖套中穿出来。
5. 蓝线穿入左边两个较长的竖套中。
6. 蓝线包住两个较长的竖套。
7. 蓝线从两个较长的竖套中穿出来。
8. 蓝线穿入最长的竖套中。
9. 蓝线包住最长的竖套。
10. 蓝线从最长的竖套中穿出来。
11. 整理结形。二宝三套结就完成了。

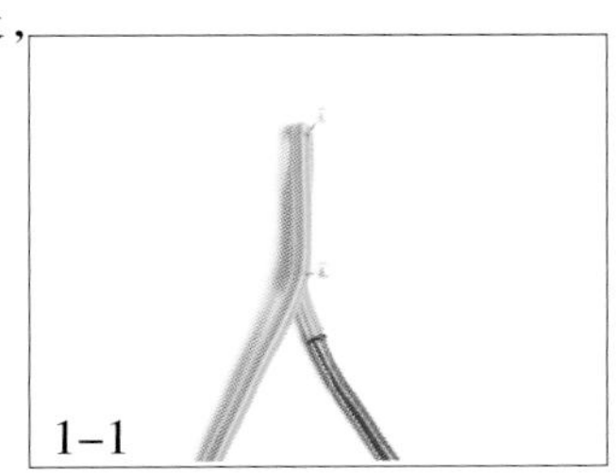
1-1

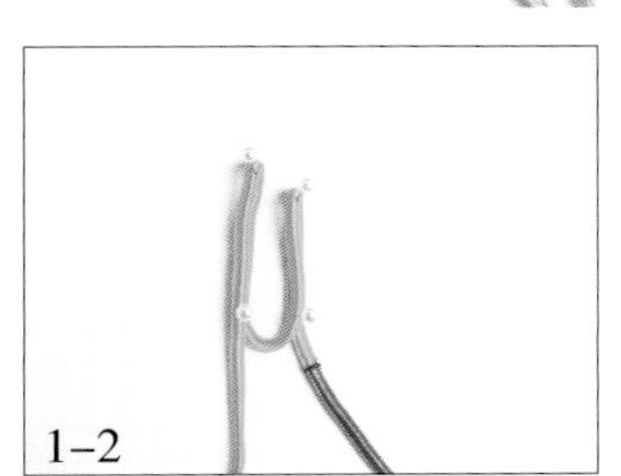
1-2

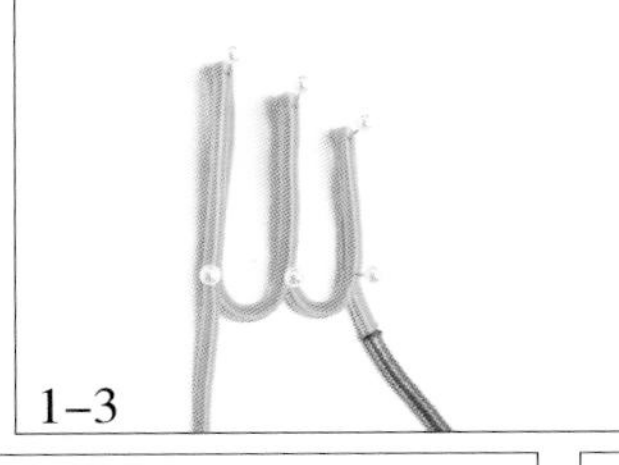
1-3

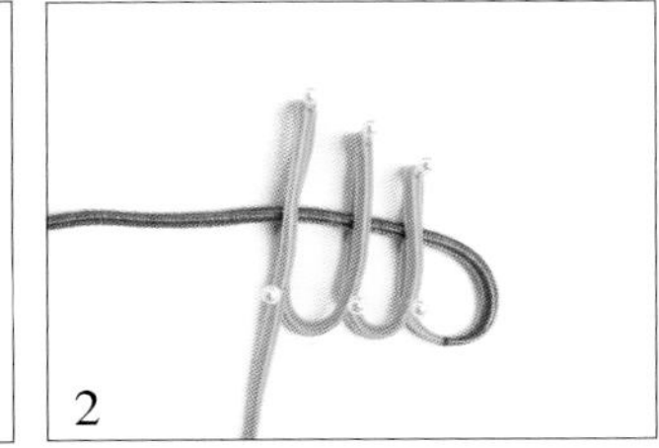
2

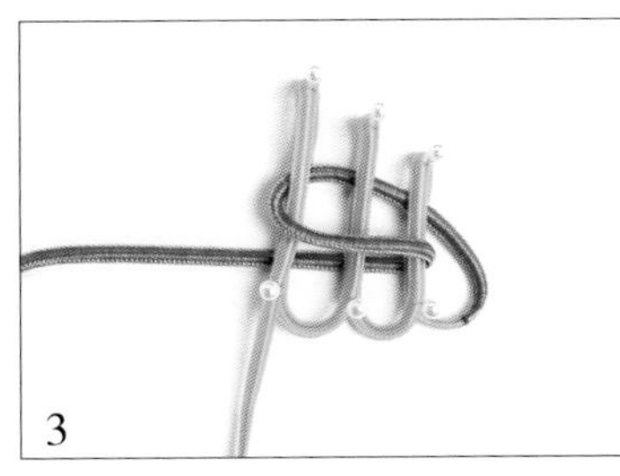
3

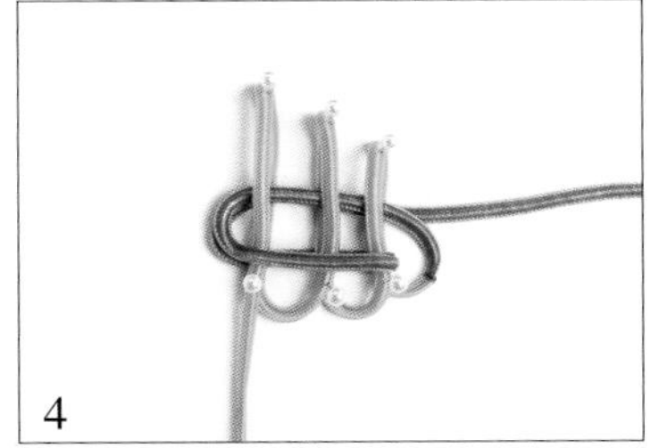
4

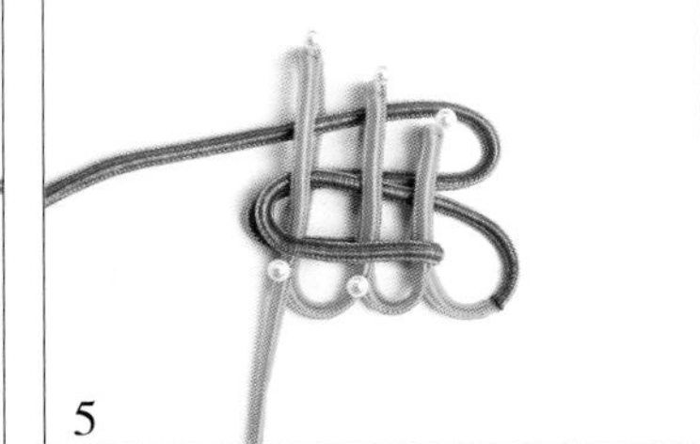
5

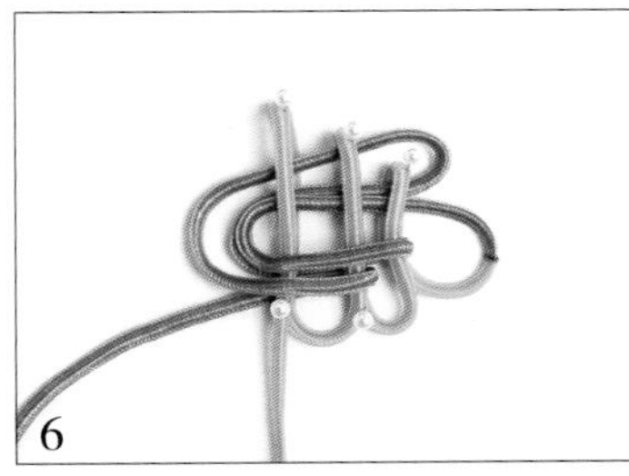
6

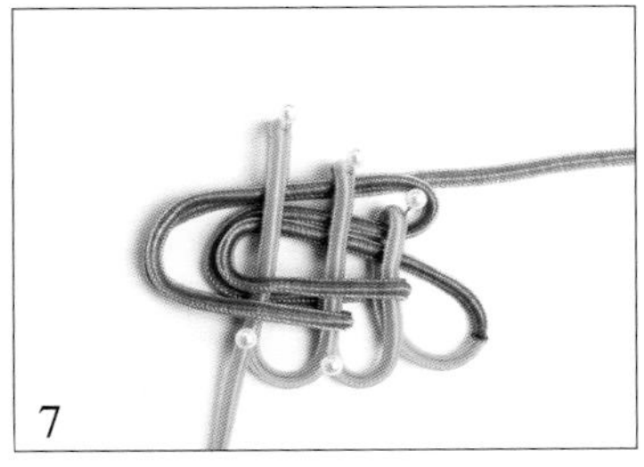
7

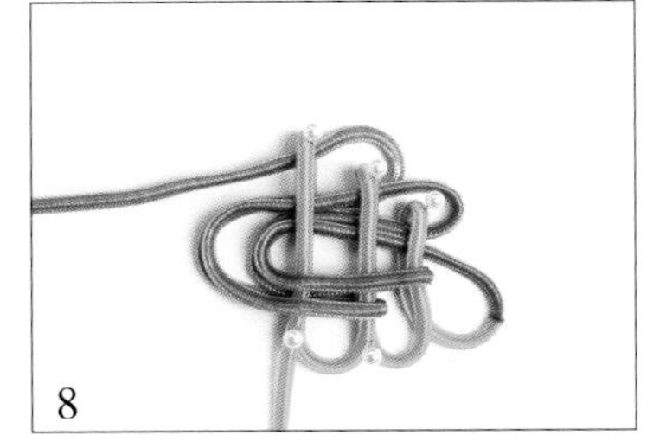
8

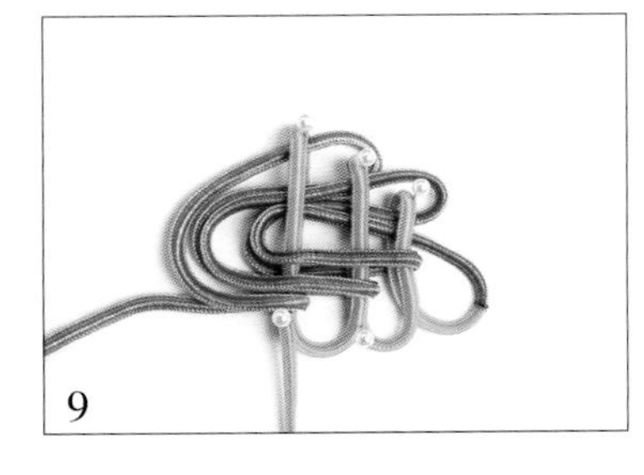
9

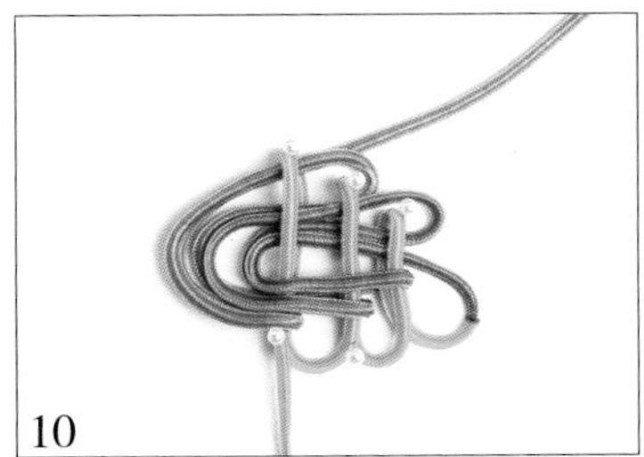
10

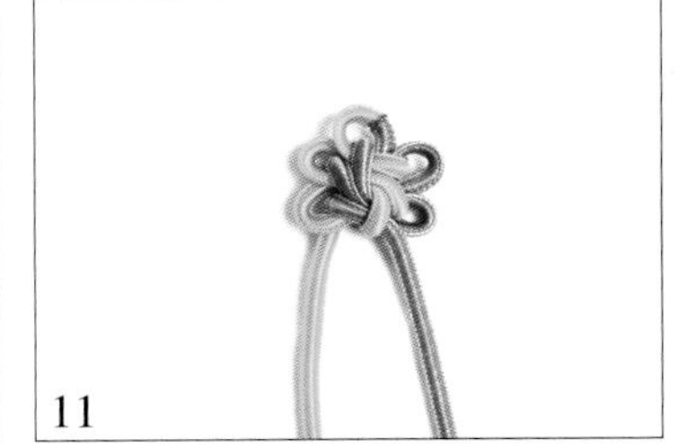
11

六耳团锦结

六耳团锦结有六个耳翼，寓意美好吉祥。

制作过程

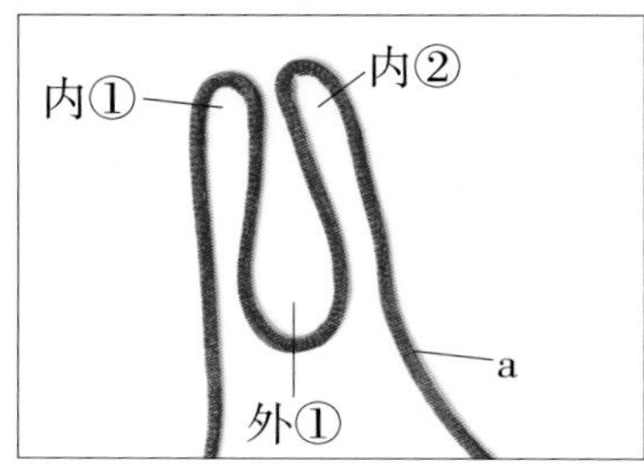

1. 先用 a 线绕出内①和内②，形成外①。

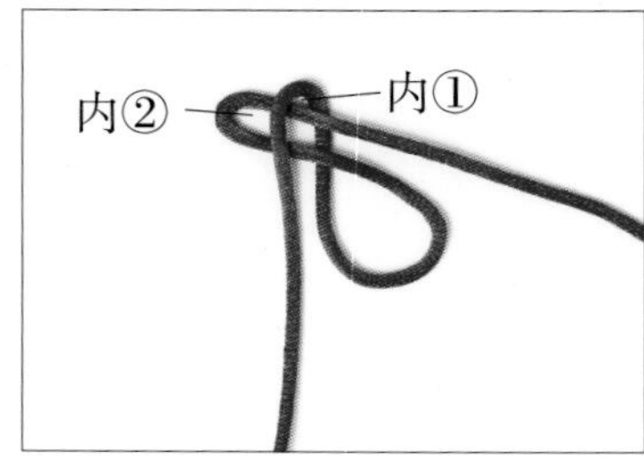

2. 内②进到内①中。

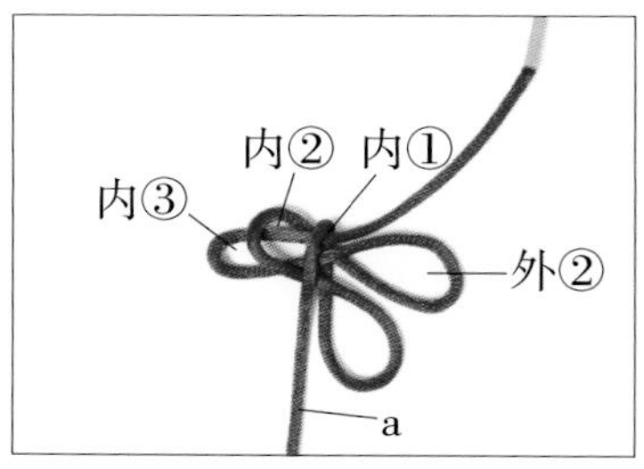

3. 再用 a 线绕出内③，套进前面做好的内①和内②，形成外②。

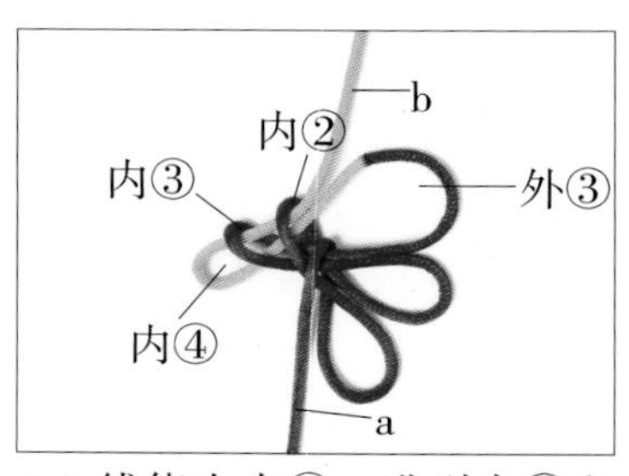

4. b 线绕出内④，进到内②和内③中，形成外③。

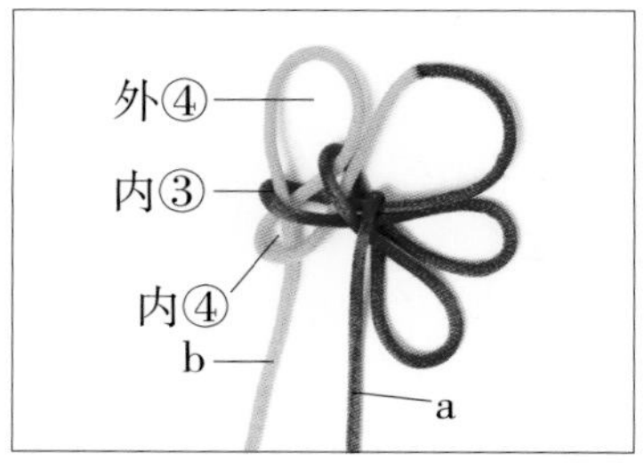

5. b 线穿过内③和内④，形成外④。

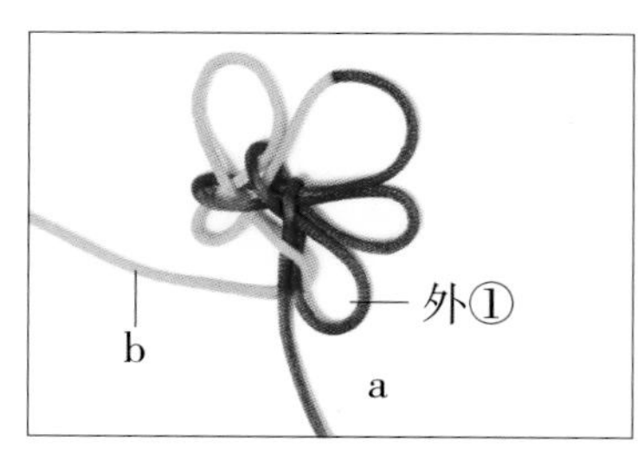

6. b线压a线，再穿过外①。

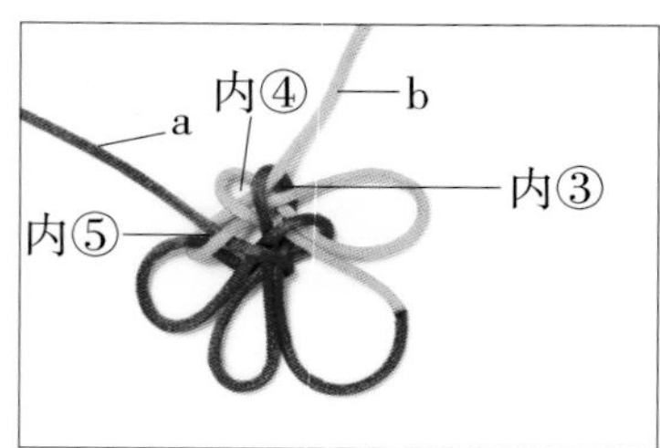

7. b 线挑 a 线，穿过内③和内④，形成内⑤。

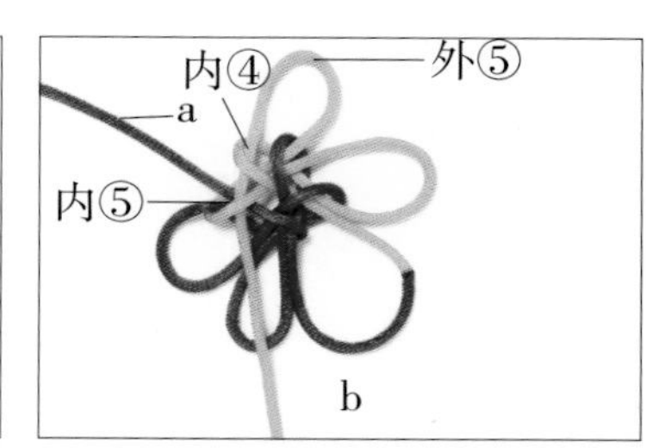

8. b 线穿过内④和内⑤，形成外⑤。

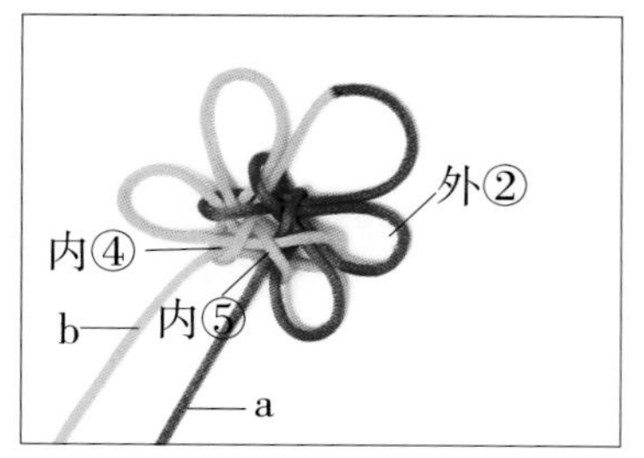

9. b 线压 a 线，穿过外②，再穿过内⑤、内④。

10. 调整耳翼，收紧内耳，整理好结体。

11. 剪掉余线，将线头略烧后对接起来即可。

空心八耳团锦结

此结有八个耳翼，造型美观，结心成空心，可以在结心镶宝石之类的饰物，使结饰更显华贵。

制作过程

1. 先走 b 线，在大头针上绕出内①。
2. 绕出内②。
3. 绕出内③。
4. 绕出内④。
5. 接下来走 a 线，绕出内⑤。
6. 绕出内⑥。
7. 绕出内⑦。
8. 绕出内⑧。
9. 从大头针上取出结体，调整耳翼，收紧内耳，在尾线处打一个双联结以固定结体即可。

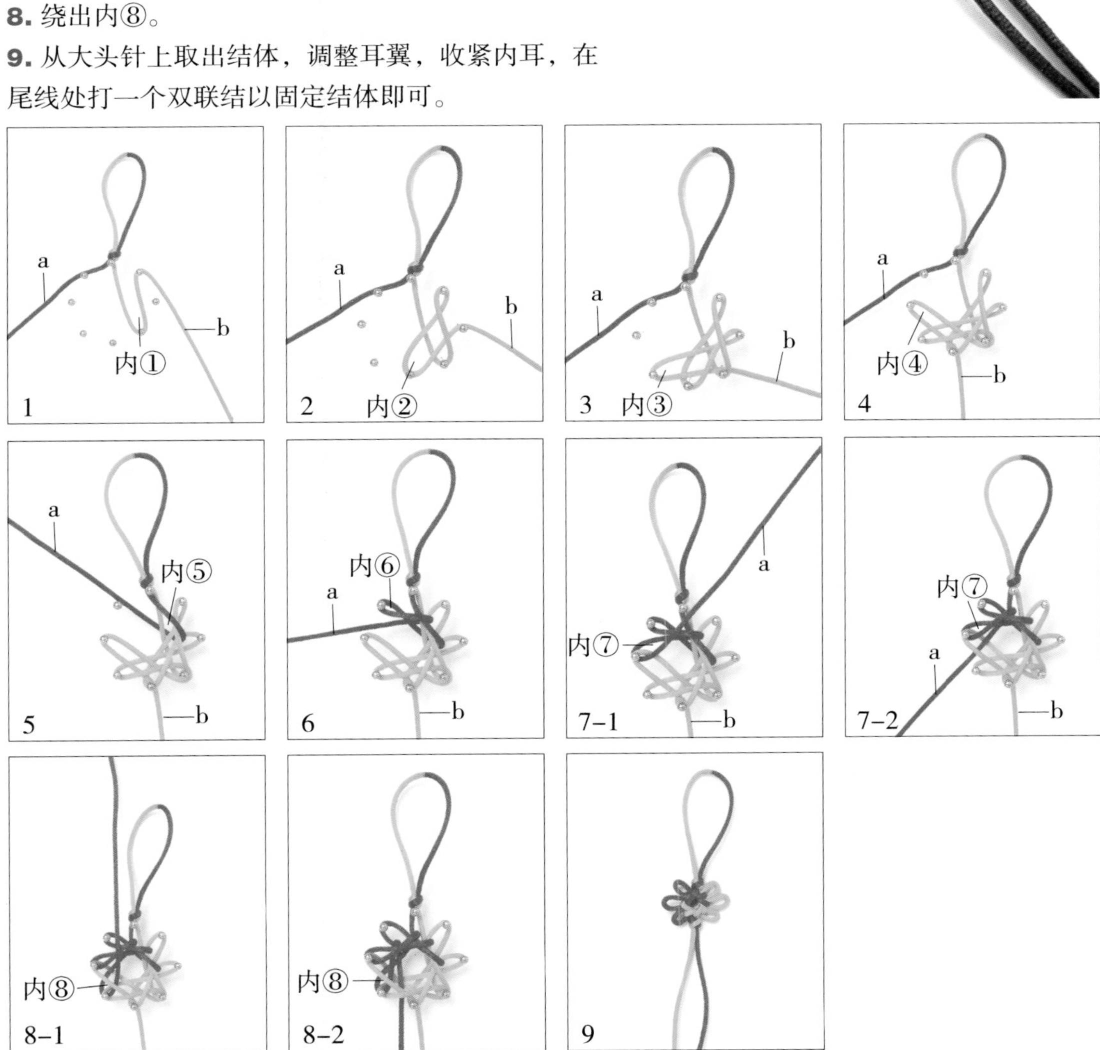

实心八耳团锦结

团锦结因耳翼呈花瓣状，故又称“花瓣结”。实心八耳团锦结的结心为实心，造型美观，自然流露出花团锦簇的喜气，是一个喜气洋洋、吉庆祥瑞的结饰。

制作过程

1. 如图，先走 b 线，在大头针上钩出右①。

2. 钩出右②。

3. 钩出右③。

4. 钩出右④。

5. 接下来走 a 线，同样钩出左①。

6. 钩出左②。

7. 钩出左③。

8. 钩出左④。

9. 从大头针上取下结体，拉出耳翼，调整好结体即可。

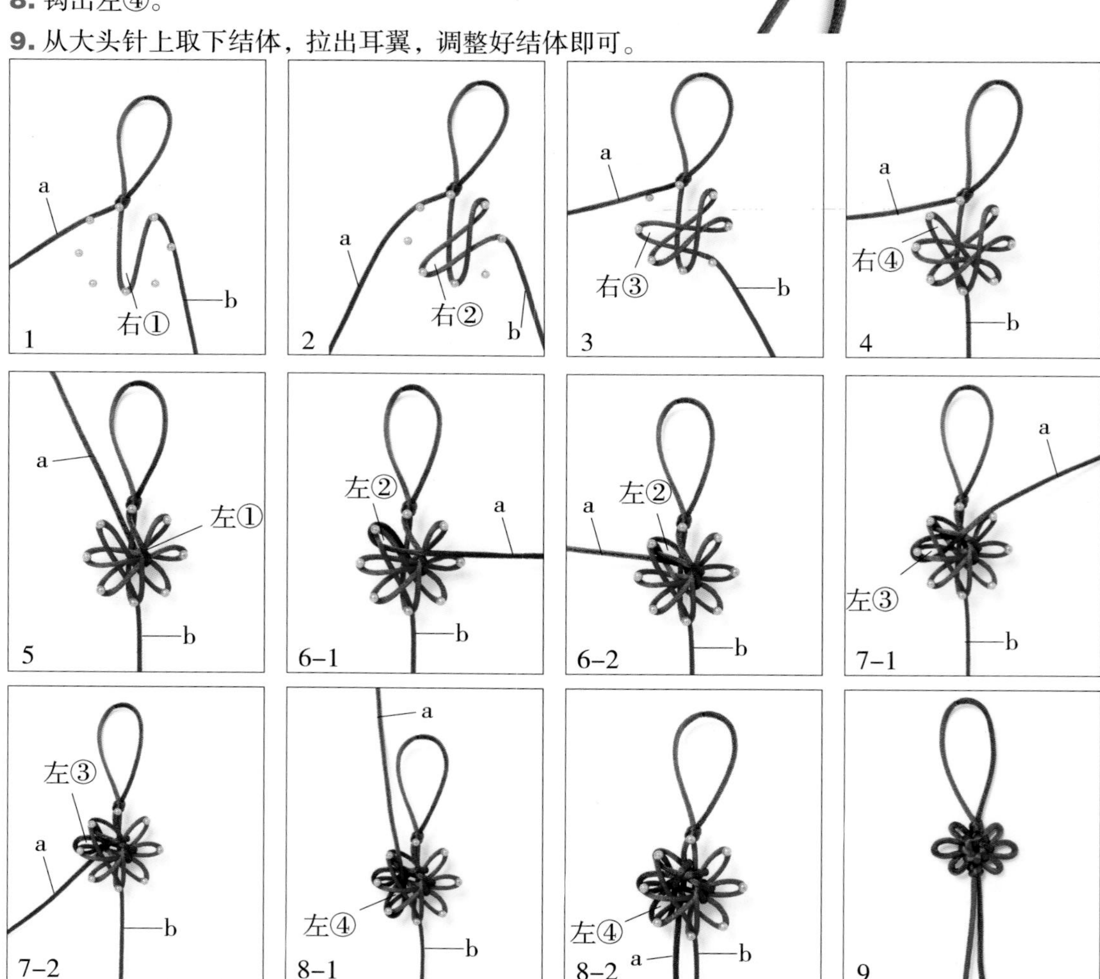

法轮结

法轮结由酢浆草结、雀头结、八耳团锦结组合而成。法轮是佛门八宝之一，含有生生不息、因果轮回、惩恶扬善之意。

制作过程

1. 准备一个塑料圈和一条线，用线打一个双联结作为开头。
2. 在双联结下面打一个酢浆草结。
3. b 线如图所示绕过塑料圈。
4. 用 b 线在塑料圈上编一个雀头结。
5. 把雀头结收紧。
6. 用 b 线往右边连续编雀头结。
7. 另取一条线编一个八耳团锦结。
8. a 线穿过团锦结的一个耳翼以固定团锦结。
9. 用 a 线往左边编雀头结。
10. a 线仿照 b 线的方法，往左边连续编结。
11. 在编至塑料圈八分之一时，分别在两边打一个酢浆草结。
12. b 线穿过八耳团锦结的第二个耳翼。
13. a、b 线如图所示继续往两边编雀头结。
14. a、b 线如图所示各编一个酢浆草结。
15. a、b 线分别穿过团锦结两边的耳翼，然后继续向两边编雀头结。
16. 重复步骤 13、14 的做法编结。
17. b 线穿过团锦结的最后一个耳翼，刚好将圈填满。
18. 最后，在圈的下面编一个酢浆草结和一个双联结固定即可。

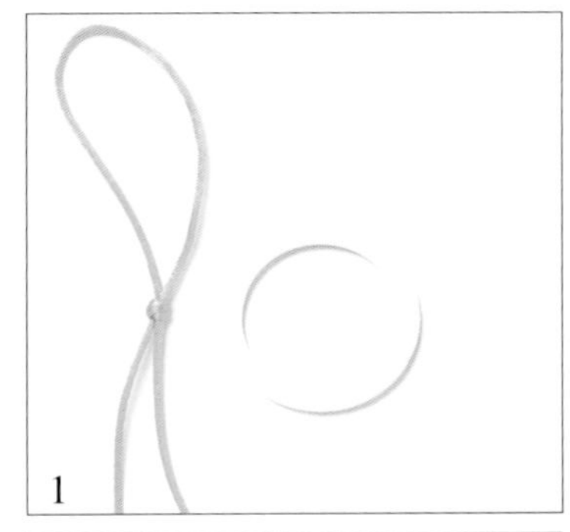

1

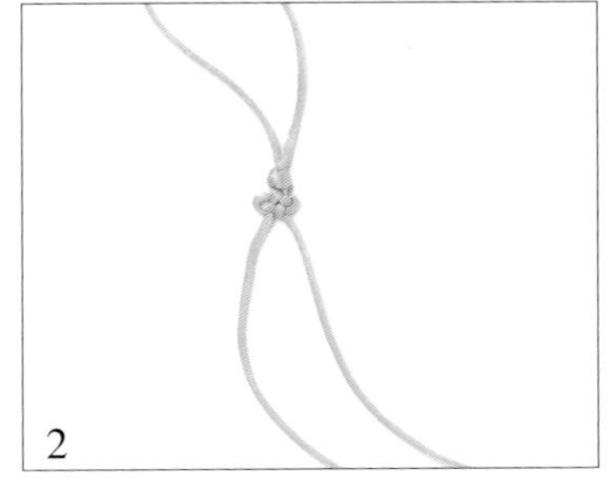

2

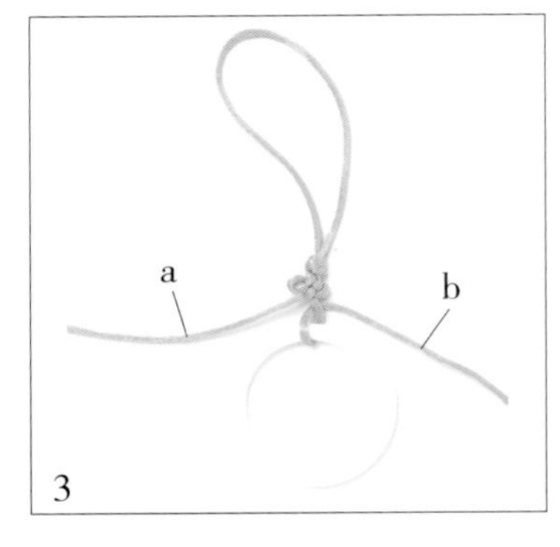

3

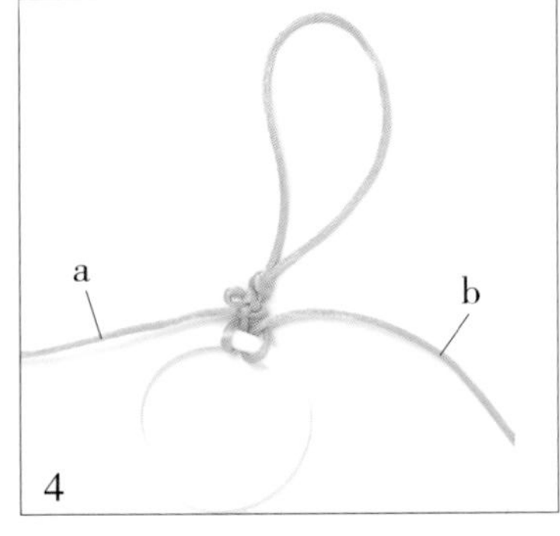

4

5

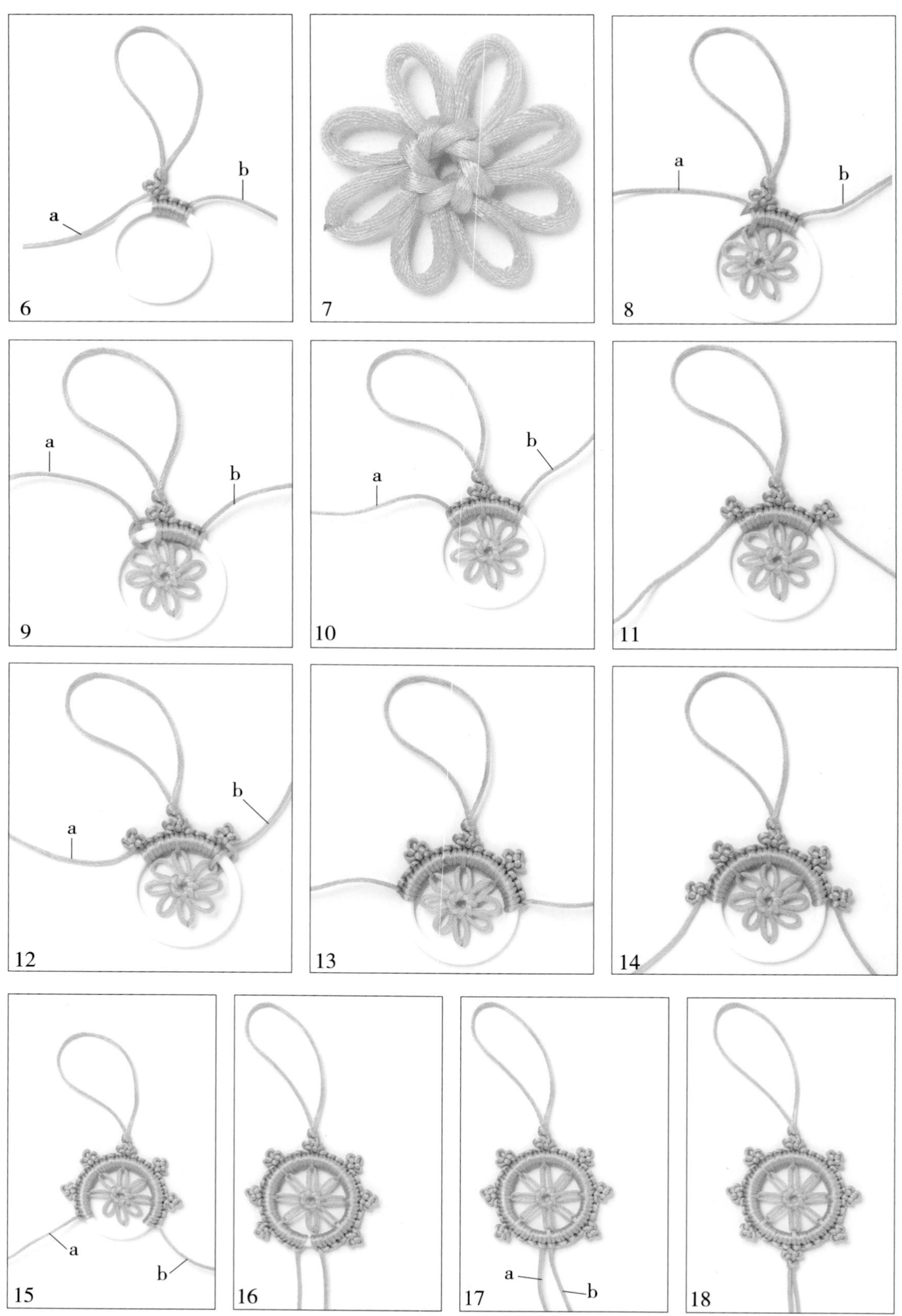
a
b
6
7
a
b
8
a
b
9
a
b
10
11
a
b
12
13
14
a
b
15
16
a
b
17
18

三回盘长结

三回盘长结在各方位皆由三个一来一回的回转线组合而成，其走线的方式与二回盘长结相仿，区别在于它比二回盘长结多绕一个回转线。

制作过程

1. 在垫板上插上 12 根大头针，形成一个方形。

2. a 线如图所示绕六行横线。

3. b线挑第一、第三、第五行a横线，走两行竖线。

4. b 线仿照步骤 3 的方法，再做两次。

5. 钩针从所有横线下面伸过去，钩住 a 线。

6. 把 a 线钩向下。

7. a 线仿照步骤 5、6 的方法，再做两次。

8. 钩针挑 2 线，压 1 线，挑 3 线，压 1 线，挑 3 线，压 1 线，挑 1 线，钩住 b 线。

9. 把 b 线钩向左。

10. 钩针挑第二、第四、第六行 b 竖线，钩住 b 线。

11. 把 b 线钩向右。

12. b 线仿照步骤 8 ~ 11 的方法，再做两次。

13. 取出结体。

14. 拉出十个耳翼，收紧线，调整好结体即可。

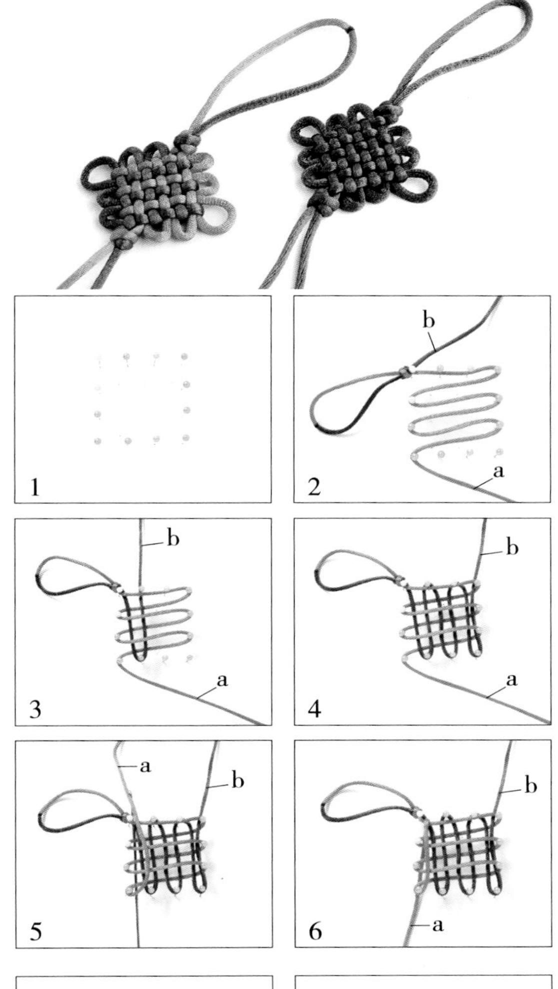

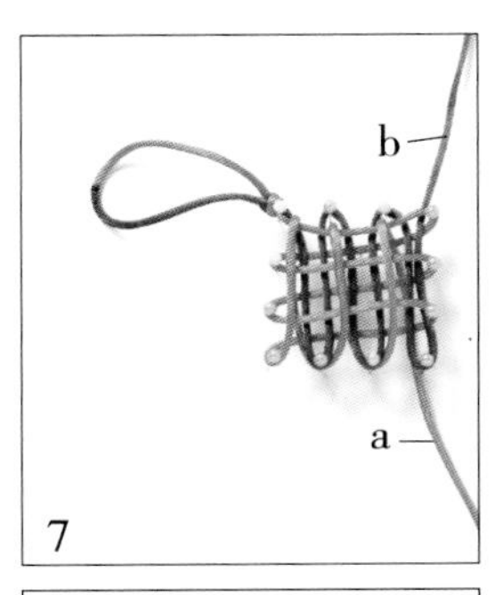

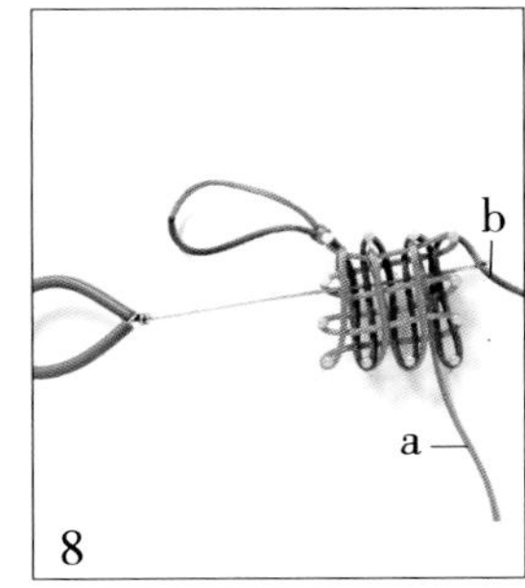

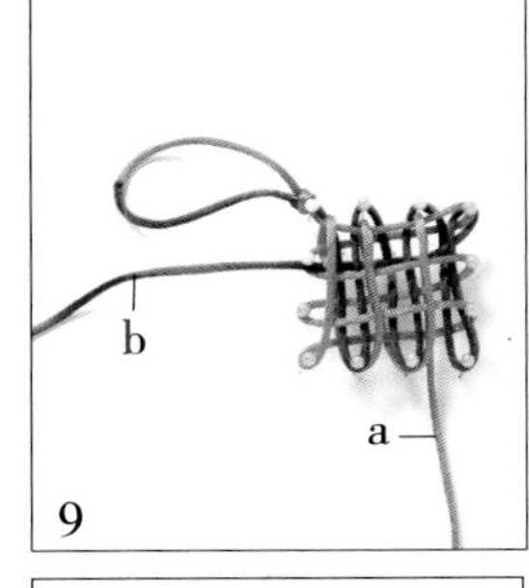

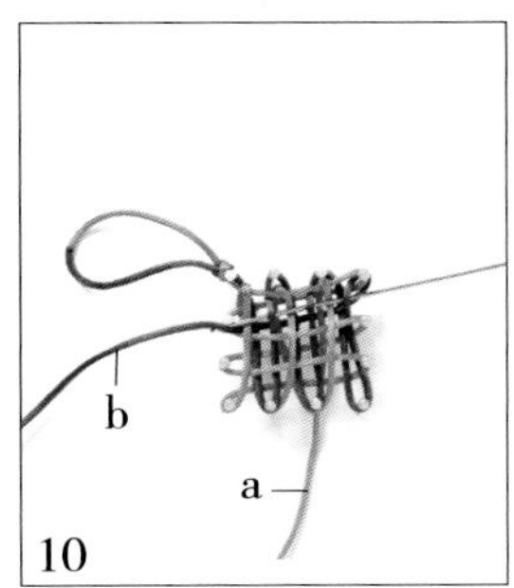

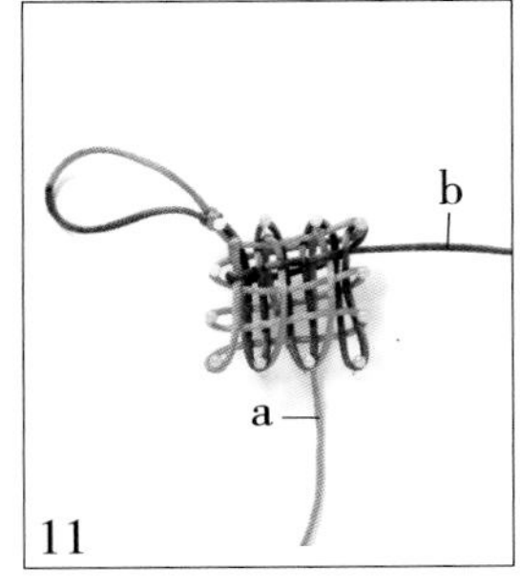

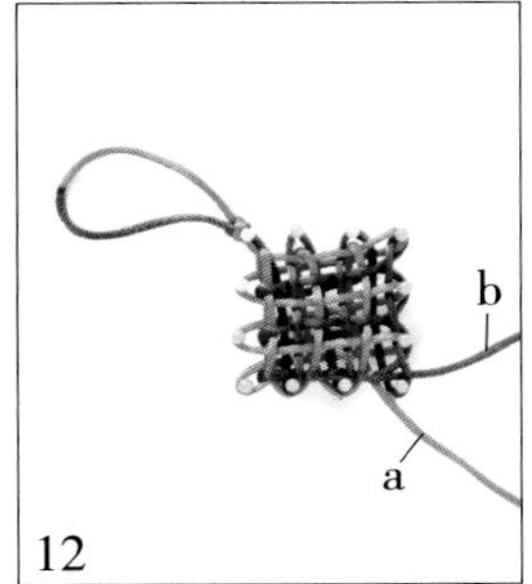

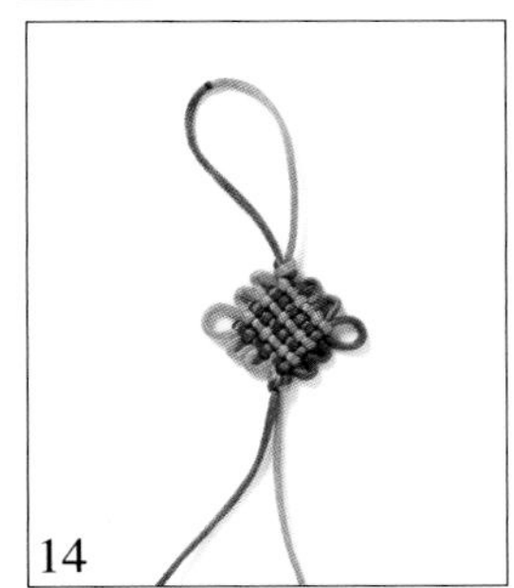

潮流结式篇

陶瓷玉石类

如花似玉

制作过程

1. 如图，准备一朵玉石花，然后取三条线分别穿一颗玉石珠子。

2. 把穿了玉石珠子的线合在一起穿过玉石花，然后另外准备一朵较大的玉石花。

3. 用穿了小玉石花的线向下穿过较大的玉石花，然后另外取一条线，如图所示穿过大玉石花下端的孔。

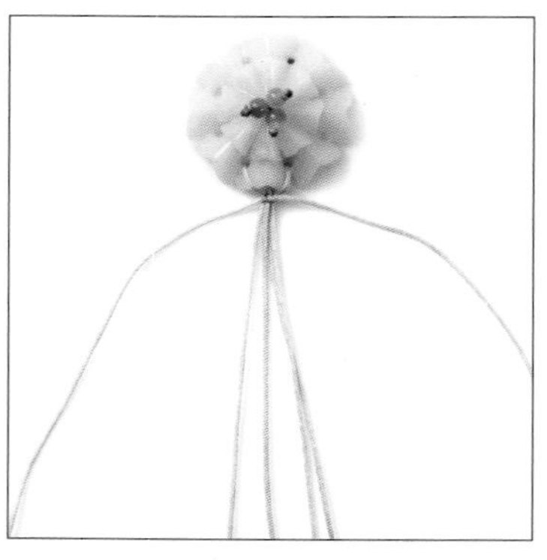

4. 另外取一条线，包住步骤 3 中的尾线编一个单结。

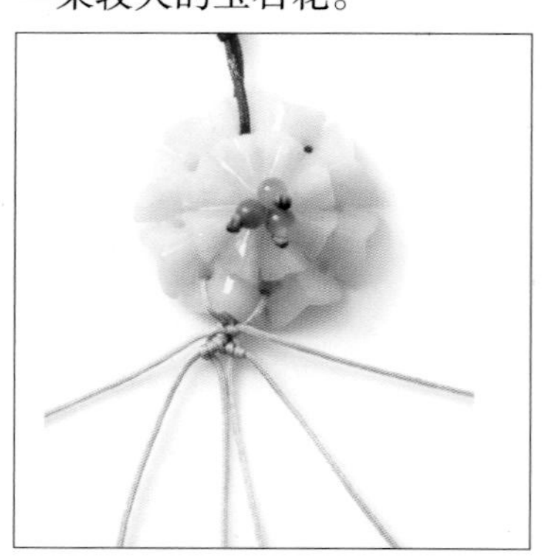

5. 用中间的四条线如图所示编斜卷结。

6. 用斜卷结两侧的线分别穿两颗玉石珠子。

7. 用六条线如图所示继续编斜卷结。

8. 如图，依次穿玉石珠子，编斜卷结。

9. 如图，在下面继续编斜卷结，编好手链的一边。

10. 另外取两条线，如图所示穿过玉石花下端的孔。

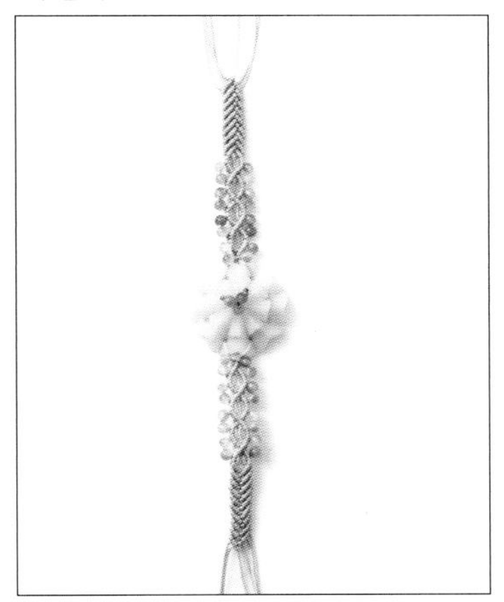

11. 重复前面的做法，做好手链的另一边。

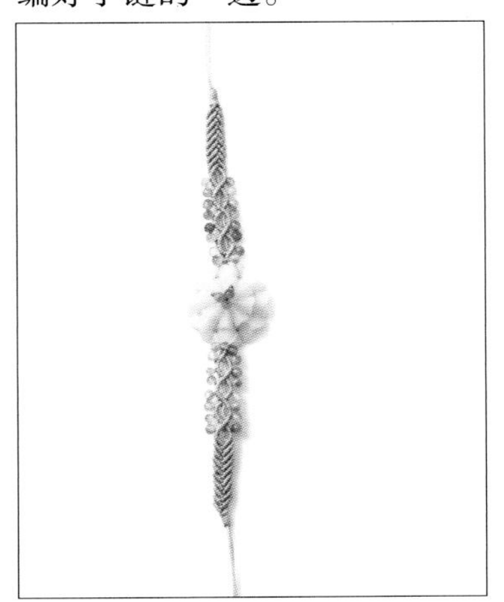

12. 链绳两端分别编秘鲁结，然后剪掉四条线，保留两条线。

13. 链绳两边的尾线分别穿玉石珠子，最后取一条线包住链绳尾线编平结并收尾即可。

契合金兰

制作过程

1. 如图，准备玉石配件。

2. 用线做两个线圈，如图，将步骤 1 中的玉石配件连接起来。

3. 如图，做好四个线圈，连接好玉石配件。

4. 另外取两条线，用股线在这两条线的中间位置绕适当的长度，然后将这两条线如图所示穿过玉环。

5. 用四条线如图所示对穿一个玉环，然后用其中的两条线在玉环下面编一个蛇结。

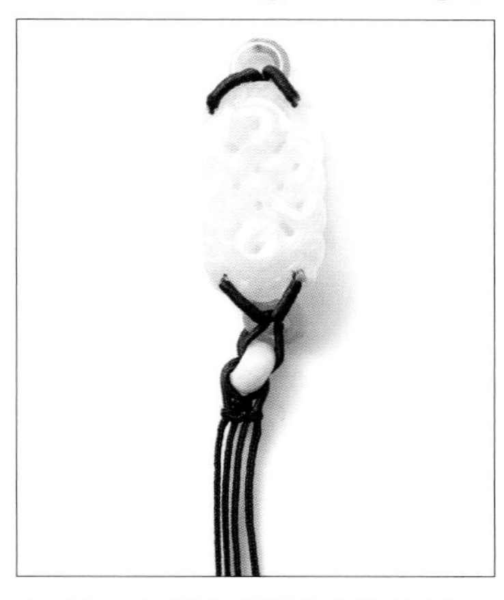

6. 用四条线如图所示编蛇结。

7. 用中间的两条线合穿一颗玉石珠子。

8. 在玉石珠子下面编蛇结。

9. 如图所示穿玉石珠子、编蛇结，做好手链的一边。

10. 重复前面的做法编好手链的另一边。

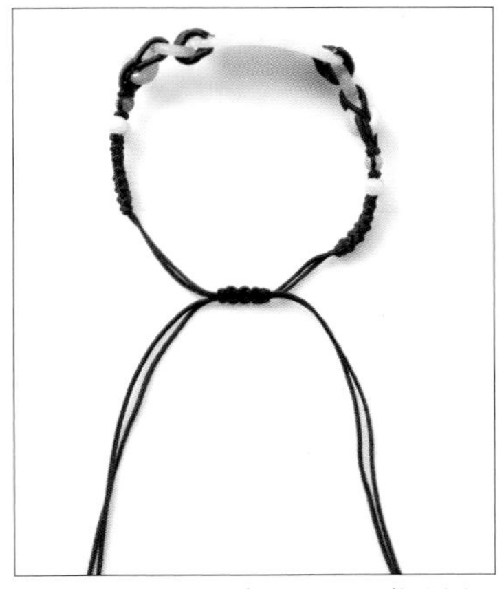

11. 另外取一条线，包住链绳编平结。

12. 用两边链绳的尾线分别穿玉石珠子，然后编双联结并收尾即可。

意气风发

制作过程

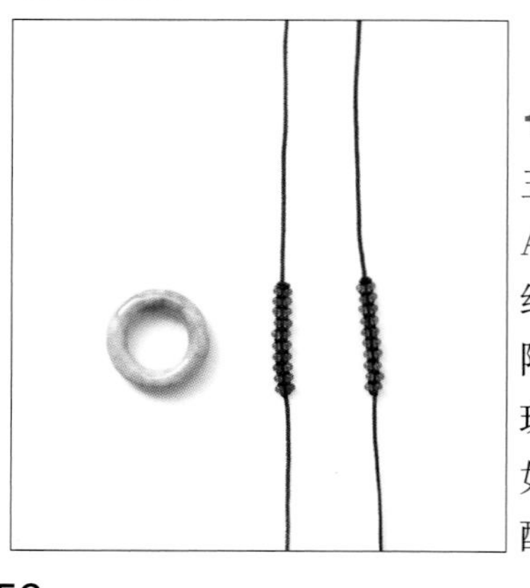

1. 准备一个玉环，用两条A玉线以编平结的方式间隔穿入玛瑙珠子，制作出如图所示的配件。

2. 将步骤1中做好的配件穿过玉环，然后分别用尾线编蛇结固定。

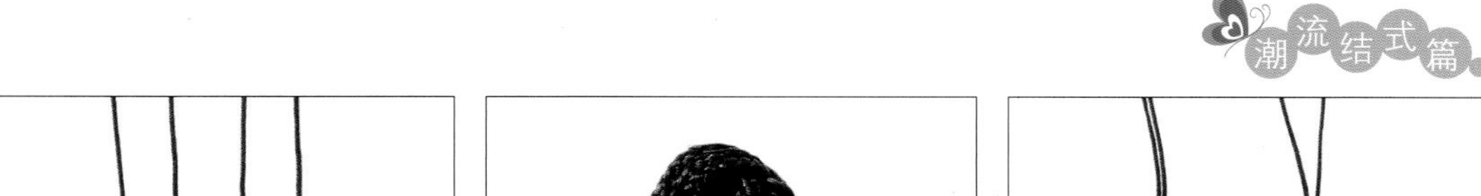

3. 用四条细线如图所示间隔编单结、穿玉石珠子。

4. 如图，制作两个菠萝结。

5. 将菠萝结分别穿在链绳的两边。

6. 两边分别编八股辫，然后编两个蛇结以防止八股辫松散。

7. 另外取一段线，包住链绳的尾线编三个平结，用作项链的活扣。

8. 另外取线以编平结的方式间隔穿入玛瑙珠子，制作出如图所示的配件。

9. 将步骤 8 中做好的配件穿过玉环，然后用两条尾线编蛇结固定。

10. 用三条细线如图所示间隔编单结、穿玉石珠子，制作出如图所示的三条珠链。

11. 用玉环下端的两条尾线绑好三条珠链即可。

青春飞扬

制作过程

1. 如图，准备玉石花和玉环。

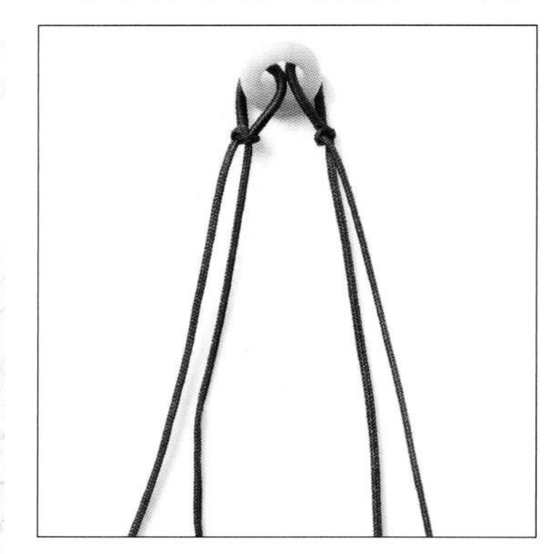

2. 准备两条线，用咖啡色的股线在这两条线的中间位置绕适当的长度。然后用绕了股线的部分穿过玉环，用没有绕股线的部分编一个双联结。

3. 如图，将线穿过玉石花和玉石珠子。

4. 将玉石珠子紧贴玉石花，然后剪掉多余的尾线，用打火机将线头烧熔以固定玉石珠子。

5. 在玉环的下面再穿一条线，在这条线的中间位置绕一段股线，用没有绕股线的部分编一个双联结。

6. 用两条尾线分别穿玉石珠子，然后合在一起编一个双联结。

7. 在两条尾线的外面分别绕一段股线。

8. 用绕了股线的部分编一个同心结。

9. 两边合穿玉石珠子，然后在两条尾线的下面加一条线。

10. 用加进来的线如图所示做挑、压。

11. 每编一个来回就将线向上推紧，使结体紧凑。

12. 如图，做好手链的一边。

13. 如图，做好手链的另一边。

14. 用手链的尾线分别穿玉石珠子，然后另外取一条线，包住手链的尾线编平结并收尾即可。

质朴宁静

制作过程

1. 用一条线依次编双联结、复翼磬结和倒复翼磬结、双联结各一个。

2. 在两个翼磬结的两侧分别穿一颗绿松石。

3. 在一颗绿松石的下面编一个倒蝴蝶盘长结。

4. 在另一颗绿松石的边上编一个蝴蝶盘长结，注意分别在两个盘长结的边上编一个双环结。

5. 最后取一条线，包住链绳的尾线编平结并收尾即可。

1

2

3–1

3–2

3–3

3–4

4

5

亭亭玉立

制作过程

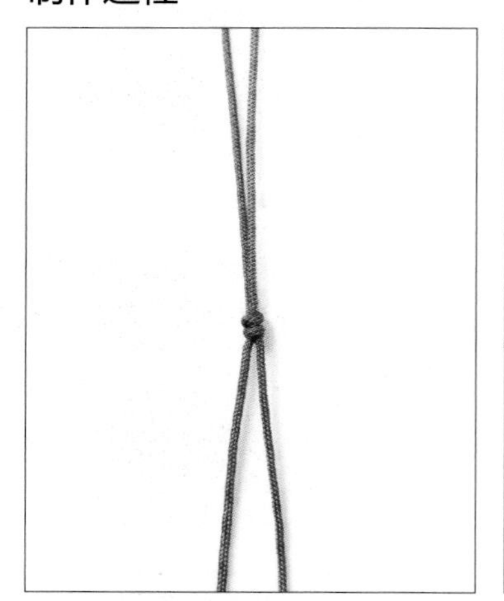

1. 用两条线编两个蛇结。

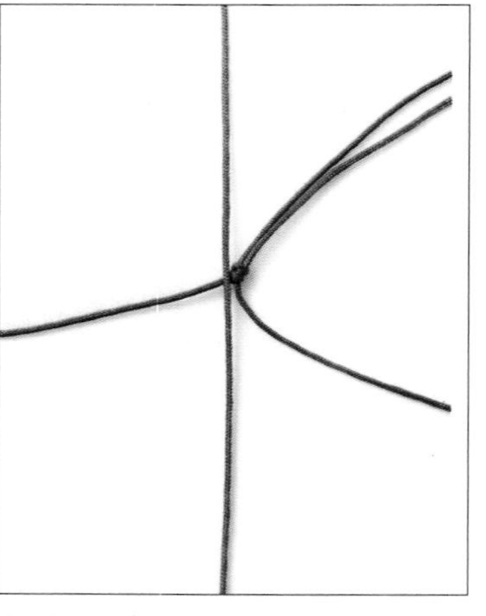

2. 加一条线进来，由此开始编玉米结。

3. 留出两条线，用其余的四条线编一个玉米结。

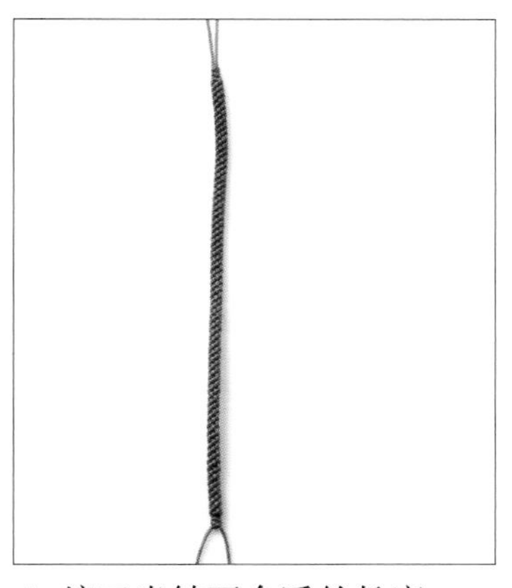

4. 编玉米结至合适的长度。

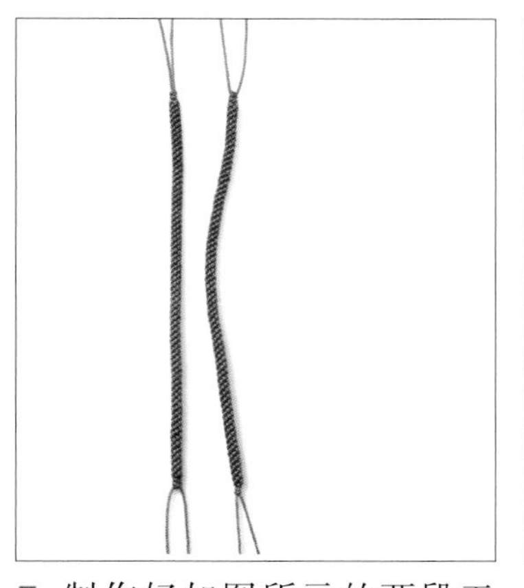

5. 制作好如图所示的两段玉米结。

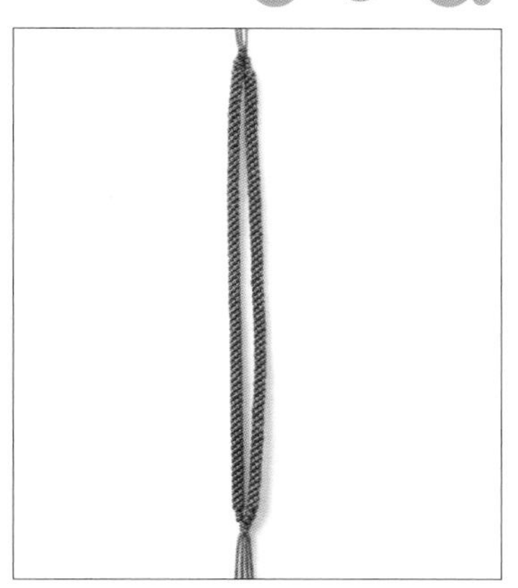

6. 将两段玉米结组合在一起，分别用两端的两条线包住其余的两条线编两个蛇结固定。

7. 如图，准备五个线圈。

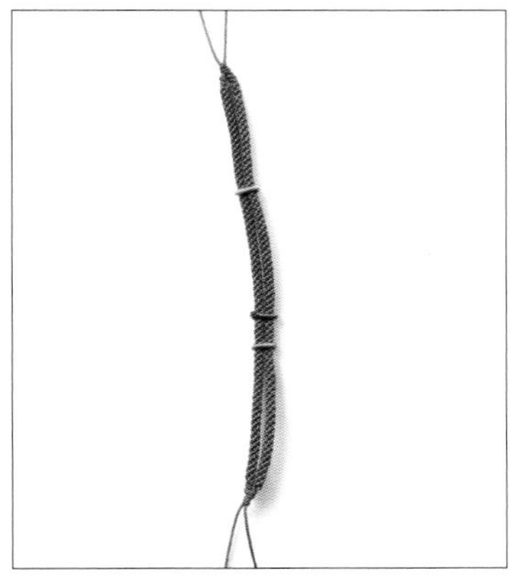

8. 在两条玉米结的外面套入三个线圈。

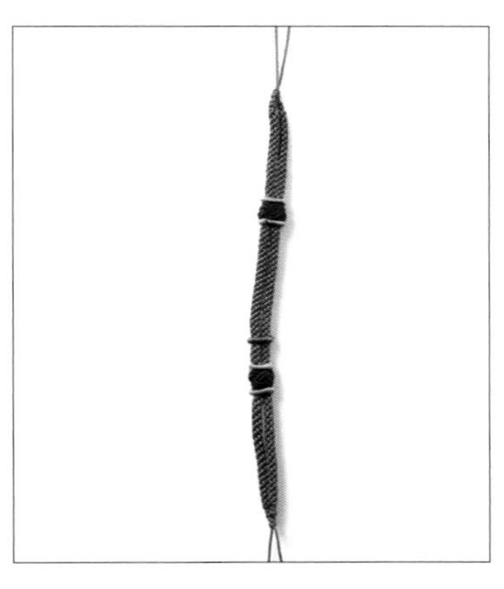

9. 在玉米结的外面编两个菠萝结作装饰，并将其余的两个线圈套入。

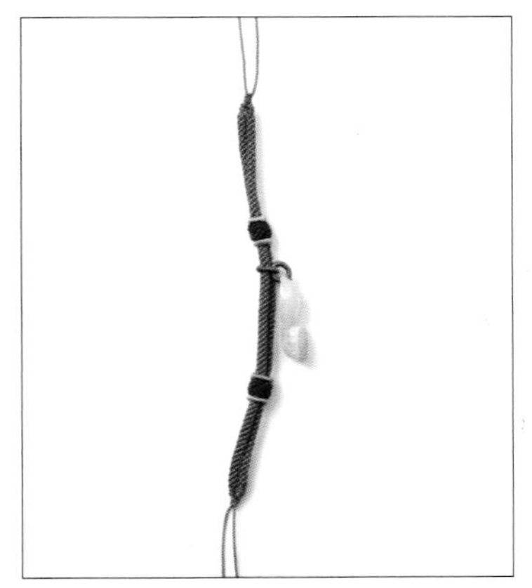

10. 如图，制作一个线圈，将一个玉石如意的一端固定在链绳的中间位置。

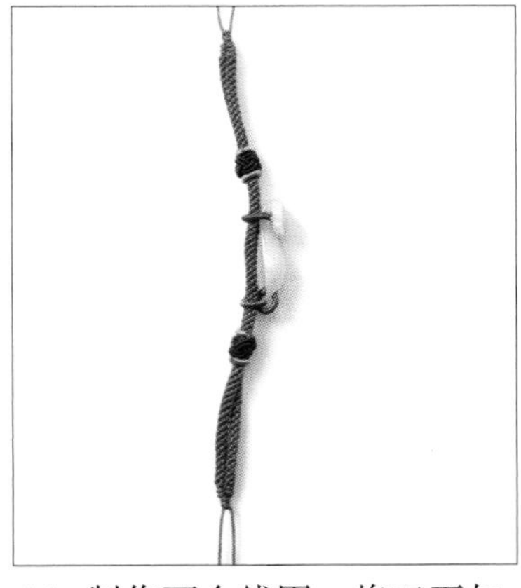

11. 制作两个线圈，将玉石如意的另一端固定好。

12. 另外取一条线，包住链绳的尾线编平结并收尾即可。

虎头虎脑

制作过程

1. 用一条线做一个线圈。

2. 用线圈的尾线合穿一个生肖虎的交趾陶配件。

3. 在生肖虎的上端做一个线圈，然后剪掉多余的线。

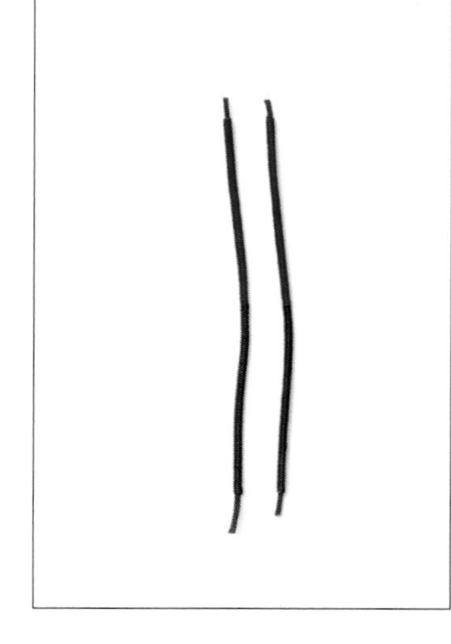

4. 另外准备两条线，用两种颜色的股线在上面分别绕适当的长度。

5. 将步骤 4 中做好的两条线分别穿过生肖虎两端的线圈。然后对接成两个大的线圈。

6. 如图，用股线在两边分别绕适当的长度。

7. 两边分别加一条线，用作这款手链的尾线。

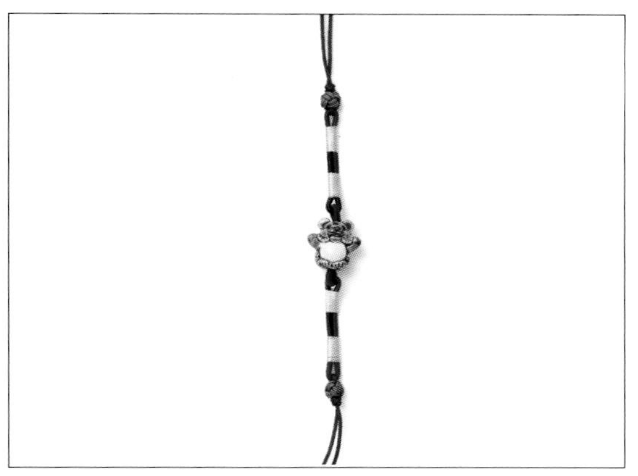

8. 另外用线做两个双层的菠萝结并分别穿过手链两个尾端的线，再编一个双联结固定。

9. 另外用一条线包住手链的尾线编平结，然后剪掉多余的线。

10. 用尾线分别穿珠子，最后编死结并收尾即可。

动如脱兔

制作过程

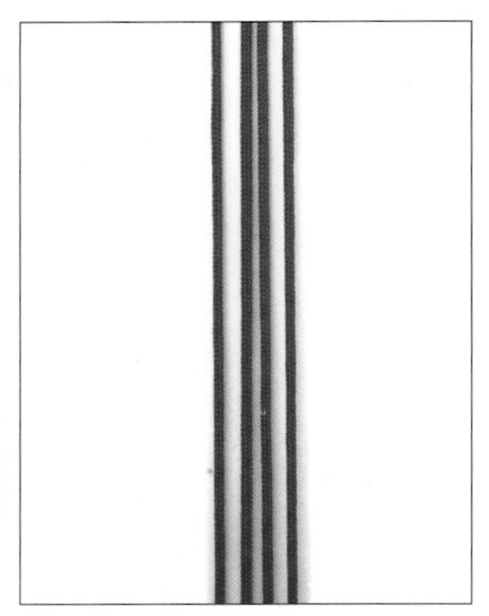

1. 如图，准备四条线，用作项链的链绳。

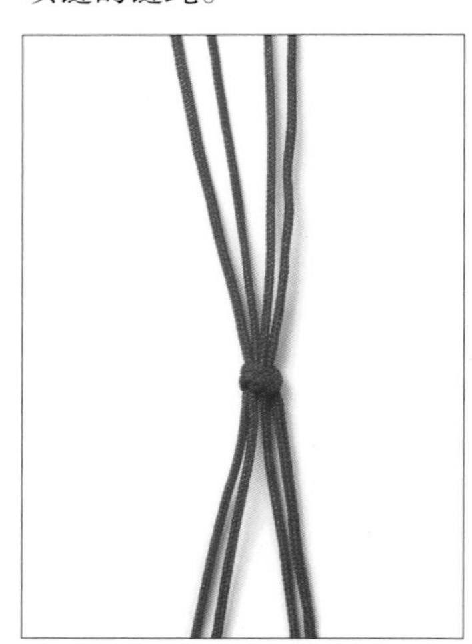

2. 在这四条线的中间位置编一个死结固定。

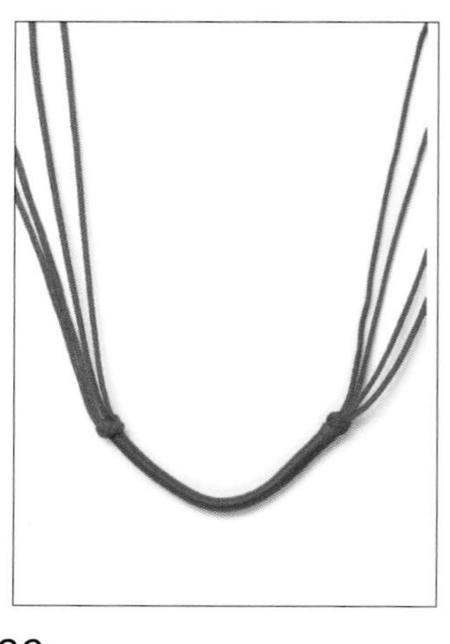

3. 在链绳的中间位置绕一段股线，然后在右端编一个死结固定。

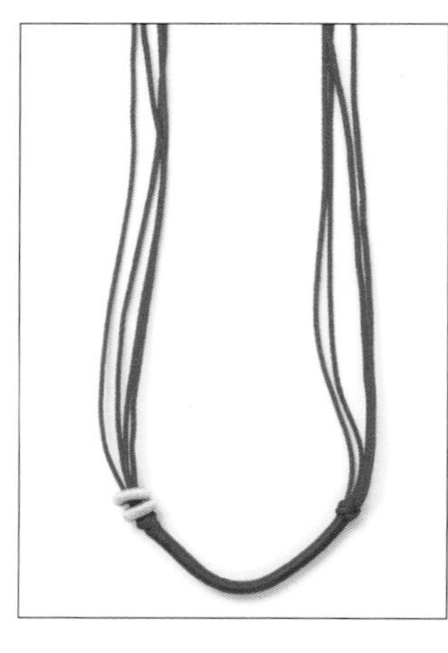

4. 用左边的链绳穿两个线圈。

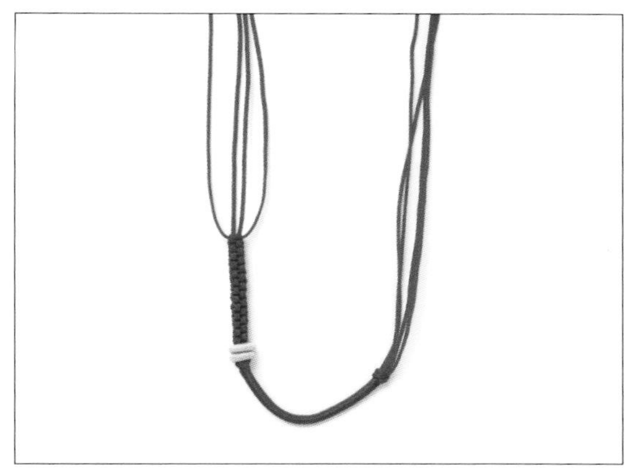

5. 在线圈的上端编一段方形玉米结。

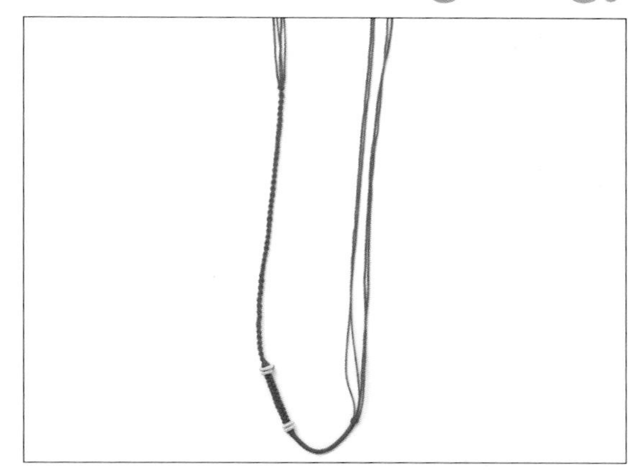

6. 在方形玉米结的上端编一个死结，然后用这四条线编一段四股辫，完成链绳的左边。

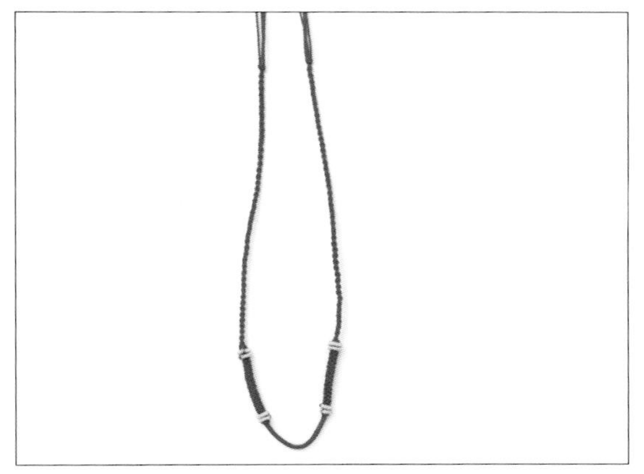

7. 仿照链绳左边的做法，编好链绳的右边。

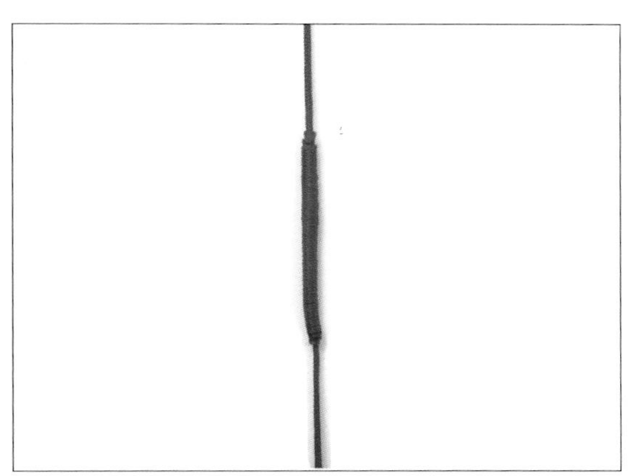

8. 另外取一条线，用股线在上面绕适当的长度。

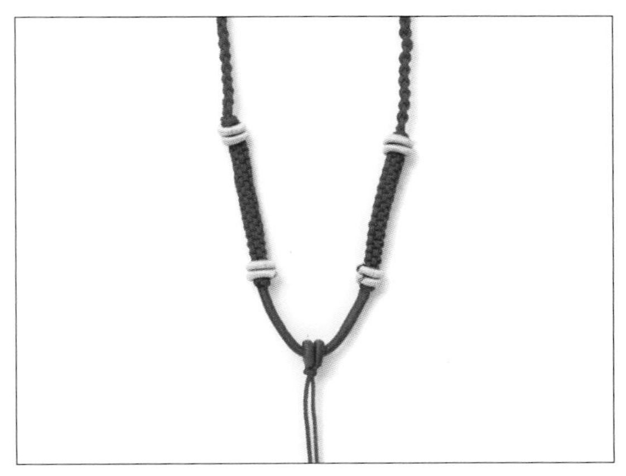

9. 用步骤 8 中绕了股线的部分绕在项链的中间位置，然后编一个双联结固定。

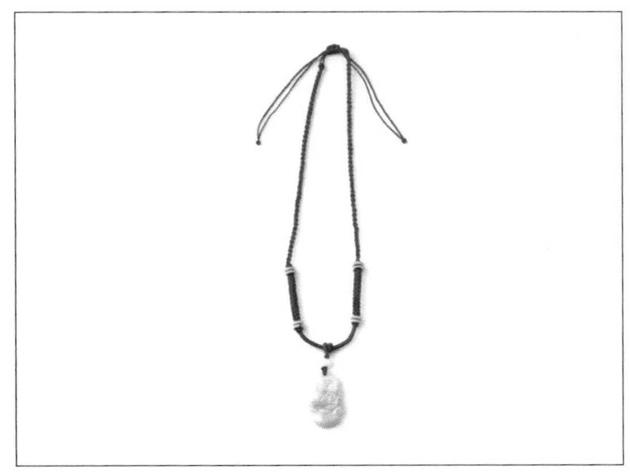

10. 用中间的线系一块生肖兔的玉佩，然后在玉佩的上端编一个死结固定。最后另取一条线，包住链绳的尾线编平结并收尾即可。

金枝玉叶

制作过程

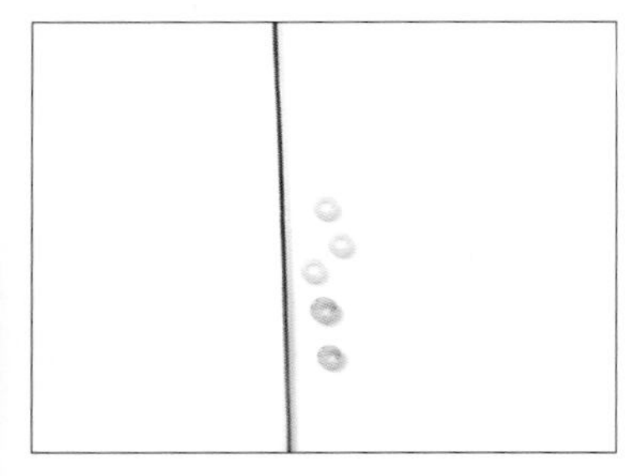

1. 准备一条线和一定数量的玉环。

2. 如图，制作一个线圈，将两个玉环连起来。

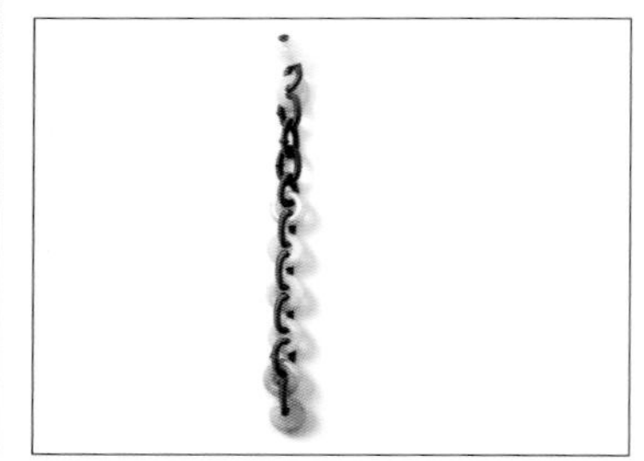

3. 如图，做线圈，穿玉环。

4. 如图，制作并排的线圈。

5. 如图，准备一段扁线和一段丝带。

6. 用电烙铁将扁线对接起来，形成一个圈。

7. 将丝带包在圈的外面，制作出如图所示的配件。

8. 在线圈的下面添加步骤 7 中做好的配件。

9. 做好如图所示的一段链绳。

10. 用线绕着橡皮筋编雀头结，制作出如图所示的线圈共三个。

11. 将步骤 10 中做好的三个线圈用于制作出如图所示的另一段链绳。

12. 用线圈将玉环连成如图所示的三角形。

13. 在三角形配件的两边添加线圈。

14. 在两段链绳的下端分别制作并排的线圈，将链绳与三角形配件连起来。

15. 在三角形配件的下端添加各式玉石珠子作坠饰。

繁花似锦

制作过程

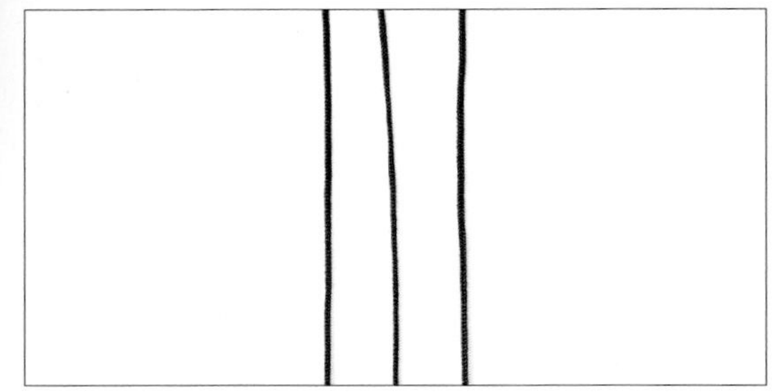

1. 如图，准备三条线。

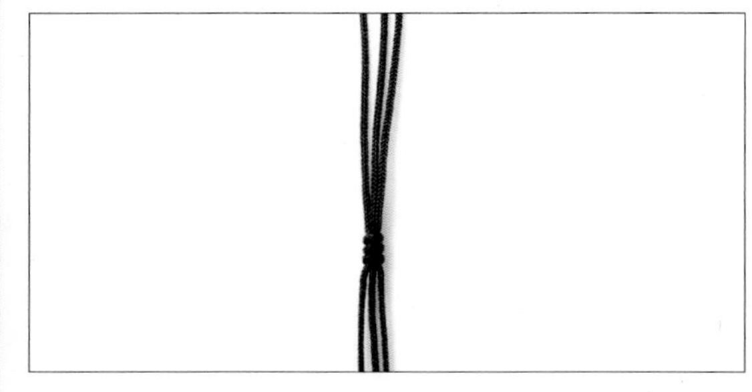

2. 用三条线合编三个蛇结。

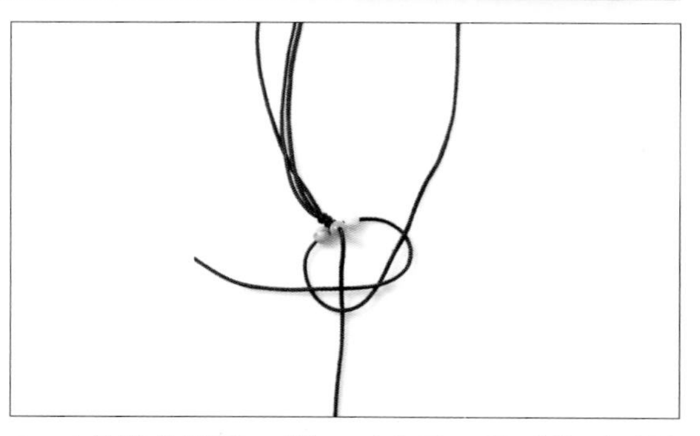

3. 三条线分别穿一颗玉石珠子，然后按逆时针的方向做挑、压(仿照编玉米结的方式进行编结)。

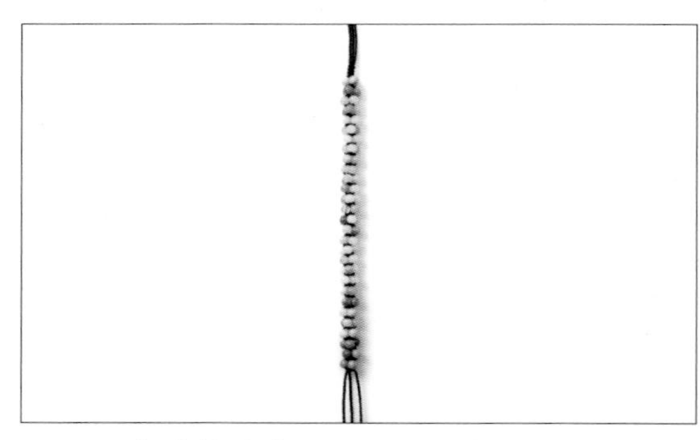

4. 用三条线依次穿玉石珠子，仿照编玉米结的方式进行挑、压，如图，编至合适的长度。

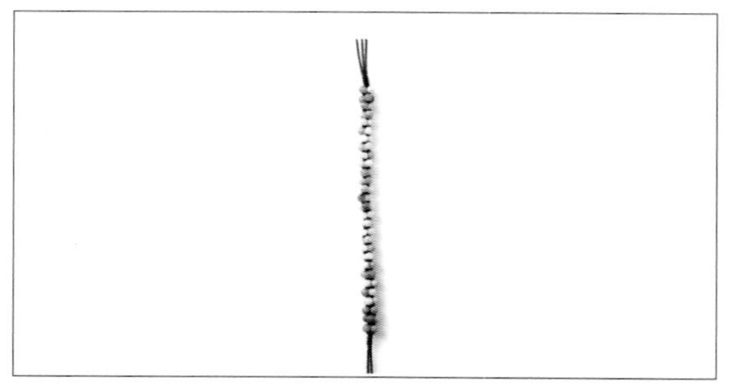

5. 用三条线合编三个蛇结。

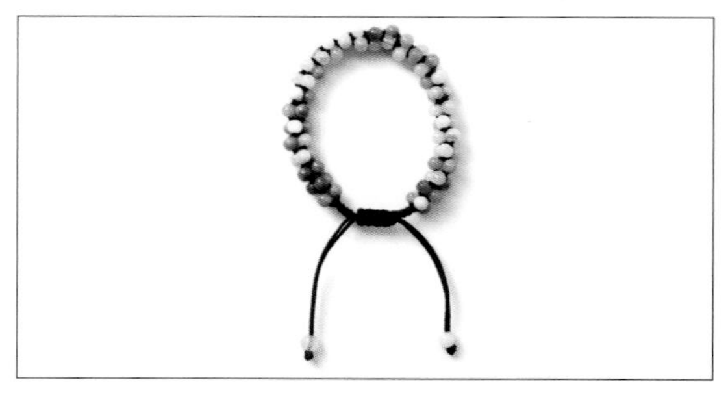

6. 用手链的尾线分别穿玉石珠子，然后另外取一条线包住手链的尾线编平结并收尾即可。

木雕木珠类

朴素无华

制作过程

1. 用一条线编一个双联结。

2. 如图，用两条线摆出四个耳翼，编一个酢浆草结。

3. 拉出酢浆草结左右两侧的耳翼，将结体调整好。然后用右边的线摆出四个耳翼，编一个酢浆草结。

4. 重复前面的做法，用左边的线同样编一个酢浆草结。

5. 将四个方向的线以逆时针的方向相互挑、压，编一个吉祥结。

6. 拉紧四个方向的线。

7. 仿照步骤 5 的做法再做一次，用四个方向的线相互挑、压，完成一个吉祥结。

8. 在吉祥结的下面依次编一个酢浆草结和一个双联结。

9. 用两条尾线合穿各式木珠。

10. 用两条尾线分别穿木珠，并在木珠的上端编蛇结固定，一款古色古香的手机挂饰就完成了。

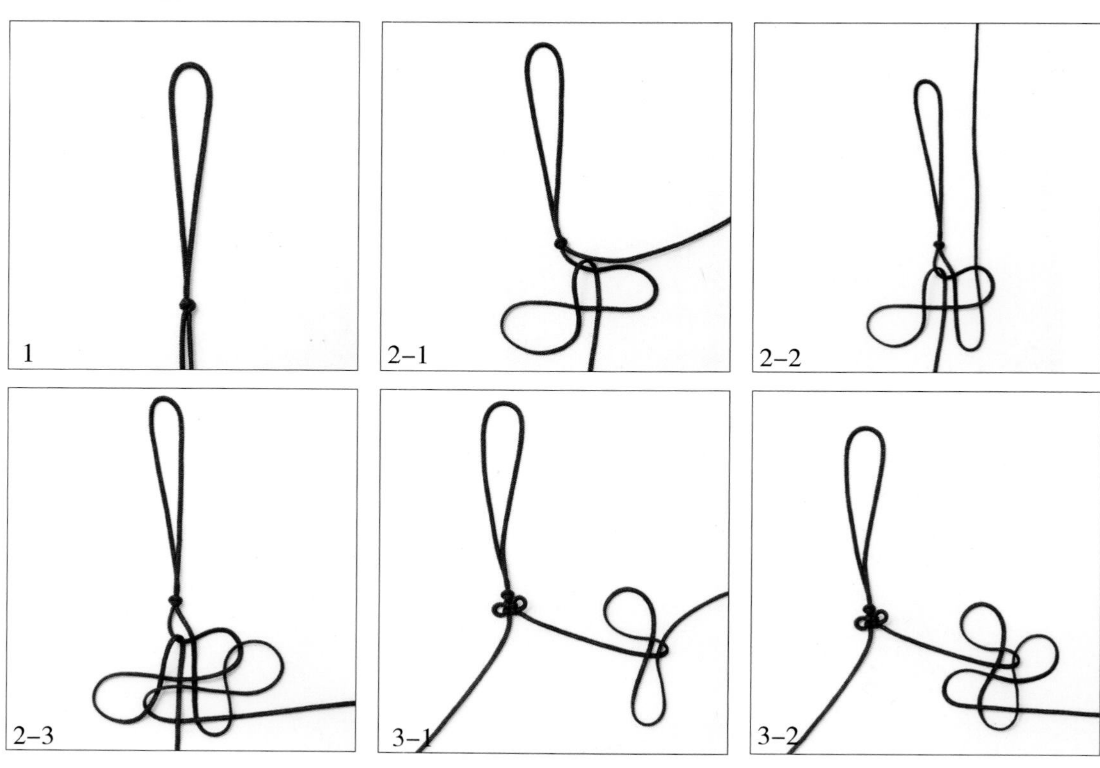

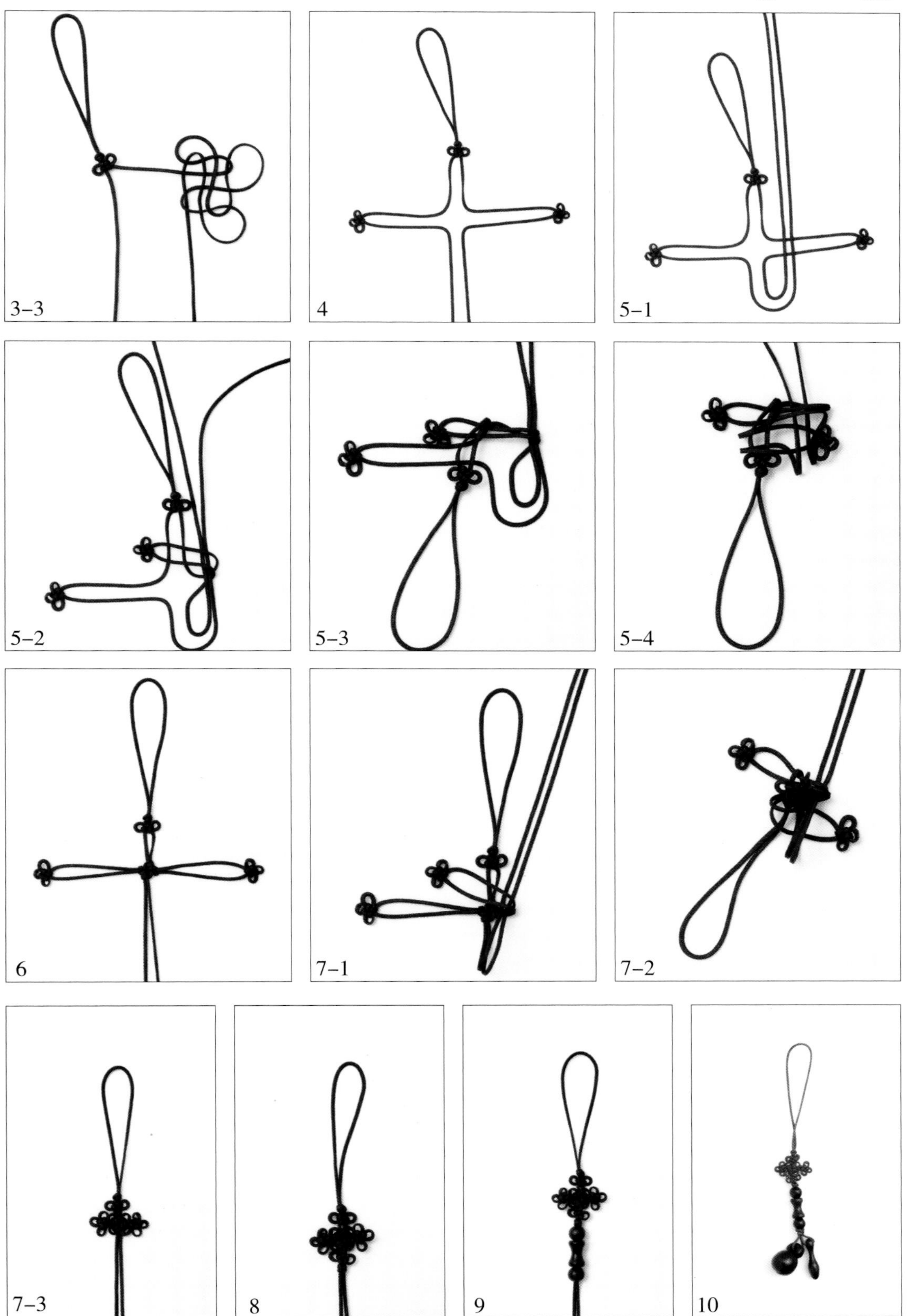
3-3
4
5-1
5-2
5-3
5-4
6
7-1
7-2
7-3
8
9
10

意蕴悠长

制作过程

1. 准备如图所示的材料。

2. 取约 60 厘米深褐色 5 号韩国丝对折，并在对折端用一段 10 厘米左右的 72 号线对折绕过，编一个双联结固定。

3. 在 5 号韩国丝端的连接处用同号色线做一个菠萝圈，中间用细金线走一遍。

4. 上面再用同号色线做一个纽扣结。

5. 在 5 号韩国丝的另一端，用 72 号线编一小段双向平结用作活动结。

6. 两线末端分别编秘鲁结并烫好结尾。

7. 回到另一端的 72 号线，如图，穿木珠。

8. 再穿入配饰并编一个死结固定，剪掉余线并烫好收口。

9. 流苏余线上穿入银色叶托片和一大一小两颗珠子。

10. 再用余线将流苏连接在配饰底部并编死结固定，剪掉余线并烫好收口即可。

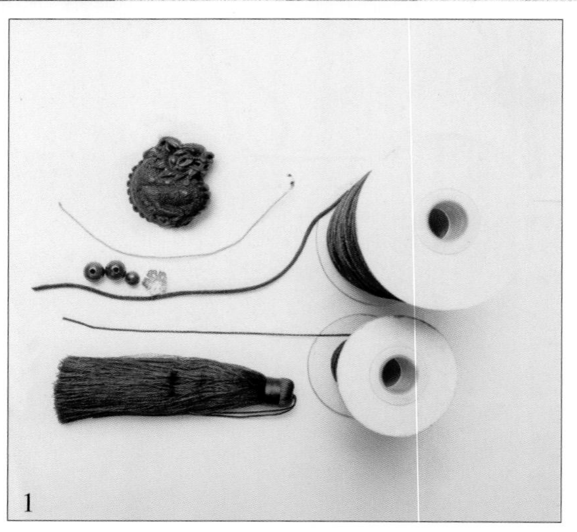

1

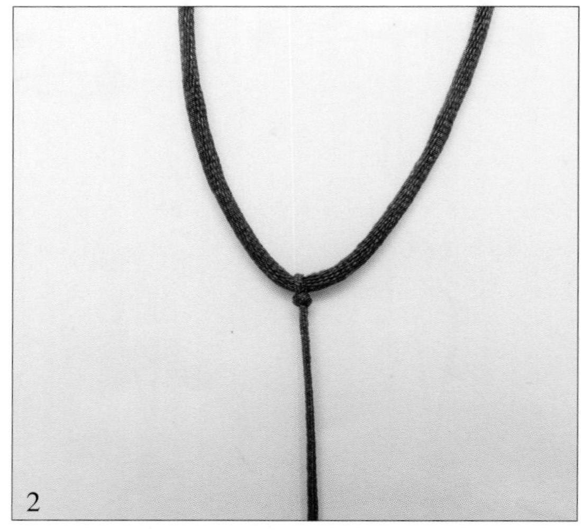

2

3

4

5

6

7

8

9

10–1

10–2

吉星报喜

制作过程

1. 用一条线依次编一个双联结和一个酢浆草结。
2. 如图，用两条尾线分别编一个酢浆草结。
3. 用两条尾线在中间组合完成一个酢浆草结（注意：酢浆草结之间的线不用留得太长，这里为了清晰地展示线的走向，把线调长了）。
4. 调整线，将结收紧。
5. 在下面再编一个酢浆草结。
6. 接着穿一个生肖鸡的木雕配件，最后在下端穿珠子，编死结并收尾即可。

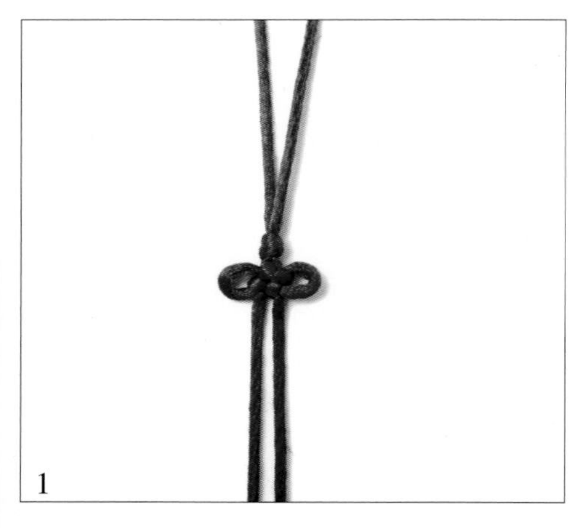
1

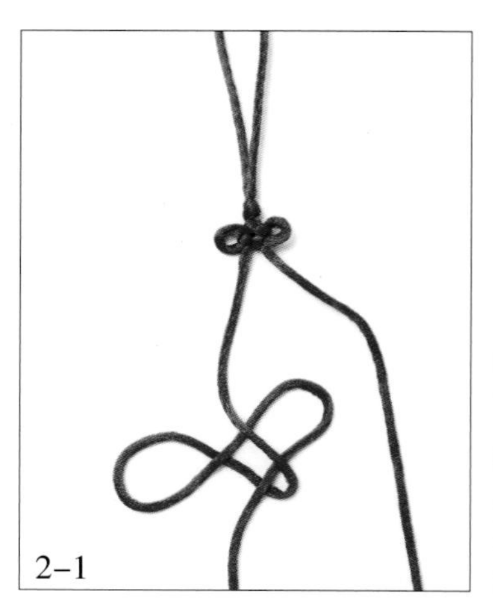
2-1

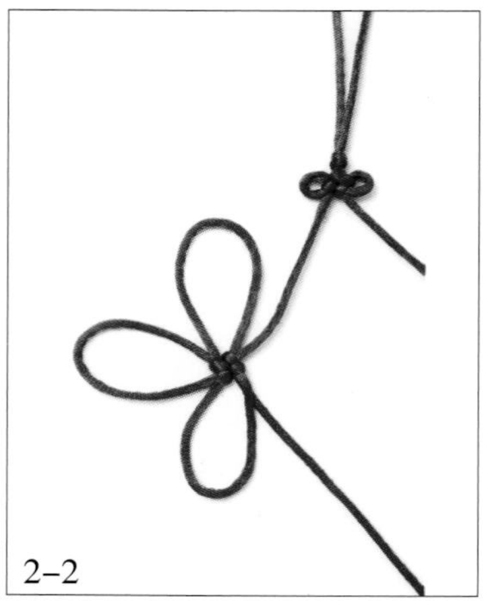
2-2

2-3

3–1

3–2

3–3

3–4

3–5

4

5

6

如虎添翼

制作过程

1. 用一条线编一个双联结。

2. 用两条尾线分别编一个六耳团锦结。

3. 用两条尾线编一个实心的八耳团锦结。

4. 在八耳团锦结的下端依次编一个六耳团锦结和一个双联结。

5. 最后穿一个木雕配件，系一条流苏即可。

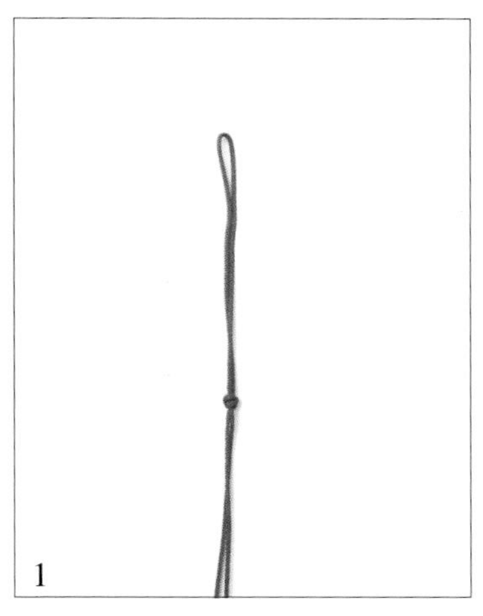
1

2

3–1

3–2

3–3

3–4

4

5

百折不挠

制作过程

1. 如图,用两条线合穿一个生肖牛的木雕配件，然后在生肖牛的两端分别编一个双联结。

2. 在生肖牛的下端穿一颗金沙珠，然后依次编一个双联结和一个八耳团锦结。

3. 继续穿金沙珠、编双联结和六耳团锦结。

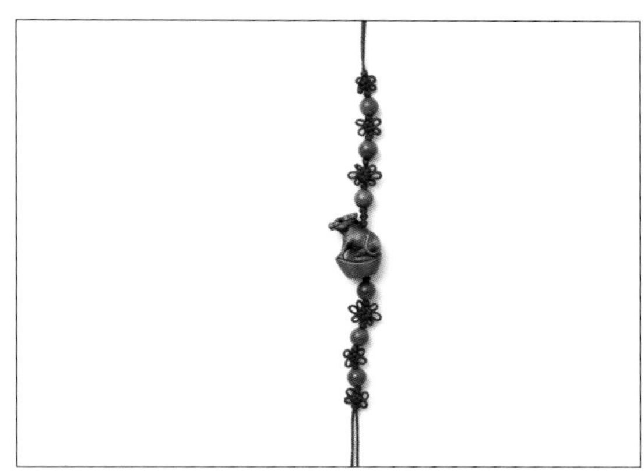

4. 如图，做好手链的两边。

5. 另外取一条线,包住链绳的尾线编一段平结。

6. 最后用链绳两端的尾线分别穿珠子，编双联结并收尾即可。

声气相投

制作过程

1. 用一条线编一个双联结。

2. 在左右两边各编一个双钱结。

3. 如图，准备一块垫板。

4. 在垫板上编一个蝴蝶盘长结。

5. 调整好盘长结的结体，呈蝴蝶的形状。

6. 在盘长结的下端穿一个生肖猴的配件，用两条尾线分别穿珠子、编死结并收尾即可。

1

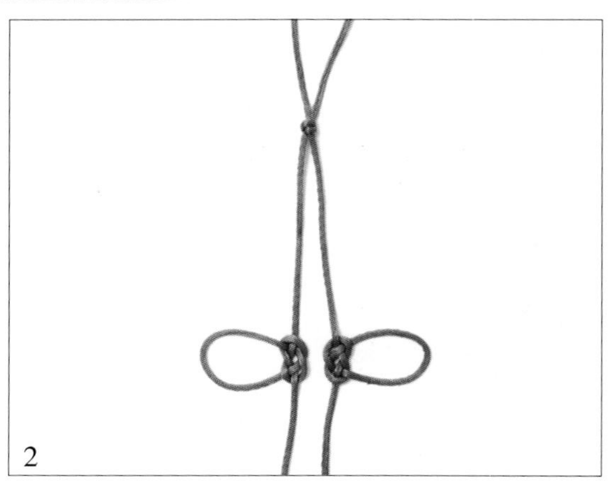
2

3

4-1

4-2

4-3

4-4

5

6

厚德载物

制作过程

1. 用一条线编一个双联结，然后用右边的线编一个酢浆草结。

2. 如图所示编一个实心八耳团锦结（注意：在编结的过程中，将右边的酢浆草结放到团锦结右边耳翼的外侧作装饰），然后用左边的线编一个酢浆草结（注意：将这个酢浆草结放在团锦结左边耳翼的外侧作装饰）。

3. 将结体调整好，注意将两个酢浆草结调整到团锦结两侧耳翼的位置。

4. 最后穿入各式木雕配件，编死结并收尾即可。

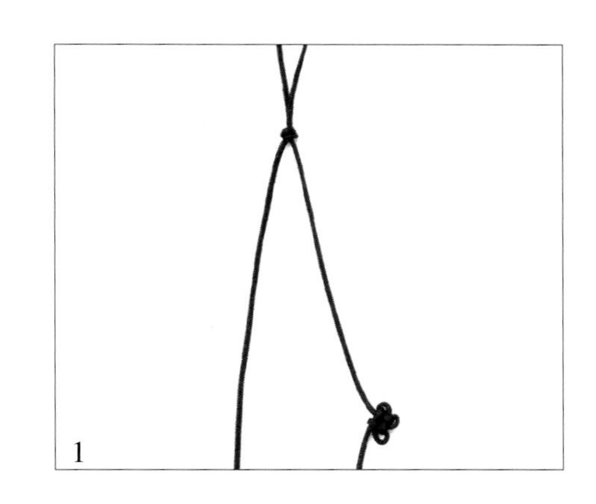
1

2–1

2–2

2–3

3

4

古灵精怪

制作过程

1. 用一条线编一个双联结。

2. 如图，准备一块垫板。

3. 用双联结下端的两段线在垫板上编一个二回盘长结。

4. 调整好结体，将二回盘长结上端和下端的四个耳翼拉长。

5. 如图，将下端的耳翼弯成一个圈，然后将钩针从圈中伸过去，钩住上端的长耳翼拉向下方。

6. 最后在中间穿一个木雕配件，系一条流苏即可。

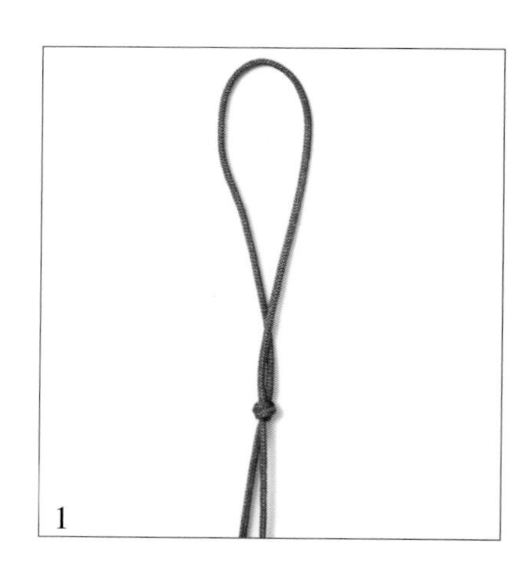
1

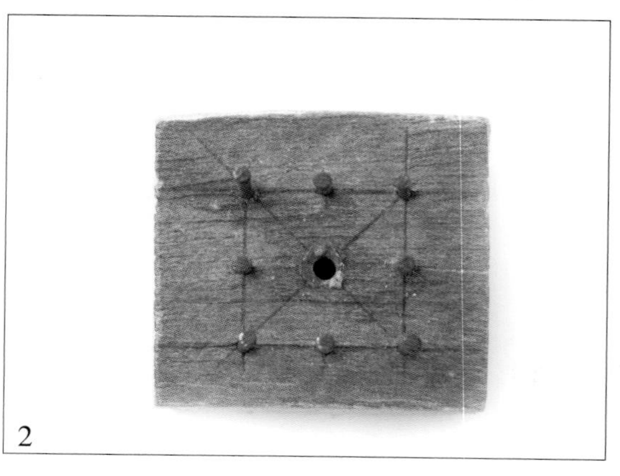
2

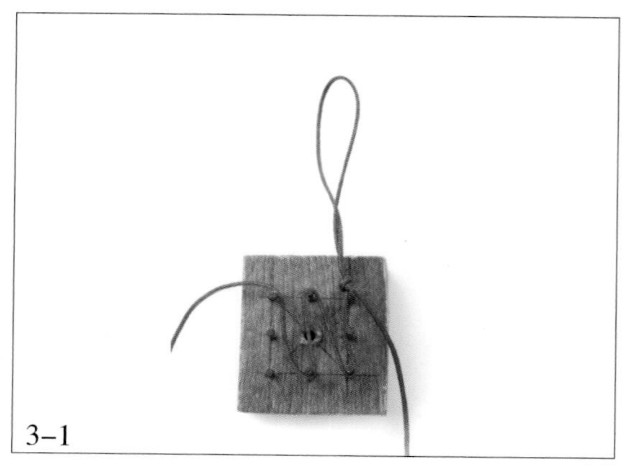
3–1

3–2

3–3

3–4

3–5

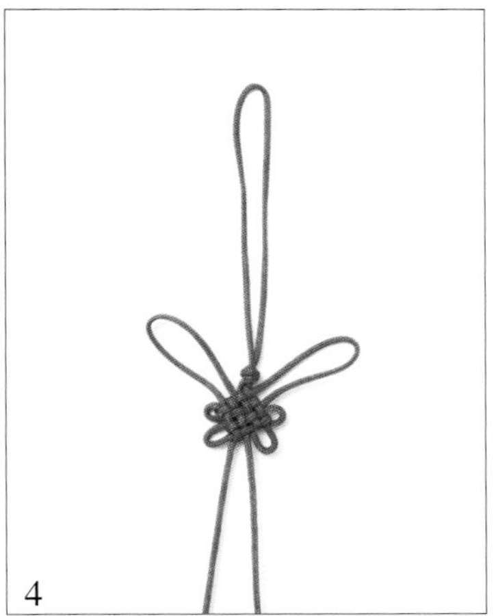
4

5–1

5–2

5–3

6

三生有幸

制作过程

1. 将一条线对折后编一个双联结作为开头。

2. 另外准备一条线，在双联结的下面编一段平结。

3. 用中间的两条线合穿一颗棕色木珠。

4. 以中间的两条线为轴，用两边的线围着木珠编一段平结。

5. 重复前面的做法，穿入各色木珠。

6. 用中间的两条线合穿一颗椭圆形珠子，然后另外取一条线，以右边的线为轴编一个雀头结。

7. 拉紧雀头结。

8. 如图，围绕珠子编一圈雀头结。

9. 仿照步骤 2~5 的做法，做好手链的另一边。

10. 另外取一条线，围着尾线编平结，然后用两条尾线穿木珠并收尾即可。

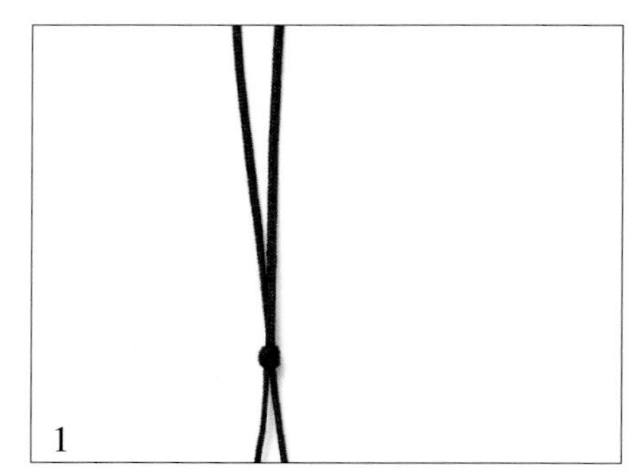

1

2

3

4

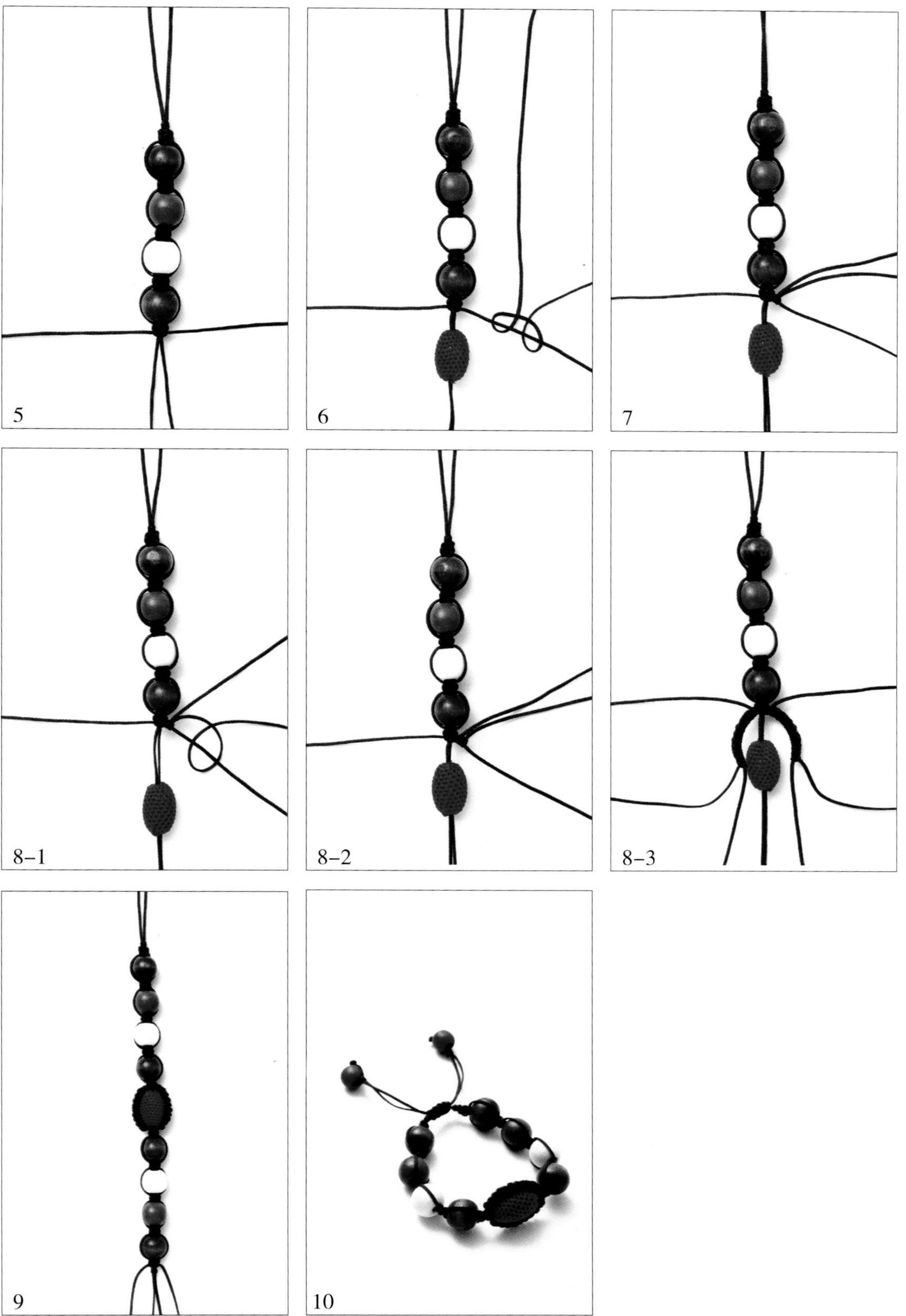
5
6
7
8-1
8-2
8-3
9
10

福气满满

制作过程

1. 用一条线编一个双联结。
2. 如图，在垫板上编一个实心八耳团锦结。
3. 调整好团锦结的结体。
4. 用两条尾线穿各式木雕配件，再用其中的一条尾线编死结并收尾即可 。

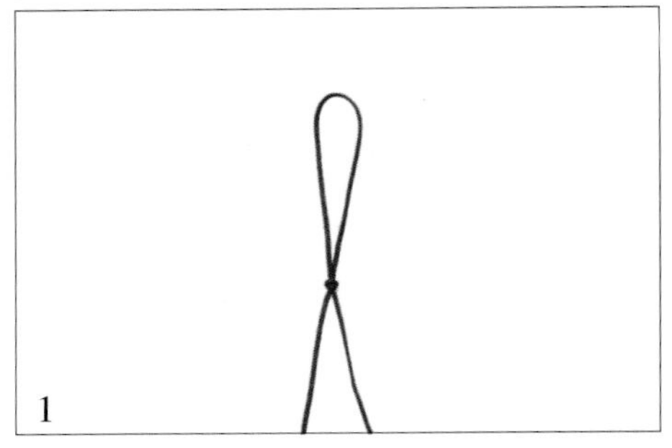
1

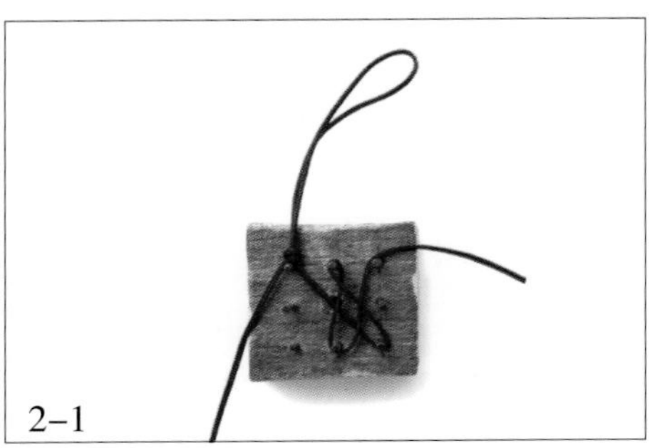
2–1

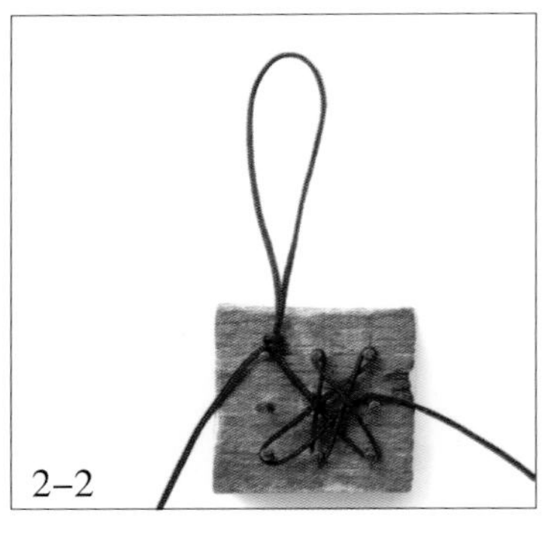
2–2

2–3

2–4

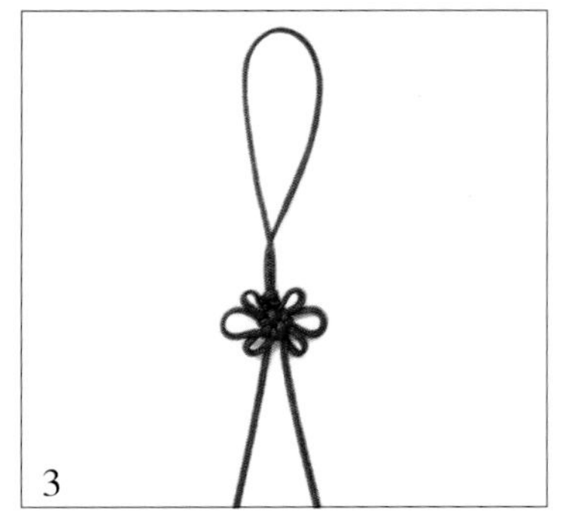
3

4

琉璃水晶类

巧手匠心

制作过程

1. 用一条线对折后穿过琉璃配件下面的小孔，然后编一个双联结固定。

2. 如图，依次穿珠子、编双联结。

3. 仿照步骤 1、2 的方法编结，做好手链两边的链绳。

4. 另外用一条线包住手链的尾线编平结，再用尾线穿珠子并处理好线头即可。

1

2

3

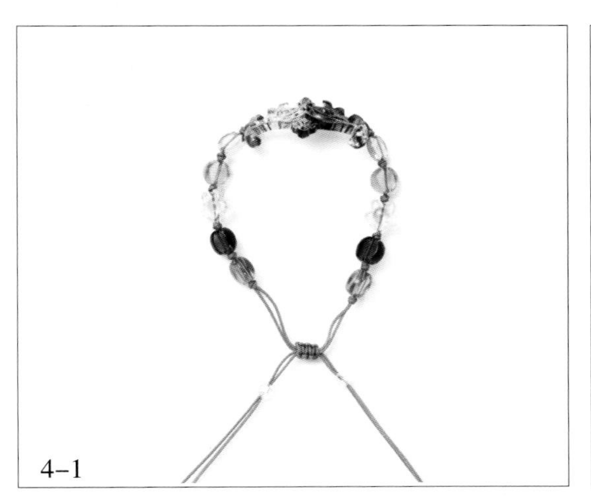
4–1

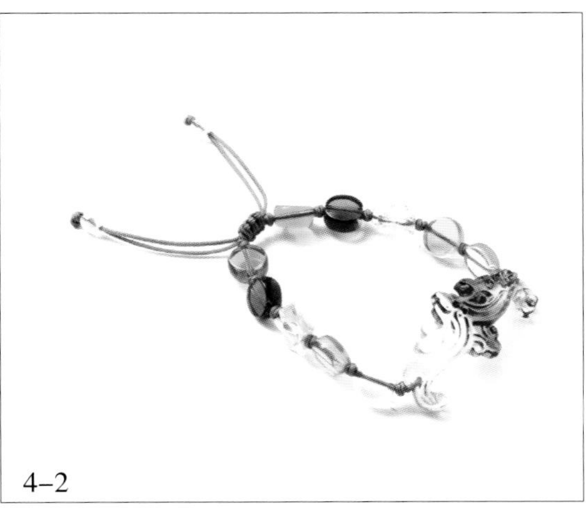
4–2

美妙多姿

制作过程

1. 如图，准备两条线。
2. 用两条线编一个双联结，然后加三条线进来，如图所示摆放。
3. 将这三条线如图所示对折，与原来的两段线合在一起形成八段线。
4. 将这八段线合在一起，由此开始编八股辫。
5. 将八股辫编至合适的长度。
6. 如图，准备四颗玉石珠子、六个线圈和两个菠萝结。
7. 如图，在链绳的中间位置穿玉石配件和线圈。
8. 在线圈的两边绕上咖啡色的股线。
9. 在链绳的两边分别穿玉石配件和线圈，并绕上咖啡色和黄色的股线。
10. 将两个菠萝结分别穿在链绳的尾端，然后另外取一条线包住链绳的尾线编一段平结并收尾。
11. 在链绳的中间位置绕一个线圈。
12. 用线圈下面的两条尾线系上坠饰即可。

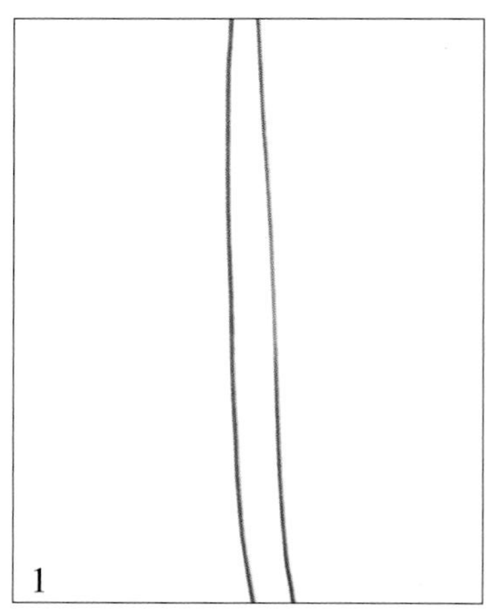
1

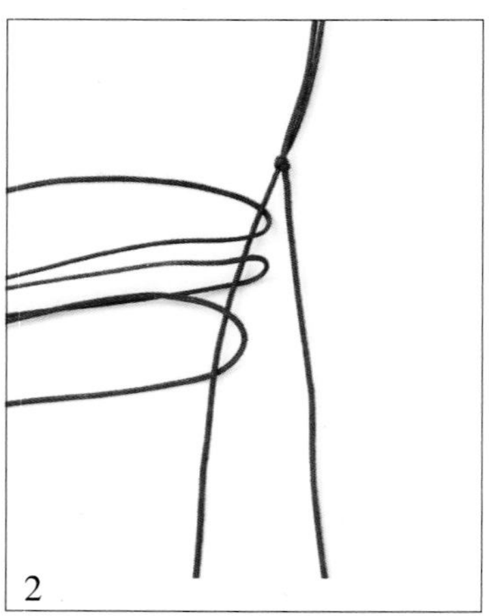
2

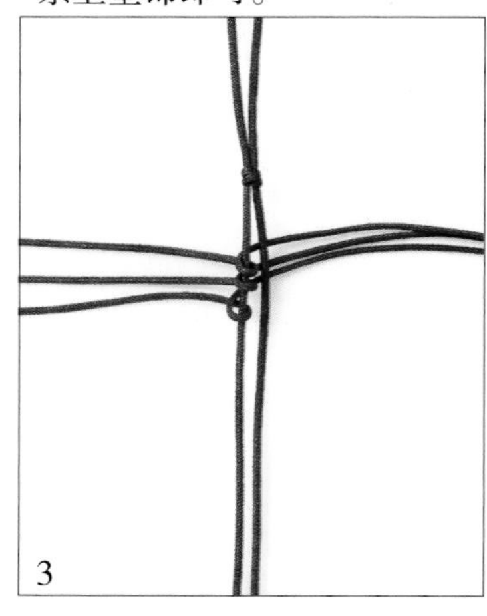
3

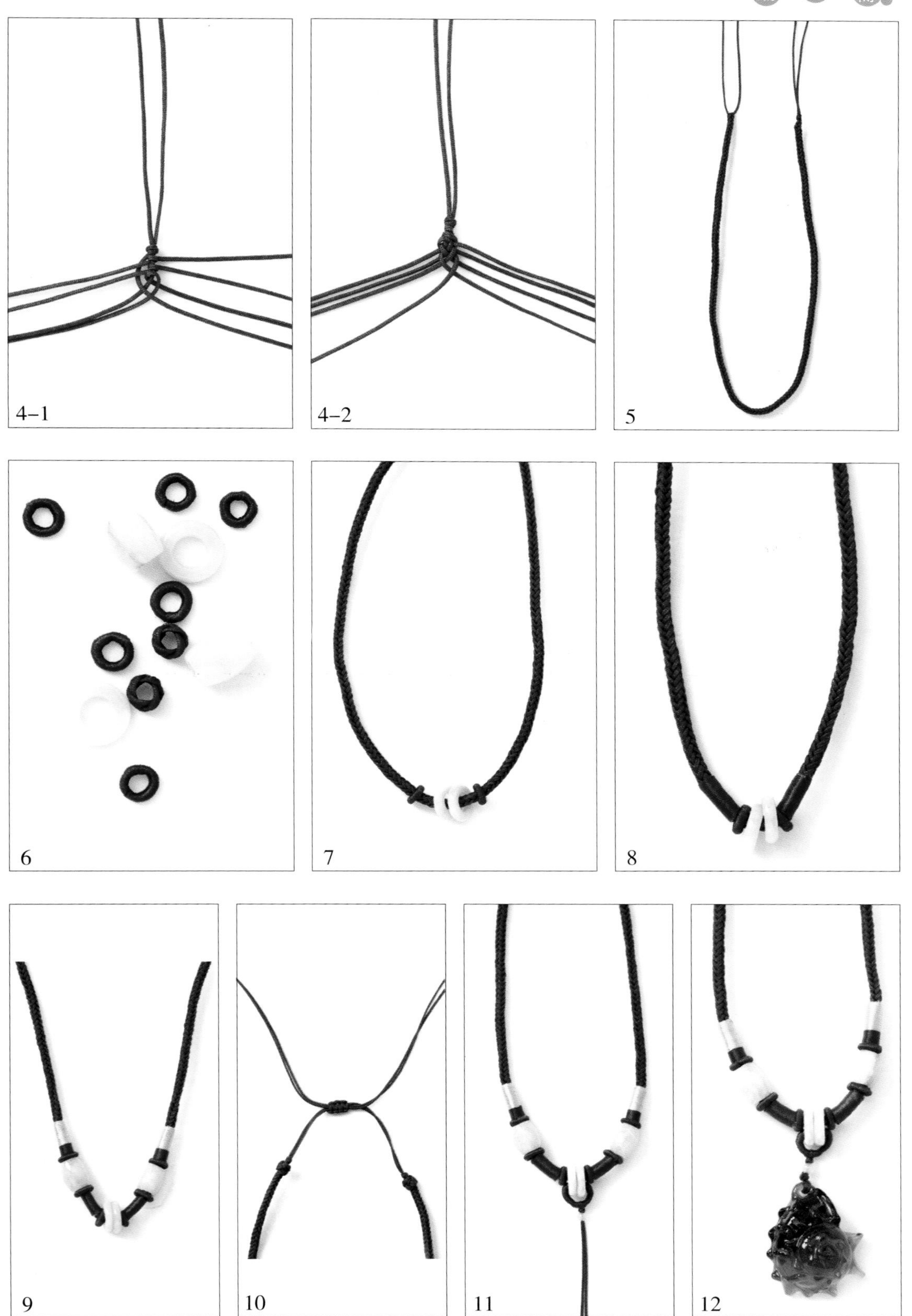
4-1
4-2
5
6
7
8
9
10
11
12

海洋之心

制作过程

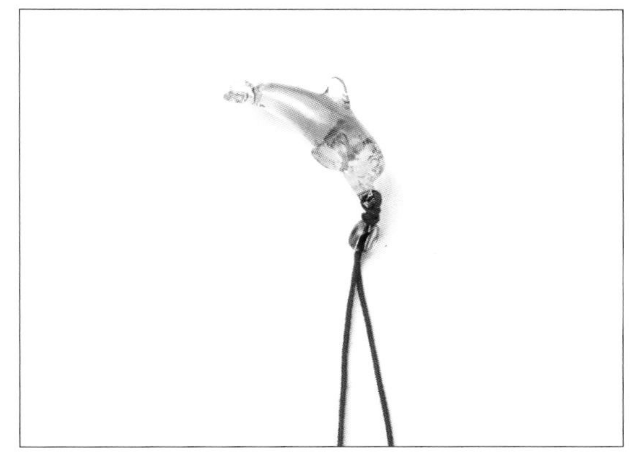

1. 取一条线对折后穿过琉璃小海豚的嘴部，然后编一个双联结并穿一颗珠子。

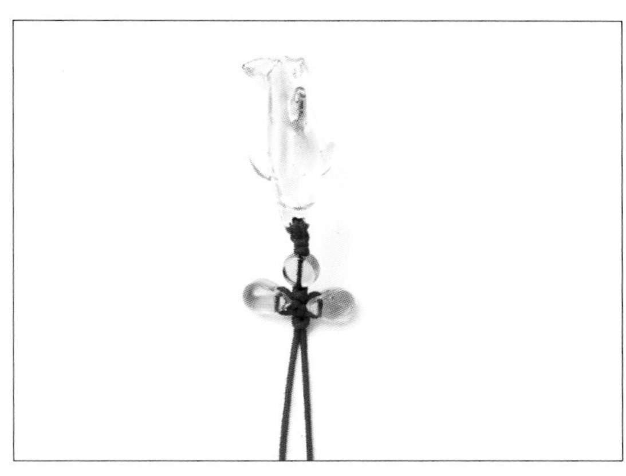

2. 在珠子下面编一个双联结，然后用左右的两段线分别穿一颗珠子，再依次编一个酢浆草结和一个双联结。

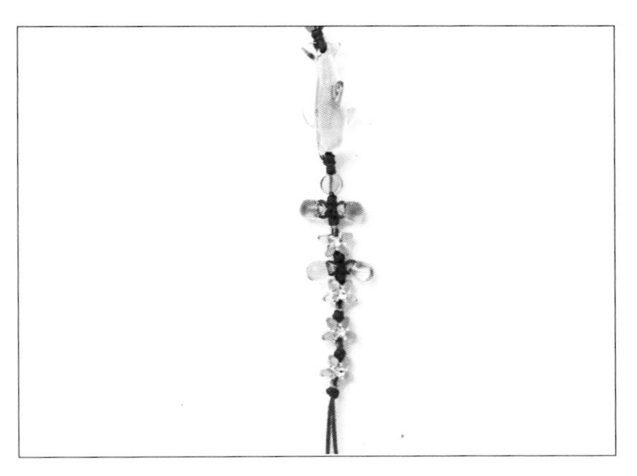

3. 重复步骤 1、2 的做法，编好手链的一边。

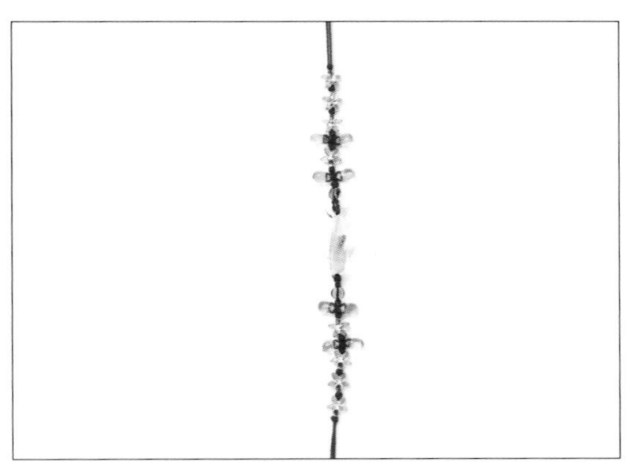

4. 仿照步骤 1~3 的做法，编好手链的另一边。

5. 另外取一条线包住手链的尾线并编平结。

6. 用尾线穿珠子，编凤尾结并收尾即可。

璀璨人生

制作过程

1. 准备两条线，用作项链的链绳。
2. 用这两条线编一个蛇结。
3. 重复步骤2的做法，连续编蛇结。
4. 与上端的蛇结间隔适当的距离，用这两条线依次编一个横双联结和两个蛇结。
5. 用股线在两个蛇结的下面绕一段线，然后用这两条线再编两个蛇结。
6. 如图，做好项链两边的链绳，然后另取一条线包住链绳的尾线编平结。
7. 另外取一条线向下穿过项链的中间位置，然后编一个双联结固定。
8. 用尾线穿过一个琉璃坠饰，然后在坠饰的上端编死结固定。
9. 剪掉多余的线，用打火机将线头略烧后按平即可。

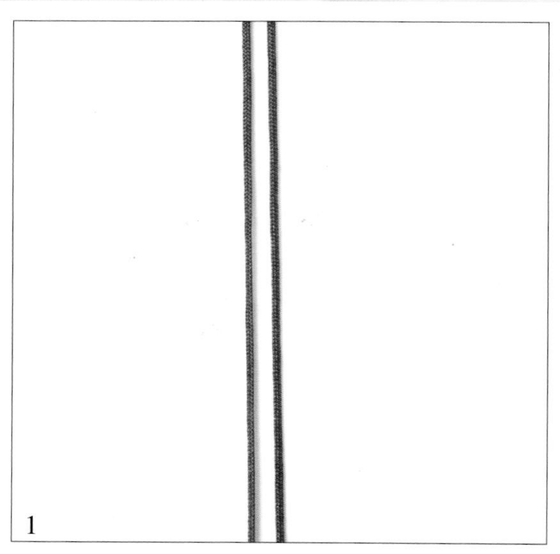

1

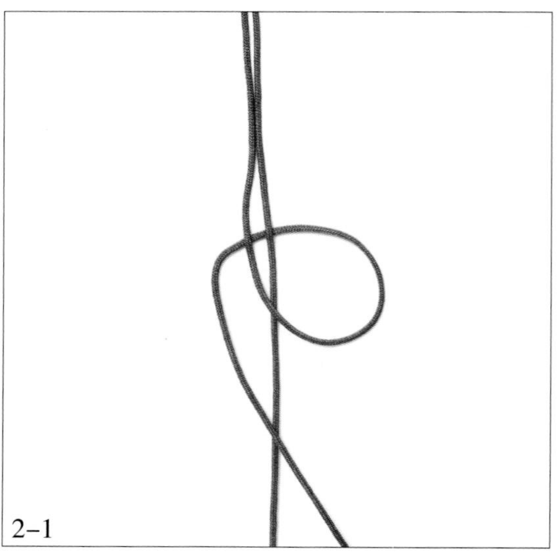

2-1

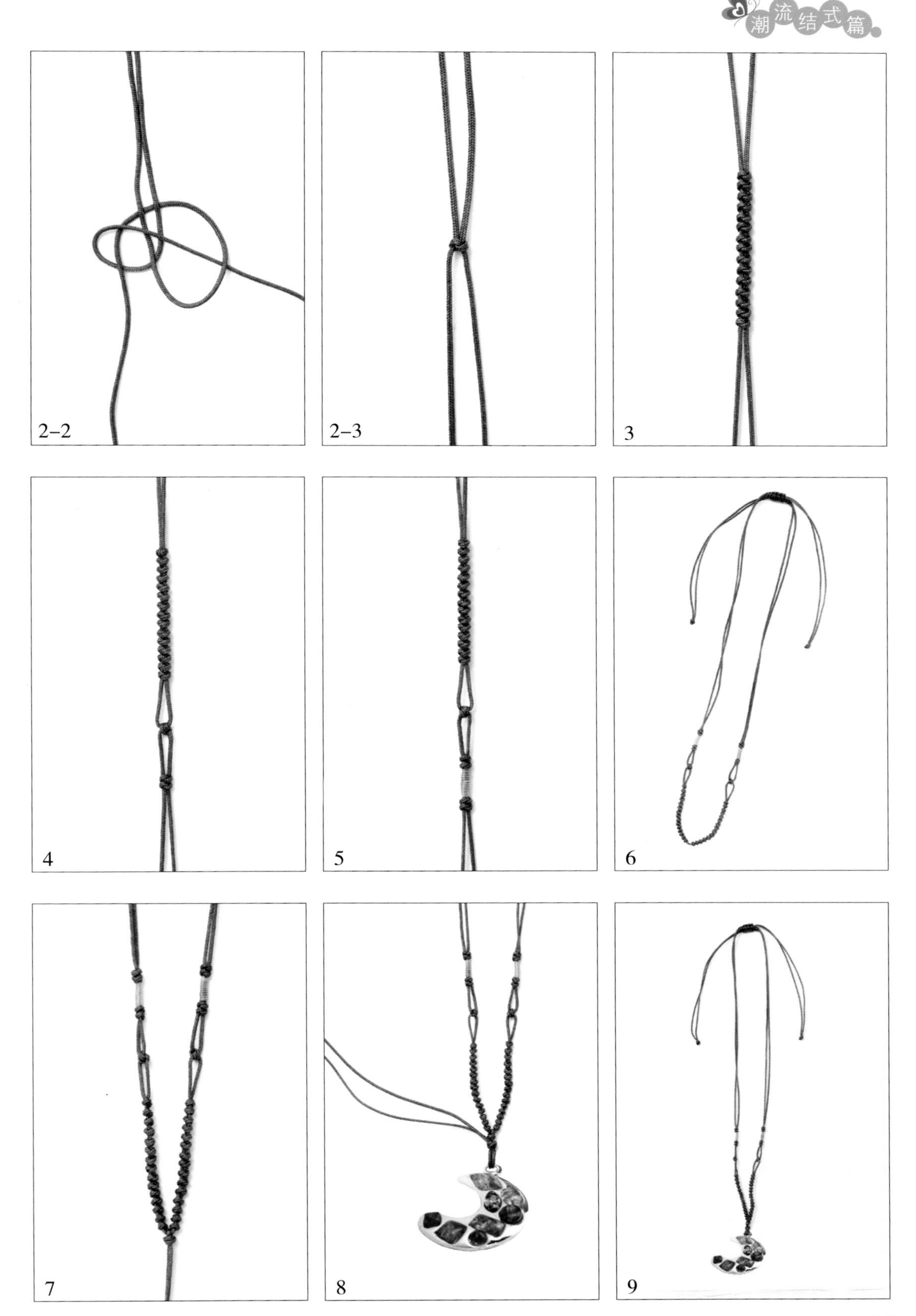
2–2
2–3
3
4
5
6
7
8
9

星语星愿

制作过程

1. 如图，准备两条线。

2. 用股线在这两条线的外面绕适当的长度，用作项链的链绳。

3. 在链绳的中间位置粘一圈双面胶。

4. 用股线在双面胶的外面绕一段线。

5. 在这段股线的两端分别穿一颗珠子。

6. 如图，在链绳的上面绕一段股线，再穿三颗珠子。

7. 在珠子的上端绕一段股线，用于固定珠子。

8. 如图，编好项链两边的链绳。

9. 另外取一条线包住项链的两条尾线并编平结，然后用两条尾线分别穿珠子、编死结并收尾。

10. 另外准备一条线，在线的外面绕一段股线，然后用这条线将一个水晶苹果坠饰系在项链的中间即可。

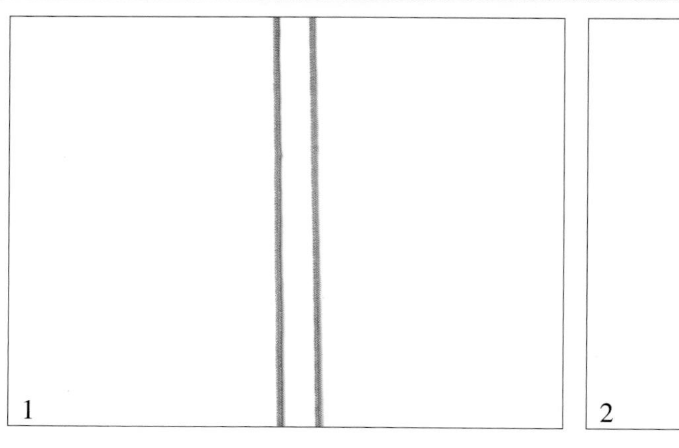
1

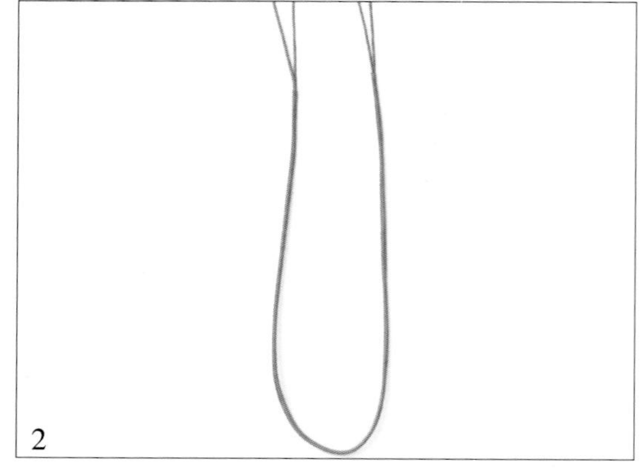
2

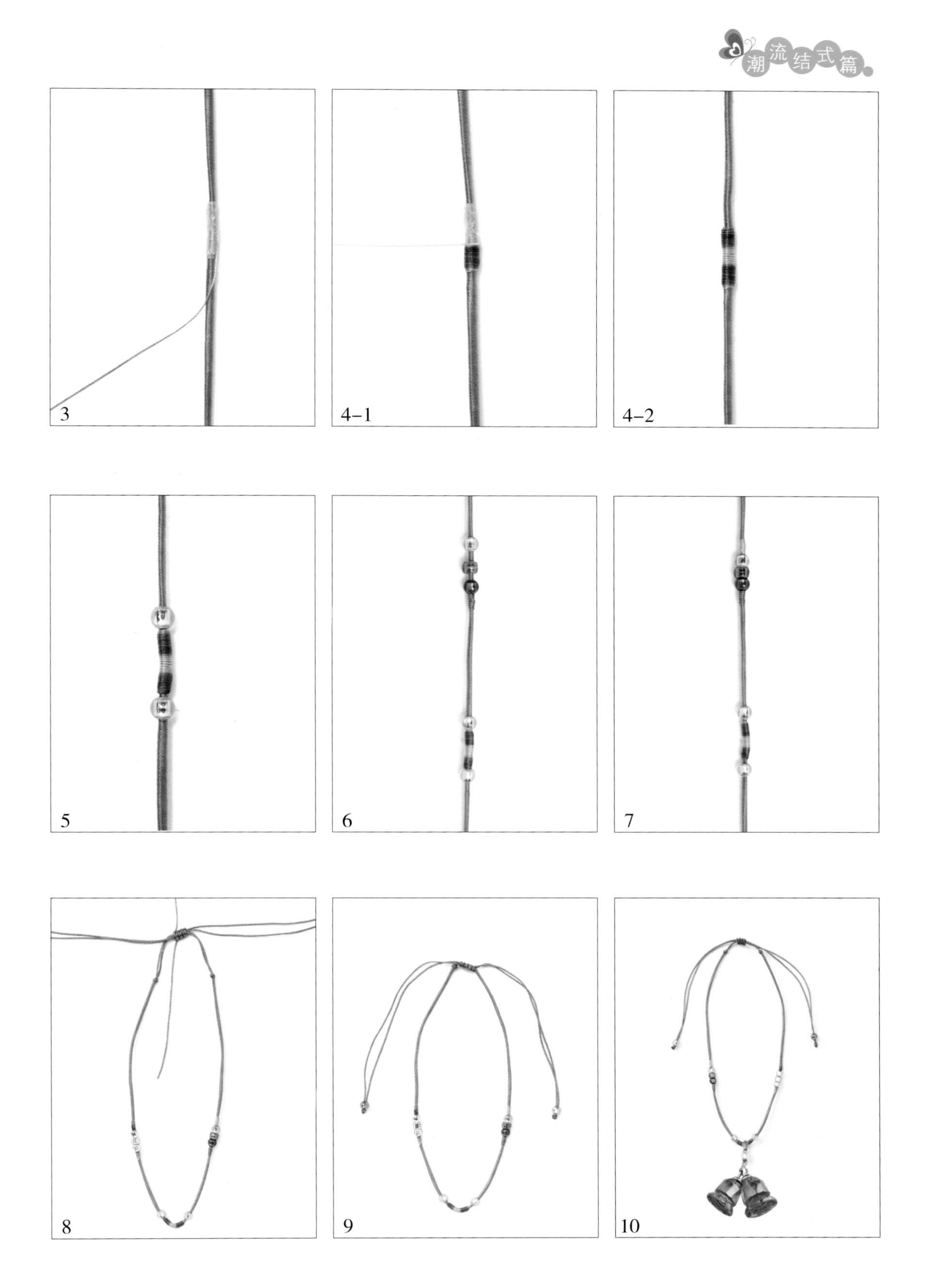
3
4–1
4–2
5
6
7
8
9
10

郁郁葱葱

制作过程

1. 如图，准备四条线，用股线分别在四条线上绕适当的长度。

2. 用其中的两条线包住其余的两条线编一个双联结，然后剪掉其中两条线的上端部分。在这两条线的上端涂适量的胶水，再穿一个菠萝结固定。

3. 用这四条线编一段四股辫，然后在辫子的下端穿一个菠萝结，再编一个双联结固定。

4. 用辫子依次穿五颗琉璃珠，注意每颗珠子之间要间隔适当的距离。

5. 另取一条线包住手链的两端编平结，最后用尾线穿珠子并收尾即可。

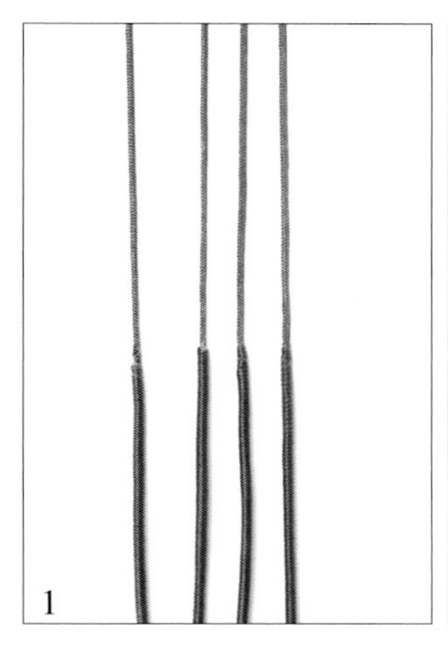
1

2

3-1

3-2

3-3

3-4

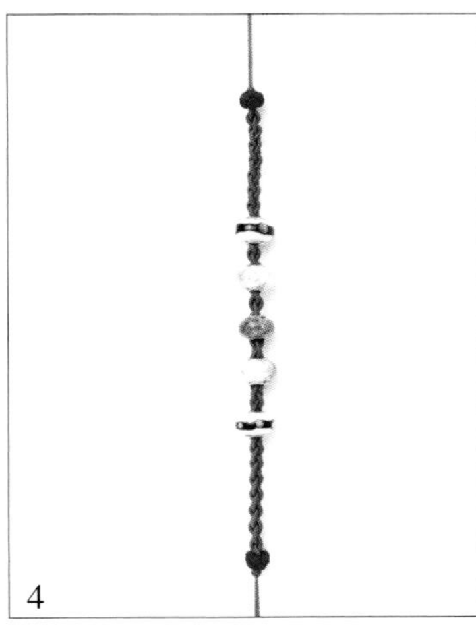
4

5

英姿焕发

制作过程

1. 准备八条线，取八条线的中间位置，开始编一段八股辫，然后将八股辫两端多余的线剪掉，两边各留两条线即可。

2. 在八股辫的两端分别绕一段金线。

3. 用股线（五彩股线）在两边链绳的上面绕适当的长度。

4. 用绕了股线的部分分别编一个双联结，然后穿玉石珠子。

5. 在两边的链绳上面分别绕上股线。

6. 用绕了股线的部分分别编四个蛇结。

7. 在蛇结的上端穿玉石珠子，再绕适当长度的股线。

8. 用绕了股线的部分编一个双联结，然后在双联结的上端分别绕上咖啡色的股线和金线。

9. 另外取一条线，用金线在外面绕适当的长度，然后把这条线绕在链绳的中间位置固定。

10. 如图，准备一个线圈和两段绕了股线的线。

11. 用线圈包住链绳的中间位置，然后将两段线穿过线圈，分别对接成线圈。

12. 另外取一条线，穿过下端两个线圈，并对接成一个线圈。

13. 用线圈下端的尾线系一块生肖龙的琉璃坠饰，然后在坠饰的上端打死结固定即可。

1

2

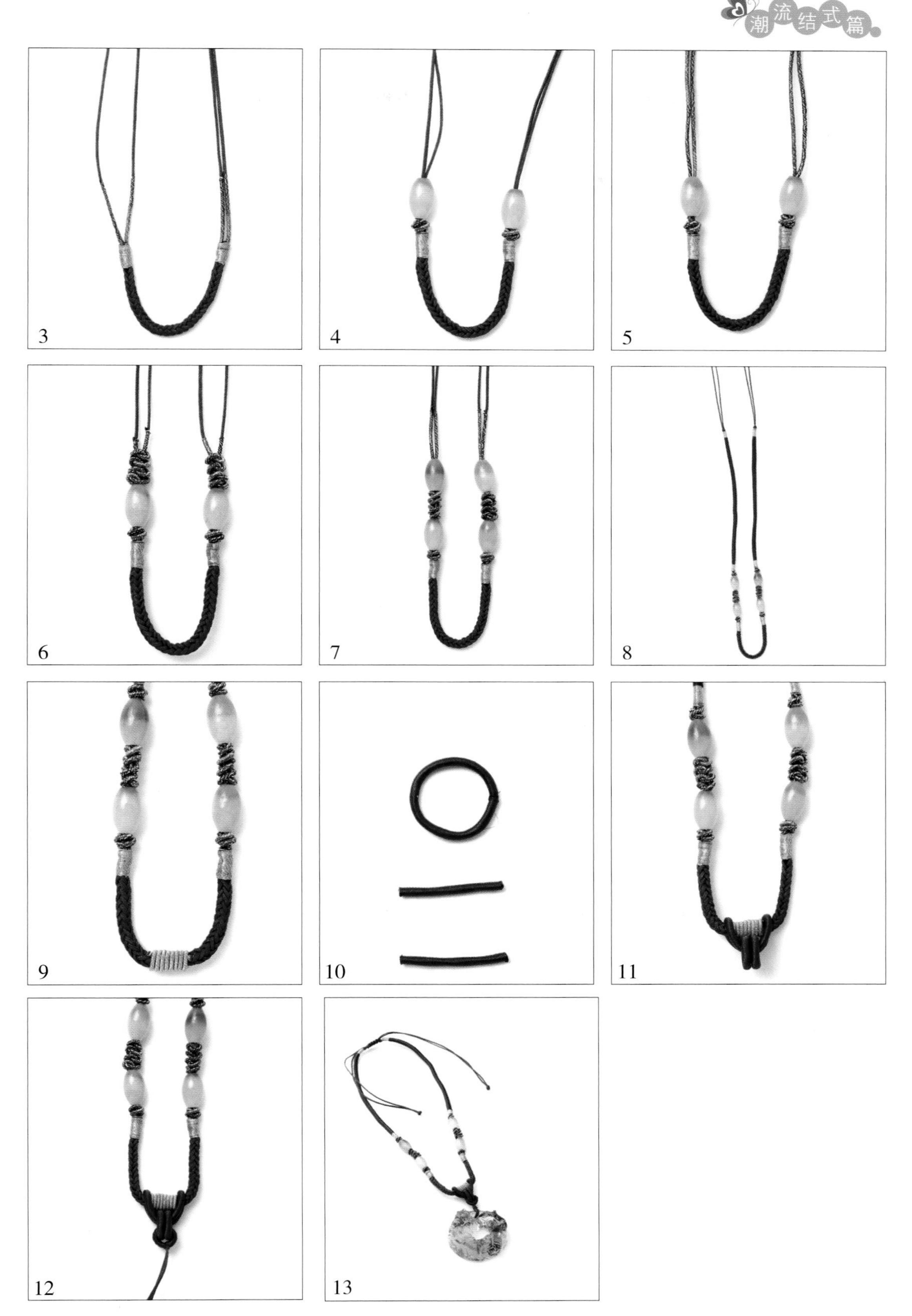
3
4
5
6
7
8
9
10
11
12
13

锦瑟年华

制作过程

1. 用一条线编一个双联结作为开头，然后用两边的线分别编两个酢浆草结。

2. 用编酢浆草结的方式将左右两边的酢浆草结组合在一起。

3. 如图，准备一块垫板。

4. 如图，用两条尾线分别穿过酢浆草结的耳翼，形成四个圈，然后挂在垫板上，再用两条尾线完成一个二回盘长结。

5. 调整好结体，使其呈现为一个美观的扇形。

6. 最后用两条尾线系上一块生肖马琉璃配件即可。

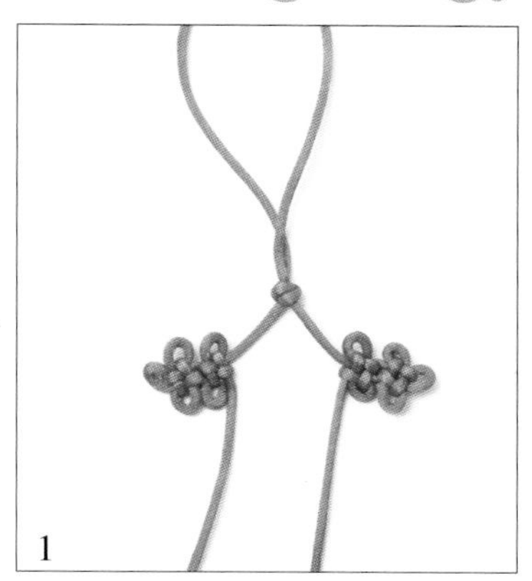
1

2

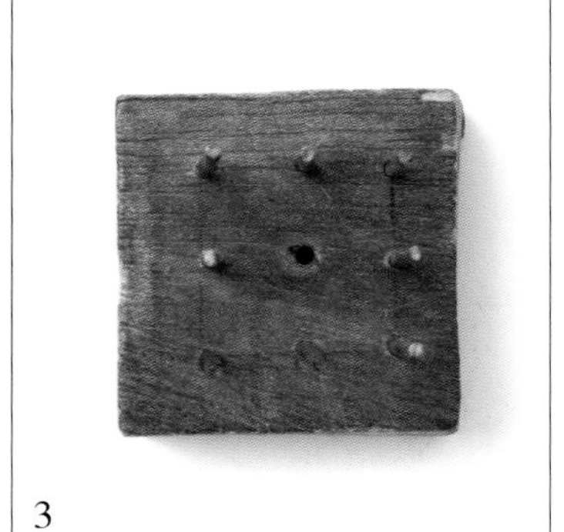
3

4–1

4–2

4–3

4–4

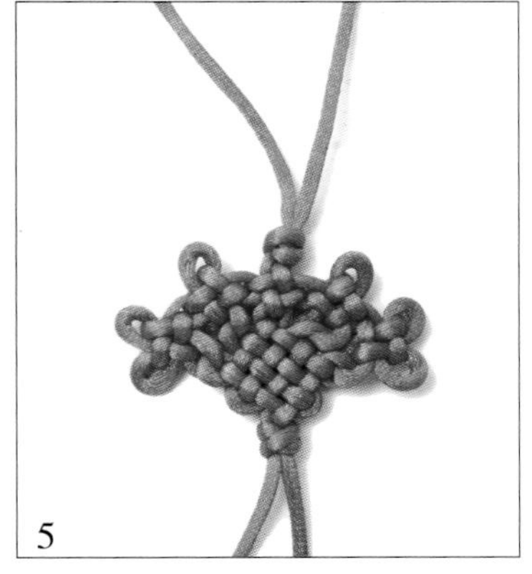
5

6

水晶之恋

制作过程

1. 用一条线编一个双联结。

2. 在双联结的下端编一个酢浆草结。

3. 如图，准备一块垫板。

4. 在垫板上编一个三回盘长结。

5. 调整好结体，将盘长结两边的两个耳翼拉长一些。

6. 将酢浆草结右侧的耳翼绕出一个圈，然后用钩针从圈中钩住盘长结右侧的长耳翼，拉向上方。仿照右边的做法，把盘长结左侧的长耳翼钩向左上方。

7. 中间穿入各式配件，最后在这款挂饰的下端添加一条流苏。一款时尚、个性的包包挂饰就做好了。

1

2

3

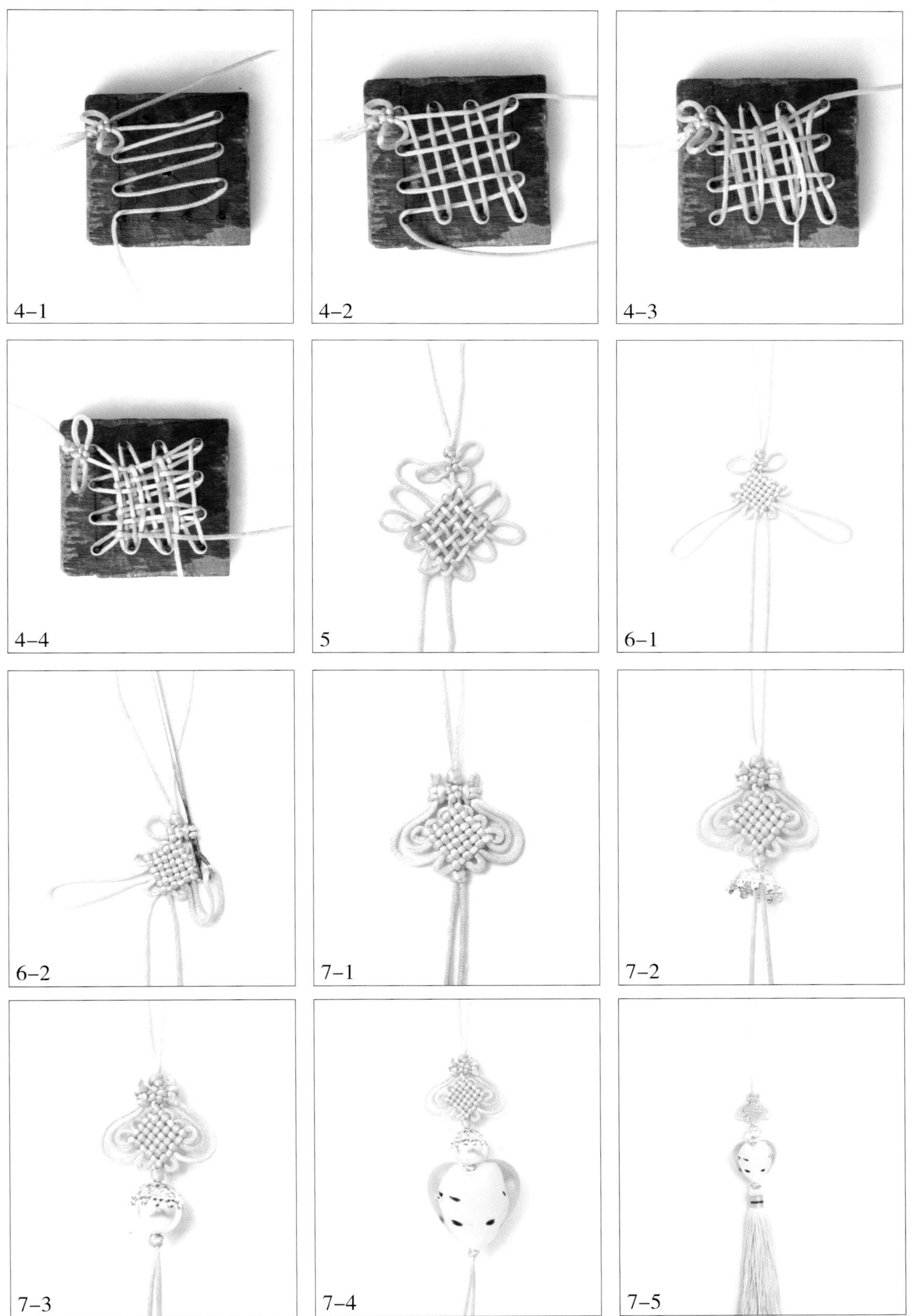
4-1
4-2
4-3
4-4
5
6-1
6-2
7-1
7-2
7-3
7-4
7-5

天真烂漫

制作过程

1. 如图，准备两条线，用作项链的链绳。

2. 在这两条线的中间位置绕一段枣红色的股线，在两边绕两段金线，然后用两边的链绳分别编一个双联结，用金线在双联结上端的线上分别绕适当的长度。

3. 用绕了金线的部分编一个双联结。

4. 在双联结的上端再编一个双联结，然后用五彩金线绕适当的长度。

5. 用绕了金线的部分编一个藻井结。

6. 在藻井结的上端编一个双联结，如图，编好两边链绳。

7. 在两边的链绳上面分别绕上枣红色的股线和金线。

8. 另取一条线绕上适当长度的枣红色的股线，然后用绕了股线的部分包住链绳的中间位置，并用余线系上一个生肖猪的琉璃坠饰。最后，另取一条线包住链绳的尾线编平结并收尾即可。

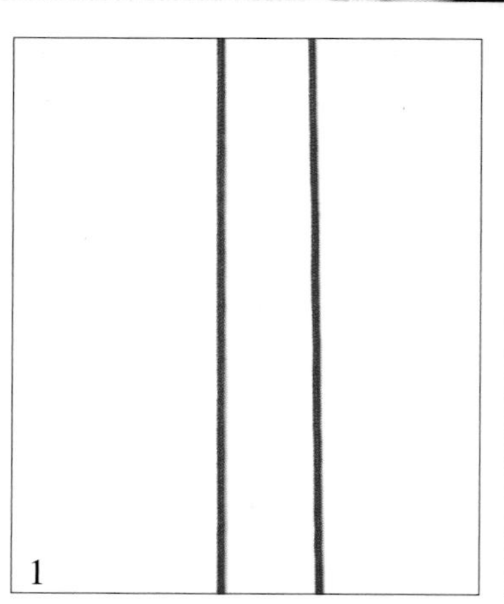

1

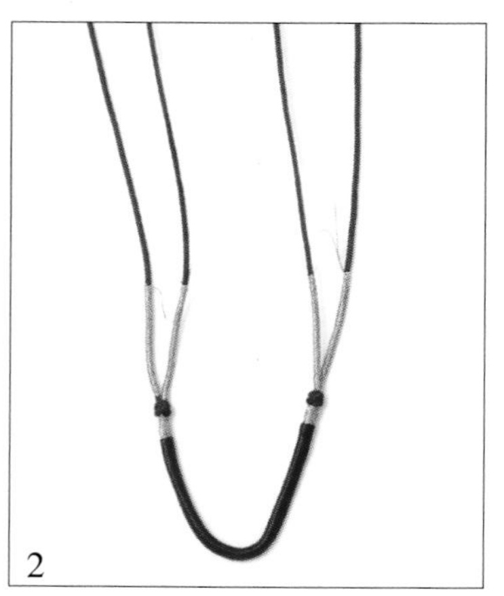

2

3

4

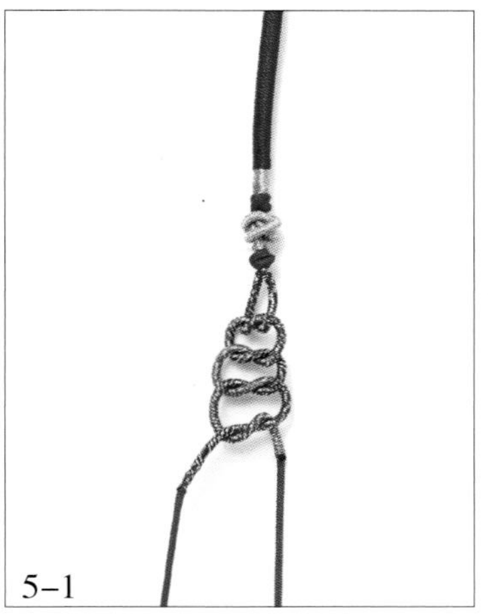
5–1

5–2

5–3

5–4

6

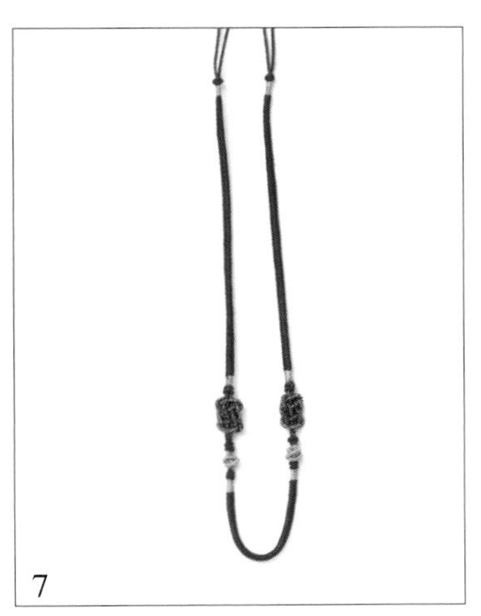
7

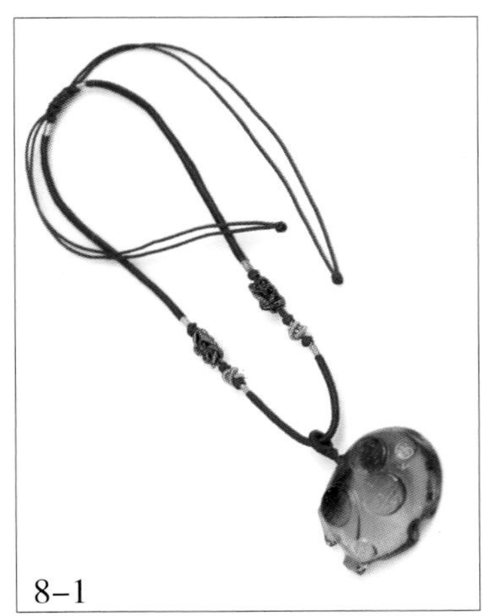
8–1

8–2

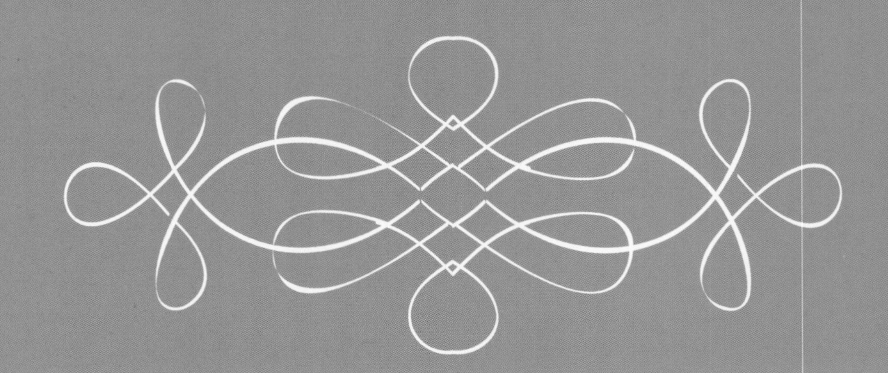

生活结式篇

包包挂饰类

顺水顺风

制作过程

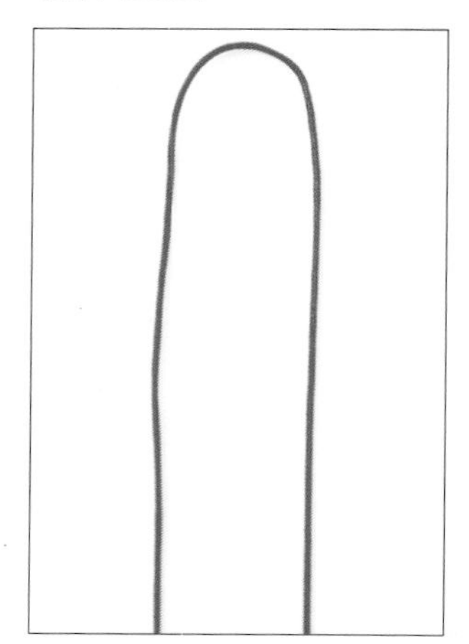

1. 如图，准备一条线。

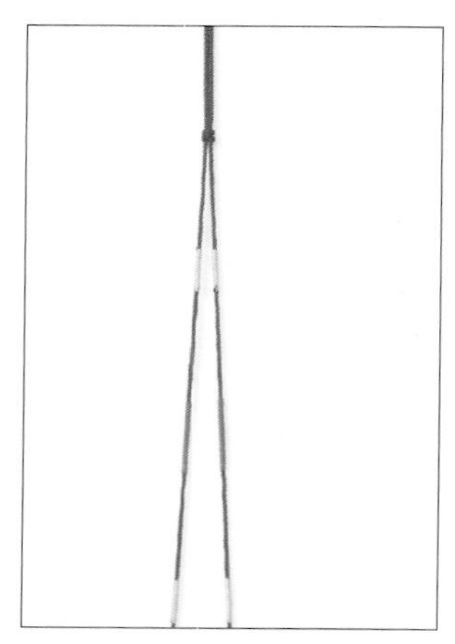

2. 编一个双联结，然后用两种颜色的股线依次绕六段线。

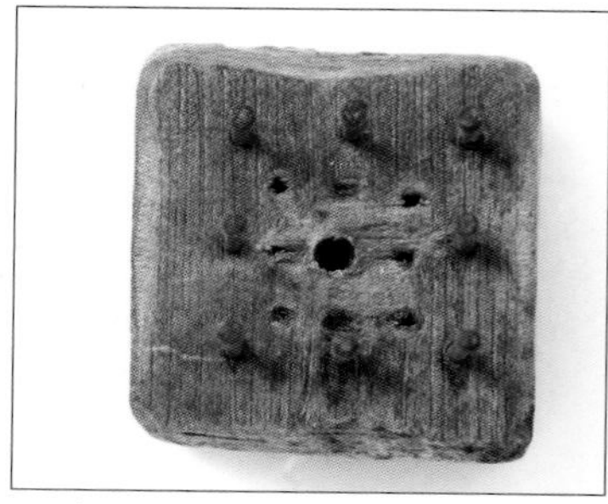

3. 如图，准备一块垫板。

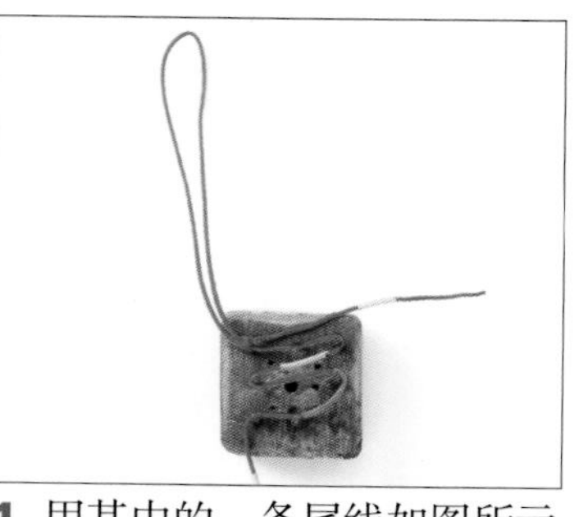

4. 用其中的一条尾线如图所示在垫板上横向走两个来回，由此开始编一个二回盘长结。

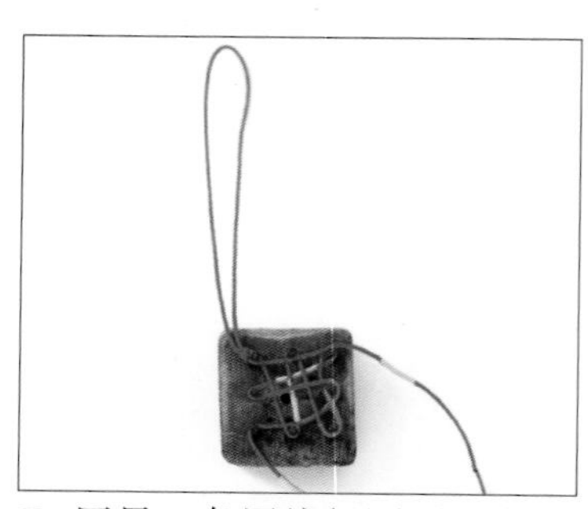

5. 用另一条尾线如图所示在垫板上纵向走两个来回。

6. 完成二回盘长结余下的步骤。

7. 如图，调整好二回盘长结的结体，拉出六个耳翼。

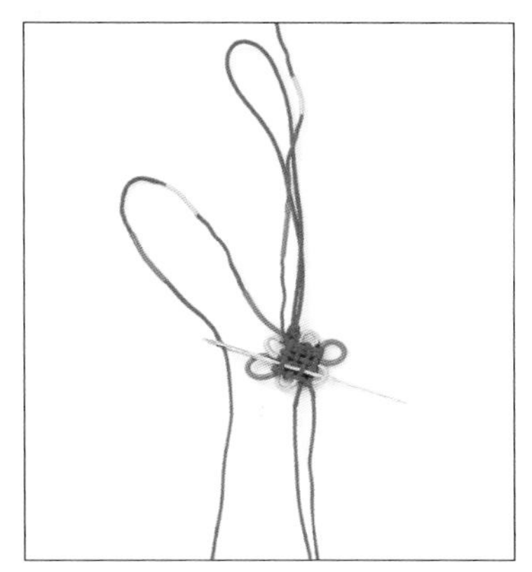

8. 另外准备一条线，同样用两种颜色的股线绕六段线，然后用钩针穿过这条线并穿入盘长结的结体中。

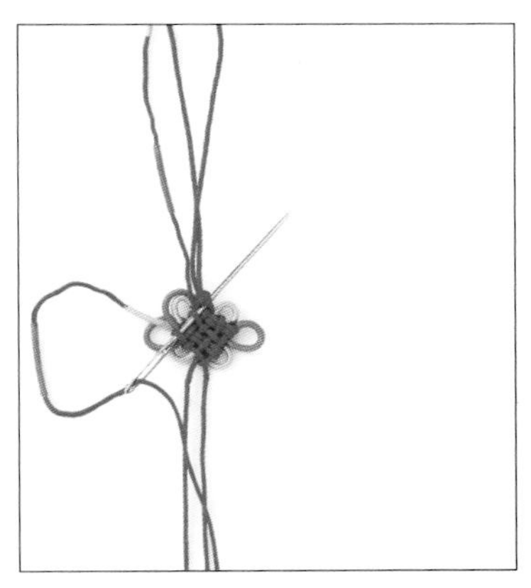

9. 用加进来的这条线在盘长结上面钩出双层的耳翼。

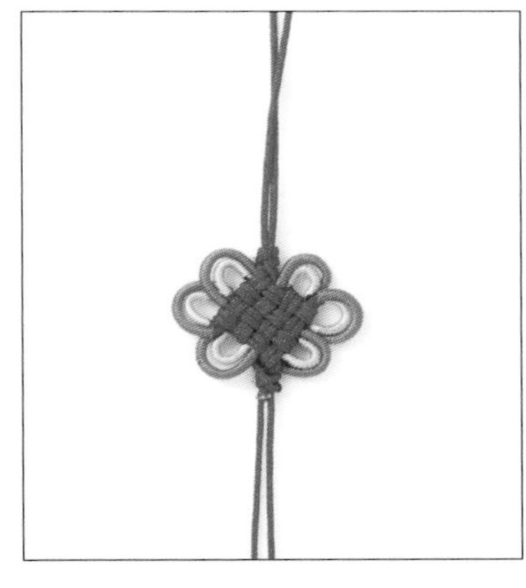

10. 如图，形成双线双耳翼的二回盘长结。

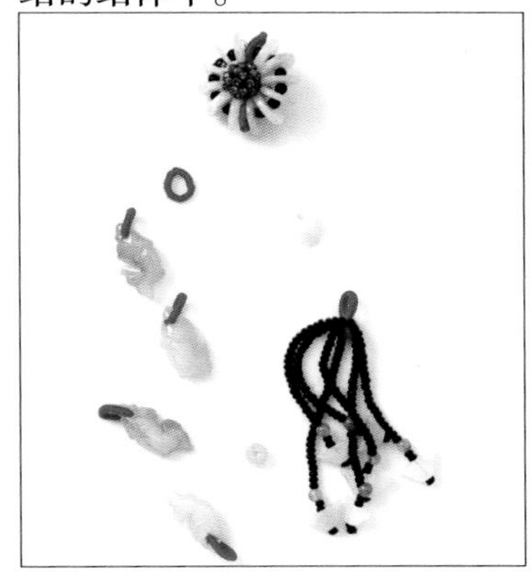

11. 准备如图所示的各种配件。

12. 在盘长结的下端穿入各式玉石配件，如图所示制作线圈。

13. 如图，用线圈将两个玉石配件挂在两边。

14. 用线圈将玉石配件和珠链依次挂在下端。

一点灵犀

制作过程

1. 用一条线编一个双联结作为开头，然后加一条绿色的线进来，以左边的线为轴，编一个斜卷结。

2. 用加进来的线以右边的线为轴，编一个斜卷结。

3. 依次加三条线进来（颜色依次为蓝色、红色、黄色），仿照步骤2的做法，每条线分别编一个斜卷结。

4. 以中间的两条主线为轴，依次用黄色、红色、蓝色、绿色线编斜卷结，形成一个圆形。

5. 在圆形结体的下面编双联结固定，然后用尾线穿琉璃珠和骨珠并处理好线尾即可。

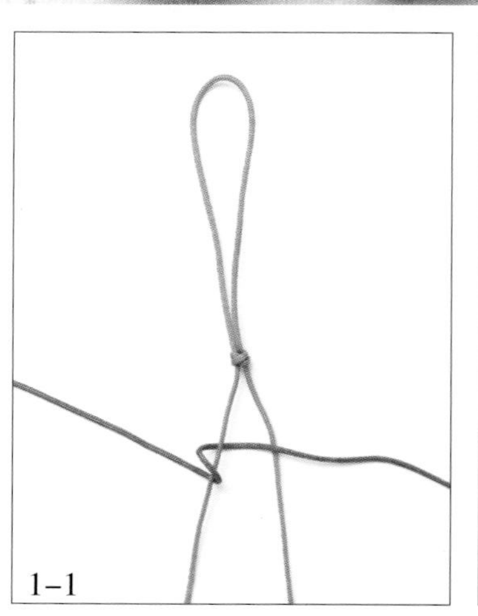

1–1

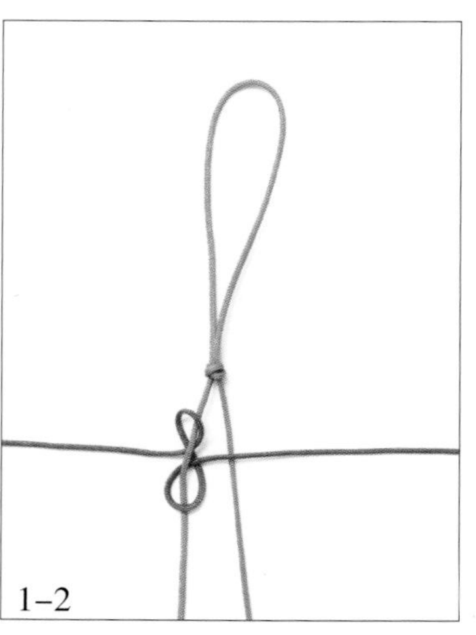

1–2

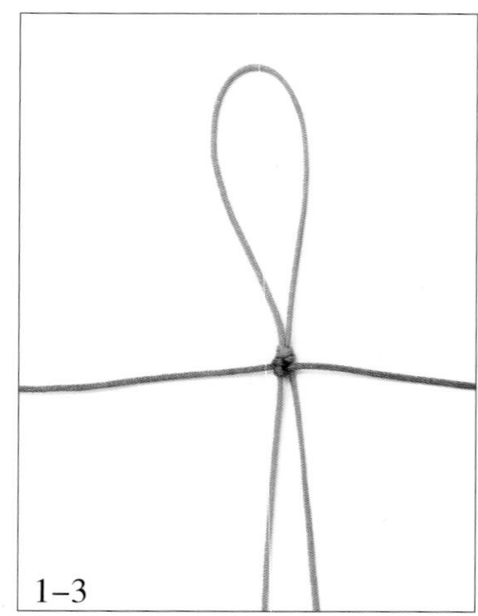

1–3

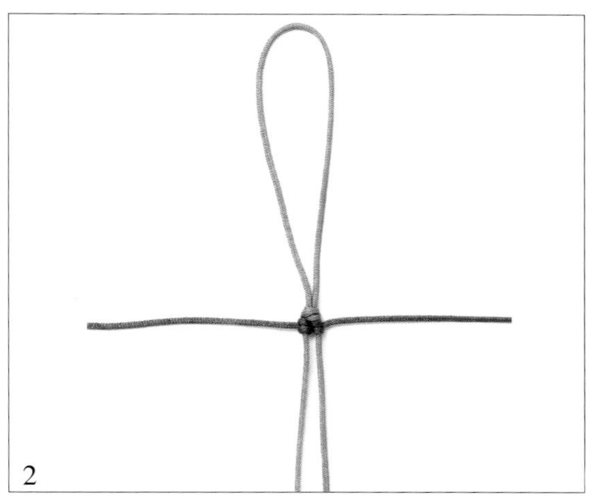
2

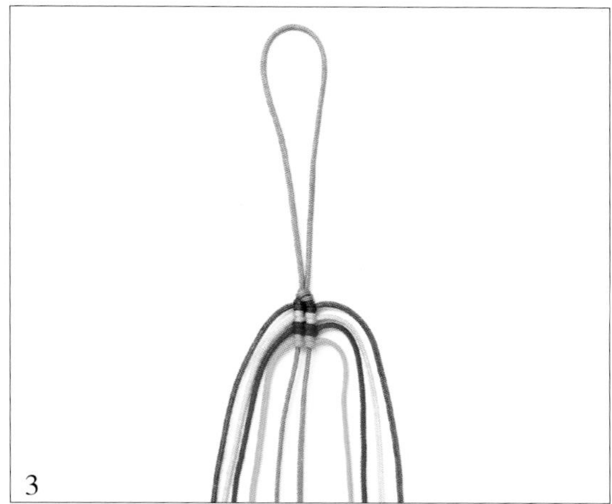
3

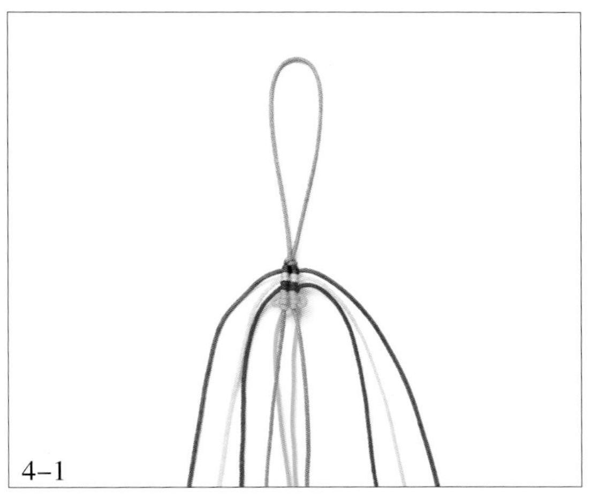
4–1

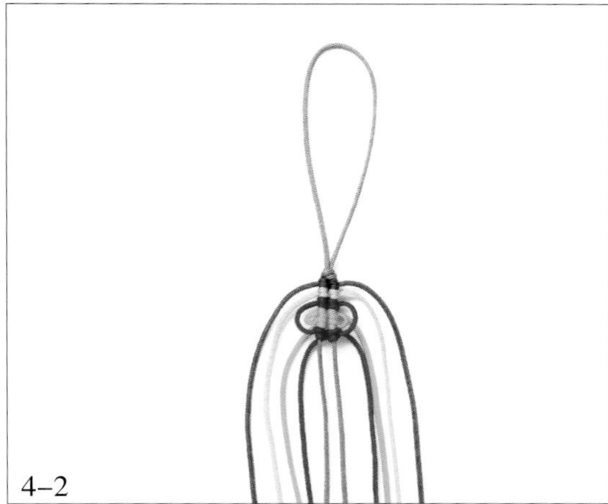
4–2

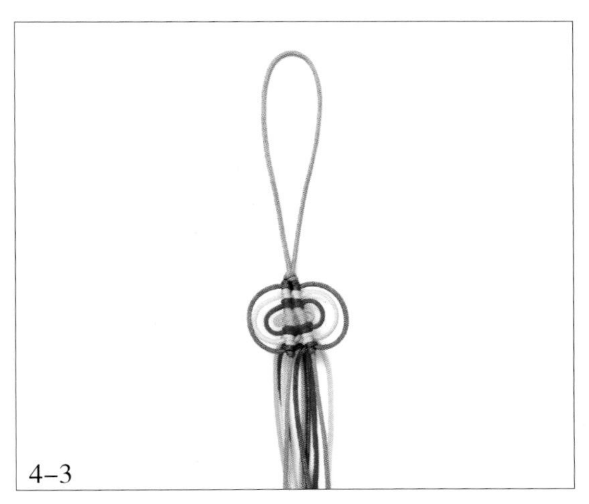
4–3

5

吐露芬芳

制作过程

1. 用一条线编一个双联结。

2. 如图，在垫板上编一个二回叠翼盘长结。（注意：运用不同的走线顺序以及调线的方法，可以得到不同的结形。这里介绍的是二回叠翼盘长结的新打法，不同于二回盘长结传统的走线及抽线方法，最后形成的结体也不同于二回盘长结的菱形，而是一个正方形）

3. 拉出盘长结左右两侧的耳翼，调整好结体，然后在盘长结的下端穿入各式珠子，最后添加两条流苏。一款粉嫩的手机挂饰就做好了。

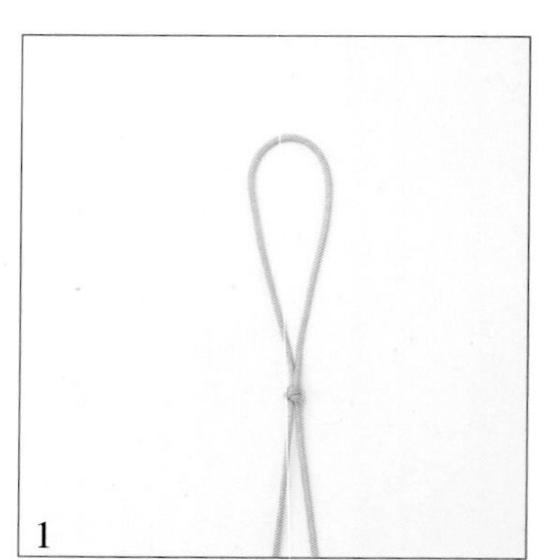
1

2–1

2–2

2–3

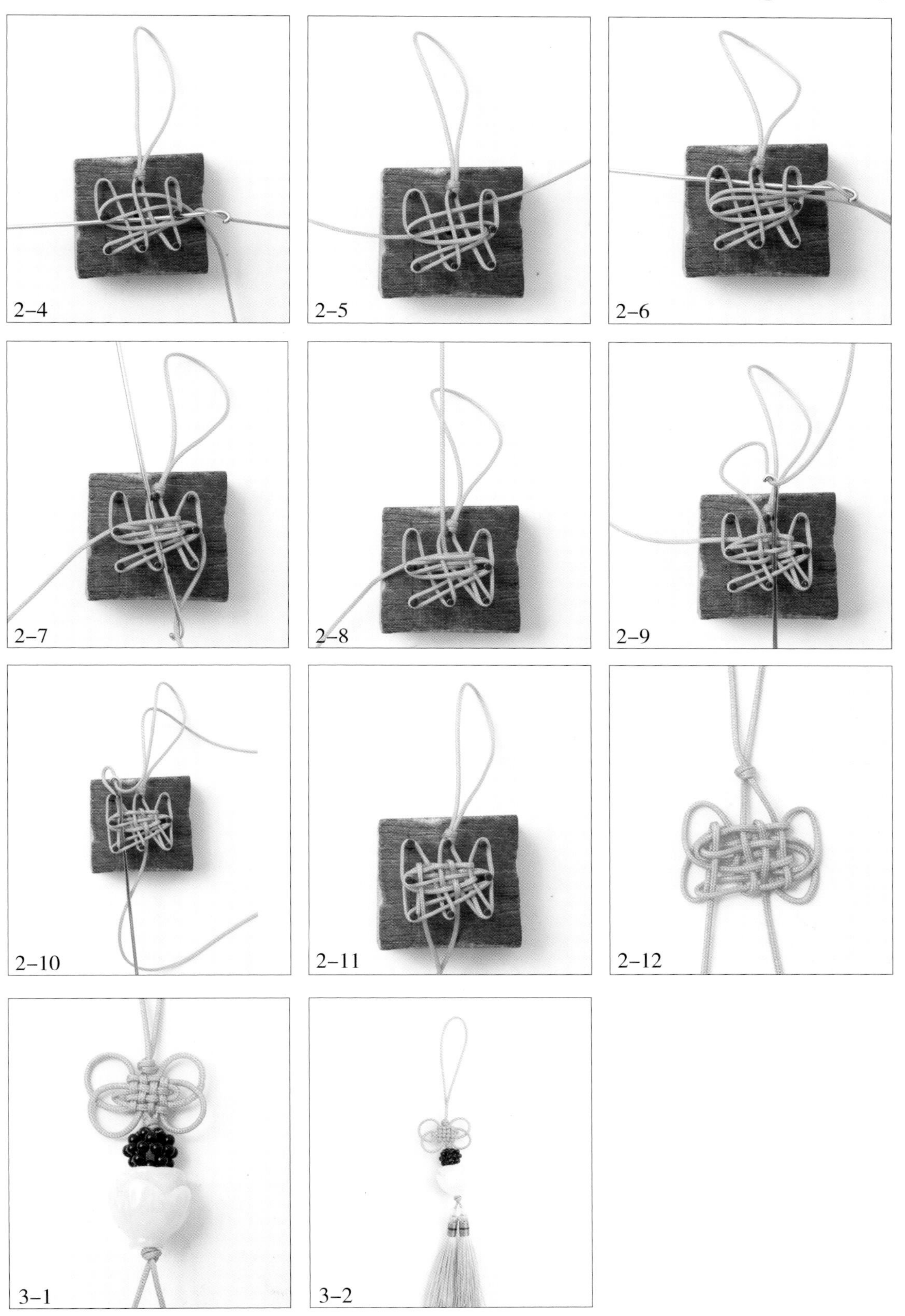

2–4 2–5 2–6

2–7 2–8 2–9

2–10 2–11 2–12

3–1 3–2

俊秀飘逸

制作过程

1. 用一条线编一个双联结。

2. 如图，准备一块垫板。

3. 用两条尾线在垫板上面编一个三回盘长结。（注意：在编三回盘长结的时候，用两条线分别打一个酢浆草结放在盘长结左右两侧耳翼的位置）

4. 调整好三回盘长结的结体，然后用尾线打一个双联结。

5. 用两条尾线合穿一颗天珠，然后分别穿一颗玛瑙珠，再合编一个酢浆草结。（注意：编酢浆草结的时候，要把两颗玛瑙珠分别调整到酢浆草结左右两侧耳翼的位置）

6. 在这款挂饰的下端系一条流苏。一款独特的包包挂饰就做好了。

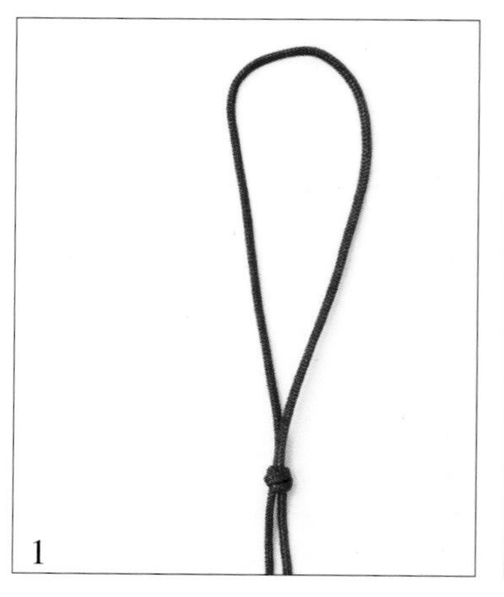

1

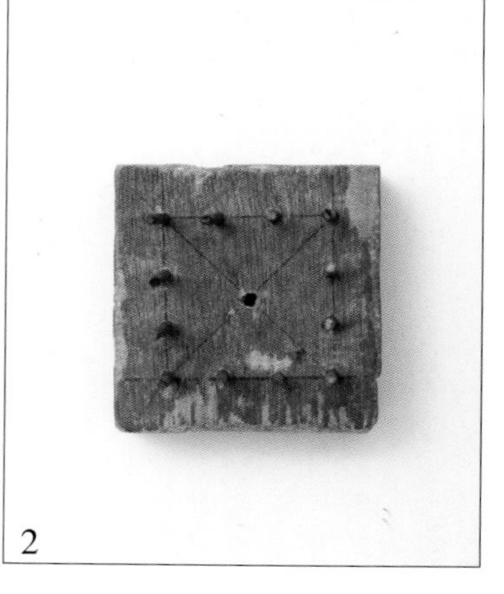

2

3–1

3-2

3-3

3-4

4

5

6

和气生财

制作过程

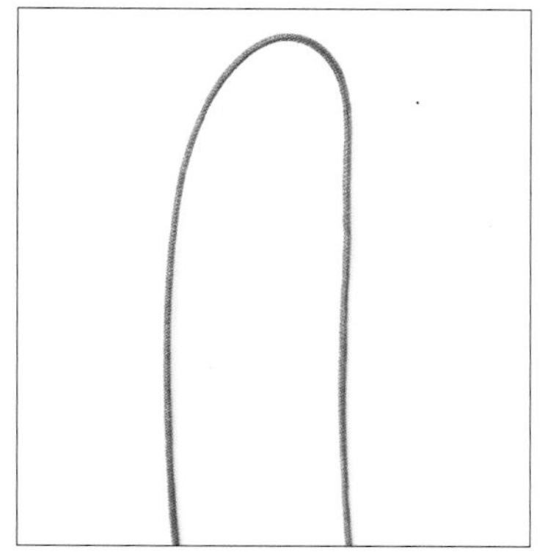

1. 如图，准备一条线。

2. 如图，准备一块垫板。

3. 用这条线编一个双联结，然后用股线在两条尾线外面分别绕六段线，如图，用其中的一条尾线在垫板上横向走两个来回，由此开始编一个二回盘长结。

4. 用另一条尾线如图所示在垫板上纵向走两个来回。

5. 继续完成二回盘长结接下来的步骤。

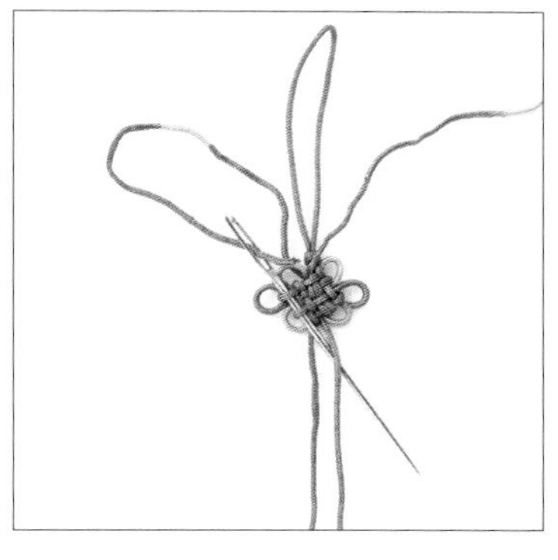

6. 另外准备一条线，用股线在这条线的外面绕六段线，然后用钩针穿过这条线，如图，再穿入二回盘长结的结体中。

7. 用钩针钩出二回盘长结双层的耳翼，然后在盘长结的下端依次穿入玉石、古钱、狼牙等配件。

8. 将古钱下端的两条尾线分别向上包住所有的线编单结并收尾即可。

彩云追月

制作过程

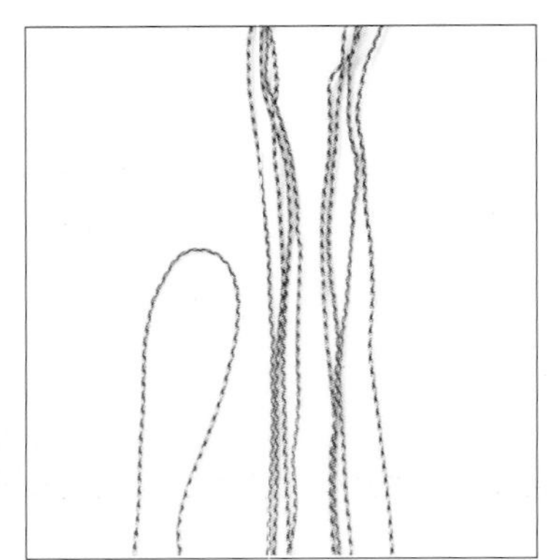

1. 准备五条五彩线（四短一长），如图，将这五条线分别对折。

2. 用较短的一条线编一个双联结作为开头。

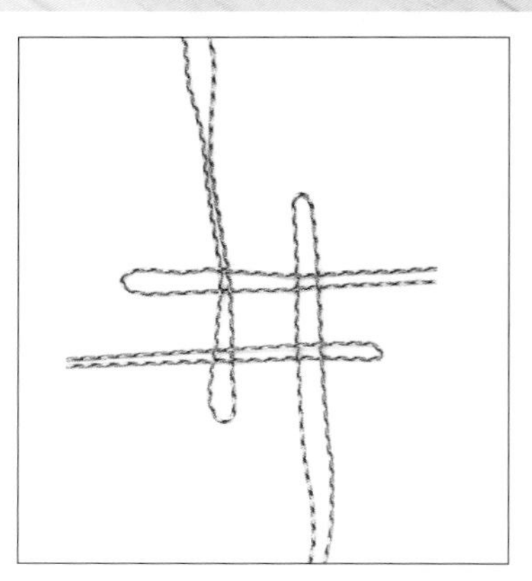

3. 用其余的四条线编一次玉米结，四个方向的线由此形成一个方形。

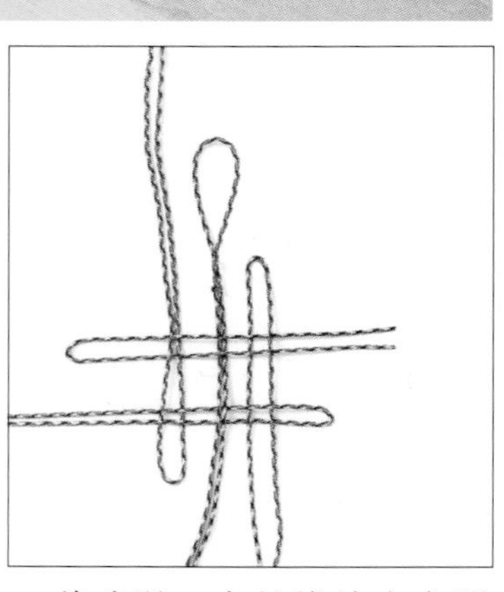

4. 将步骤 2 中的线放在方形的中间。

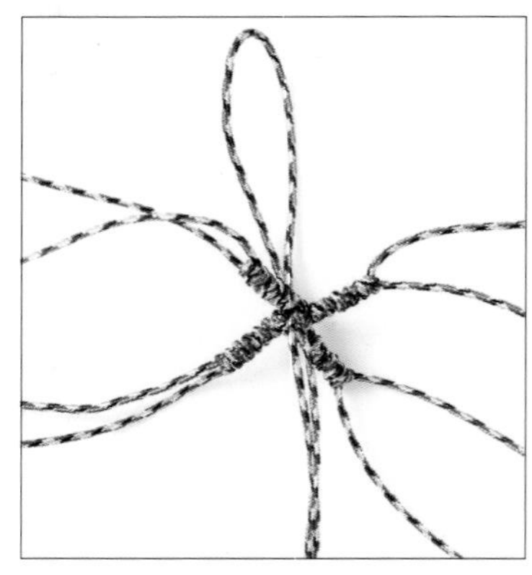

5. 以较短的线为主线，边上每两条线为一组编蛇结，形成四段蛇结。

6. 如图，准备黑、黄、绿、红色的玛瑙珠子各一颗。

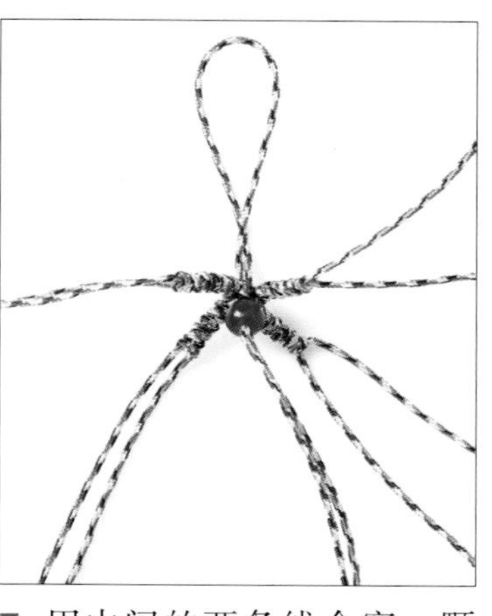

7. 用中间的两条线合穿一颗红色的玛瑙珠子。

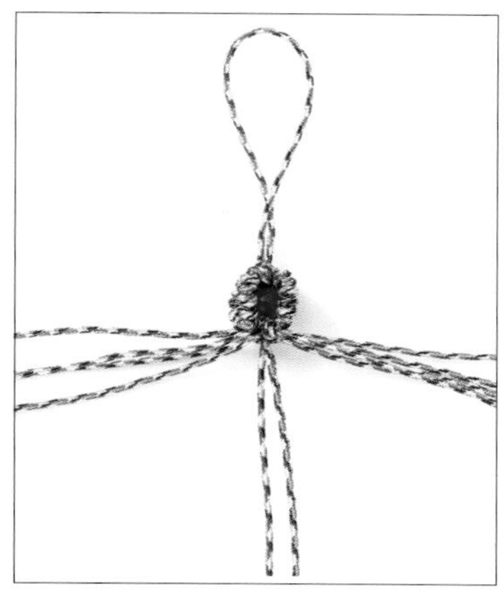

8. 用四段蛇结包住红色的玛瑙珠子，然后用蛇结下端的线编玉米结。

9. 另外加一条线进来，对折后如图所示横向穿过玉米结。

10. 用下端的八条线如图所示穿玛瑙珠子、编蛇结。

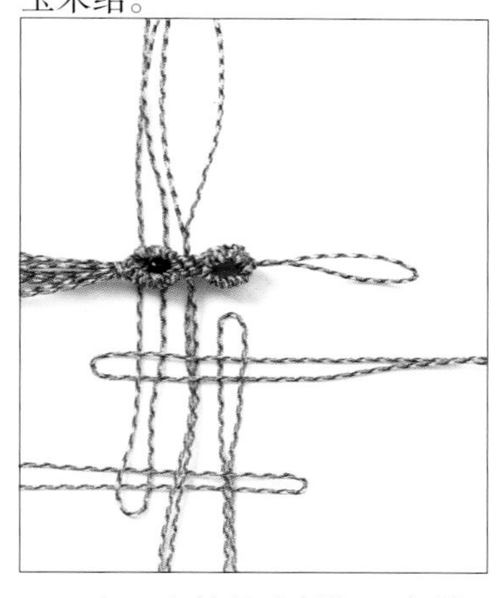

11. 在玉米结的右侧加四条线，用这四条线如图所示编一次玉米结。

12. 右侧如图所示穿玛瑙珠子，编蛇结、玉米结，然后编双联结收尾。

13. 仿照右侧的做法，以左右对称的编结方式完成左侧。

14. 用下端的十条尾线分别穿水晶珠子，然后编单结并收尾即可。

发福发贵

制作过程

1. 取一条线，对折后编一个酢浆草结。
2. 另取一条线，如图所示编一个团锦结，留出耳翼。
3. 准备一个塑料圈。
4. 如图，用编有酢浆草结的绳线穿过团锦结的耳翼并绕上塑料圈。
5. 开始绕着塑料圈编轮结，将团锦结的耳翼固定住，并且隔一段距离编一个酢浆草结。
6. 编好一圈以后编一个双联结固定。
7. 用尾线穿珠子，然后编一个双联结固定。
8. 将多余的线剪掉且烫好尾线，把流苏系在珠子下面即可。

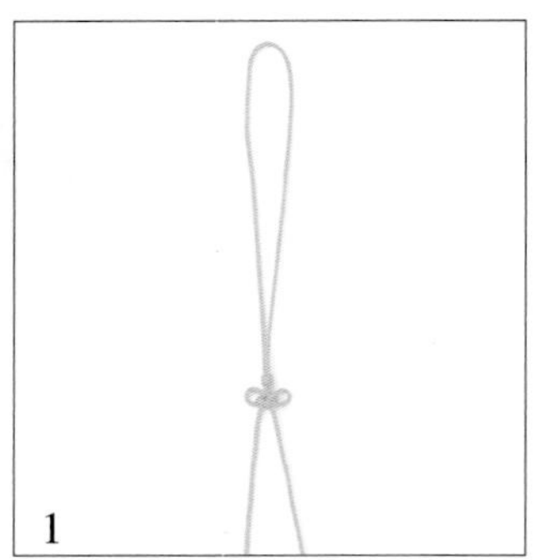
1

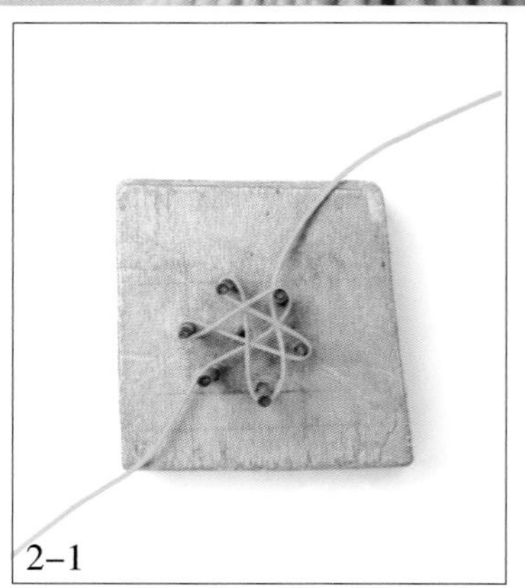
2–1

2–2

2–3

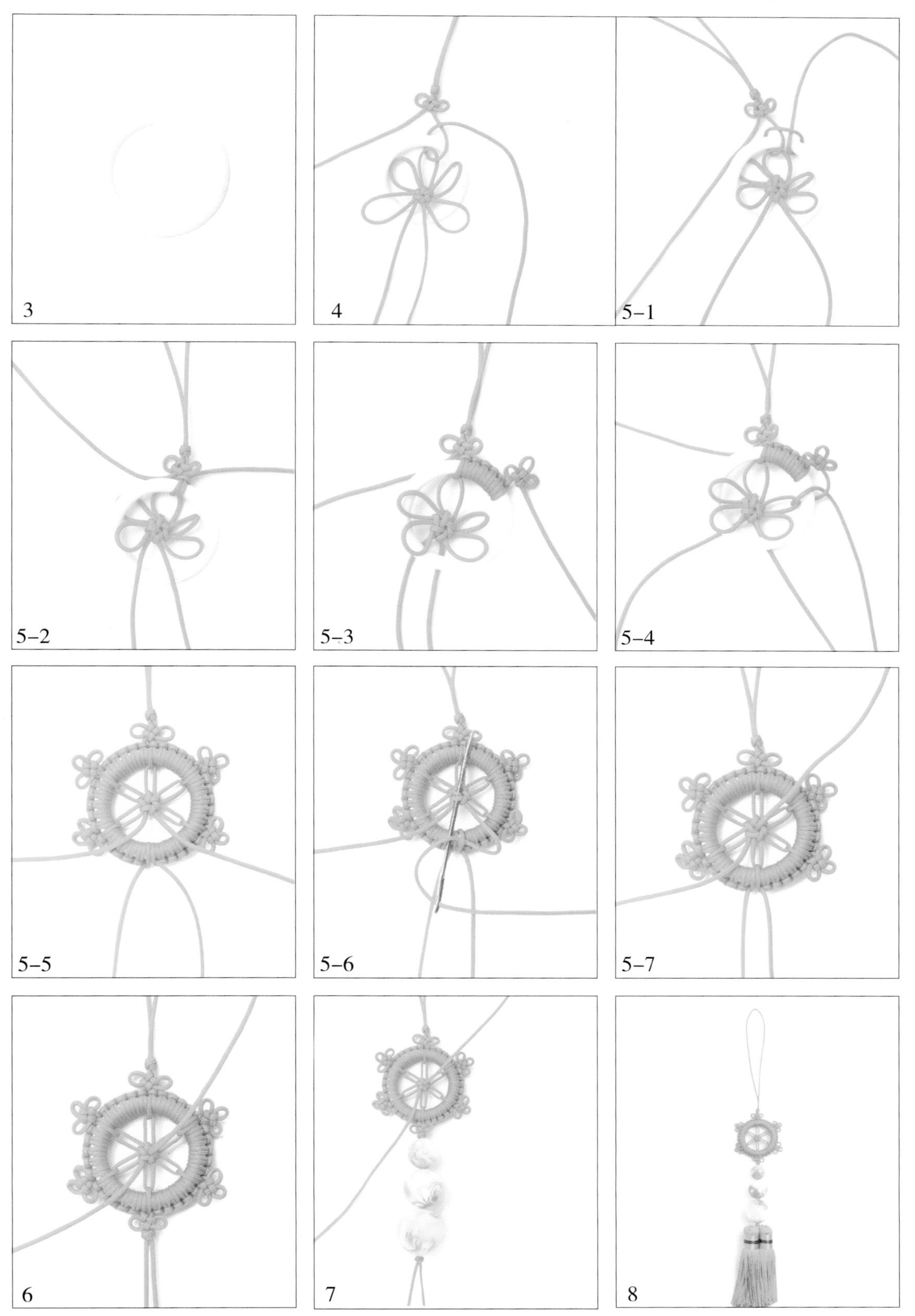
3
4
5-1
5-2
5-3
5-4
5-5
5-6
5-7
6
7
8

达官显贵

制作过程

1. 如图，用一条线依次编一个双联结、一个六耳盘长结、一个双联结。

2. 在下端穿入配件，然后编一个双联结固定。

3. 用两条尾线各编一个酢浆草结，然后合在一起，收紧绳子后再编双联结固定。

4. 重复步骤 3，编到适合长度。

5. 再编一个酢浆草结，留出一个耳翼。

6. 将流苏固定在酢浆草结两侧耳翼上。一个雅致的挂饰就完成了。

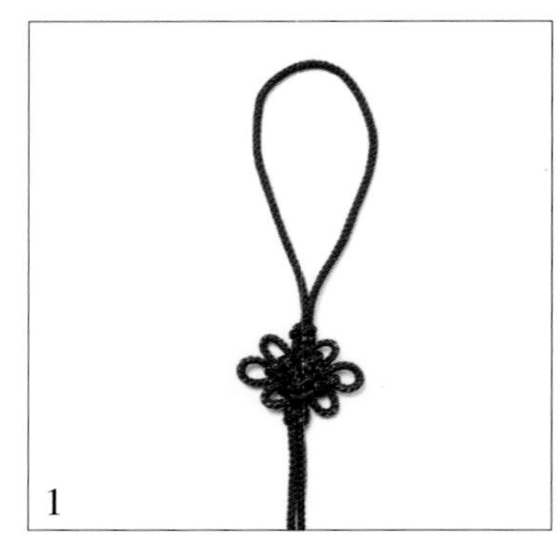
1

2

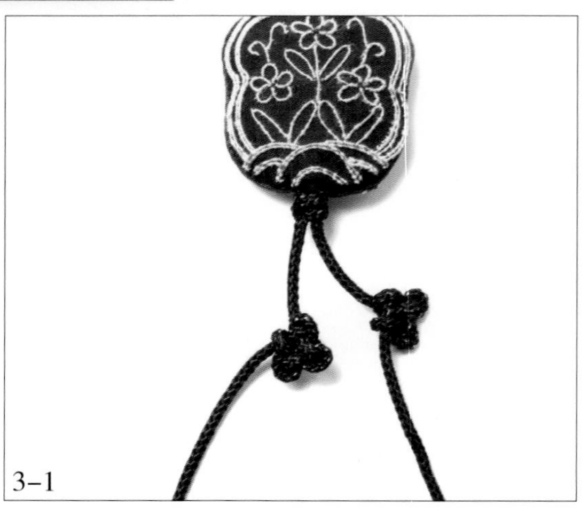
3–1

3–2

4

5–1

5–2

6–1

6–2

柔情似水

制作过程

1. 用一条线编一个双联结。

2. 用两条尾线在垫板上编一个实心的八耳团锦结。（注意：在编八耳团锦结时，用左右两条尾线分别编一个酢浆草结放在团锦结左右两侧耳翼的位置）

3. 调整好结体，如图所示拉出四个耳翼。

4. 将两侧的耳翼分别绕成一个圈，用钩针将下面的耳翼如图所示钩过去，在八耳团锦结的两侧形成对称的弧形。

5. 在团锦结的下端编一个双联结，然后穿各式配件。

6. 仿照步骤 2 的做法，再用这两段线编一个实心八耳团锦结，最后用两条尾线分别系一条流苏。这样，一款色调清新的包包挂饰就做好了。

1

2–1

2–2

2–3

2–4

2–5

2–6

2-7

2-8

2-9

2-10

2-11

2-12

2-13

3

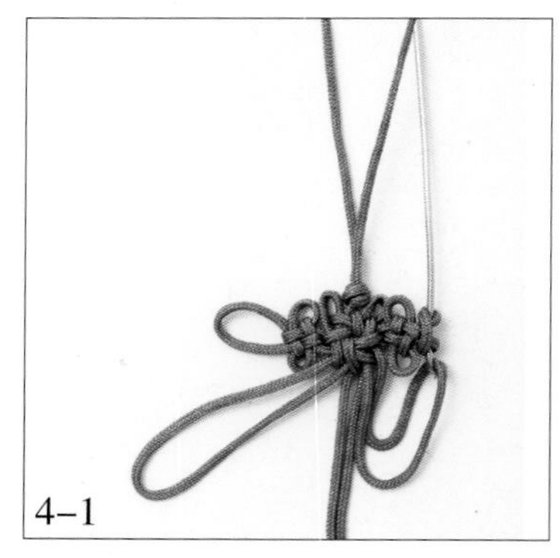
4-1

4-2

5

6

手机挂饰类

八面来风

制作过程

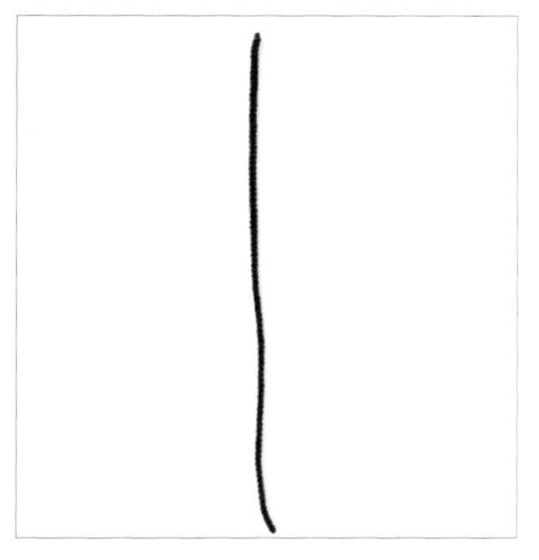

1. 如图，准备一条线。

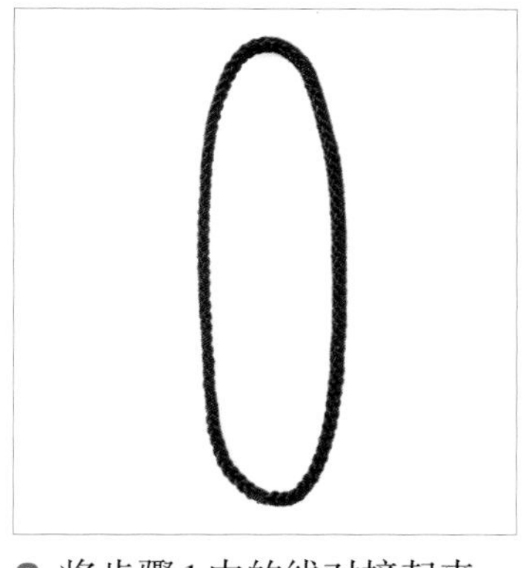

2. 将步骤1中的线对接起来，用作手机挂饰的挂绳。

3. 用线做一个菠萝结。

4. 将菠萝结套入挂绳的下端，并用黄色的股线在菠萝结的上端绕适当的长度。

5. 制作好如图所示的各种配件。

6. 用线做一个线圈，然后用线圈的尾线穿一个玉石元宝。

7. 在玉石元宝的下面做一个线圈，挂上米珠配件和玉石配件。

8. 另外用线在米珠配件的下端做一个线圈，挂上玉石配件。

灵心慧性

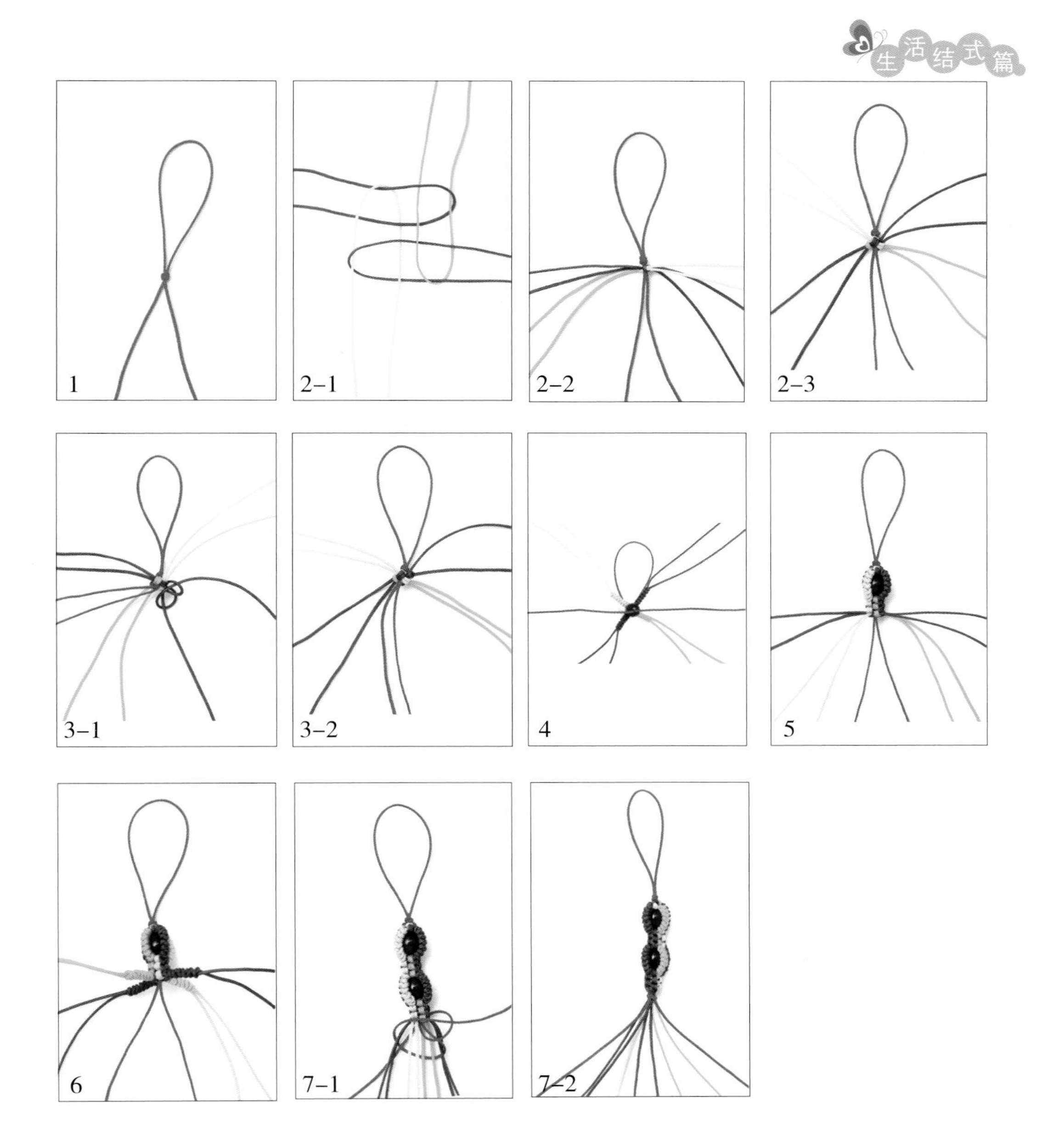

制作过程

1. 用一条长约 50 厘米的 A 玉线对折后编一个双联结。
2. 用四条不同颜色搭配的 A 玉线（每条线长约 100 厘米）包住两条红色主线编方形玉米结（注意：编方形玉米结的时候，先是以逆时针的方向相互挑压，然后以顺时针方向相互挑压，再以逆时针方向相互挑压。四个方向的线一正一反交替进行即可）。
3. 用颜色相同的两条线编蛇结。
4. 如图，编好四段蛇结，然后用中间的两条主线合穿一颗玛瑙珠子。
5. 用四个方向的线再编一段方形玉米结，包住玛瑙珠子。
6. 再编四条方形的玉米结辫子。
7. 用红色主线包住所有的线编蛇结固定，最后剪掉多余的尾线即可。

娇小玲珑

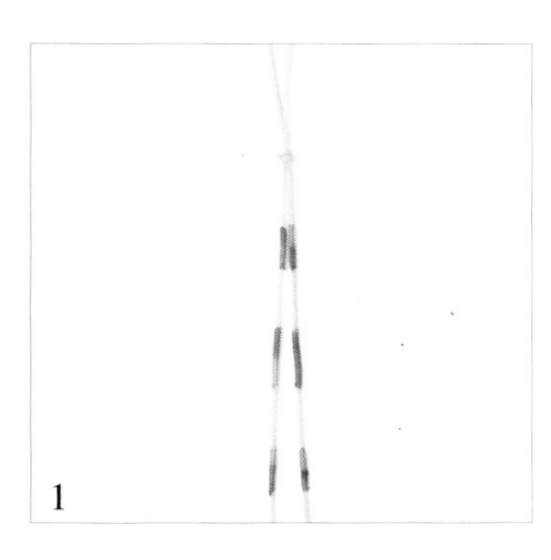
1

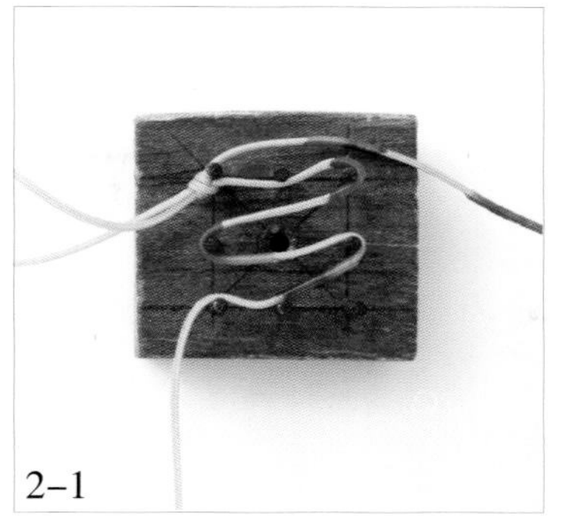
2–1

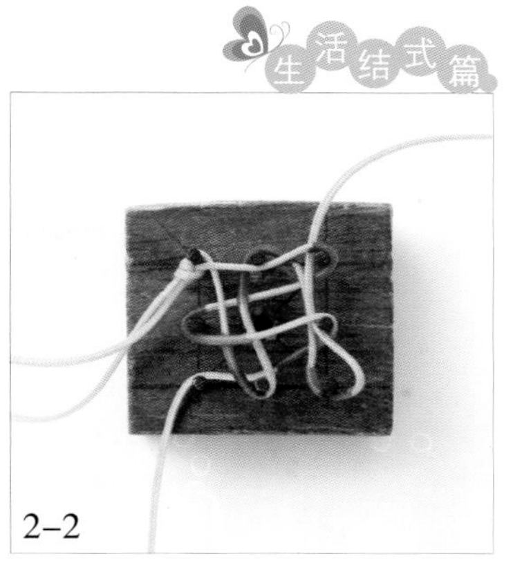
2–2

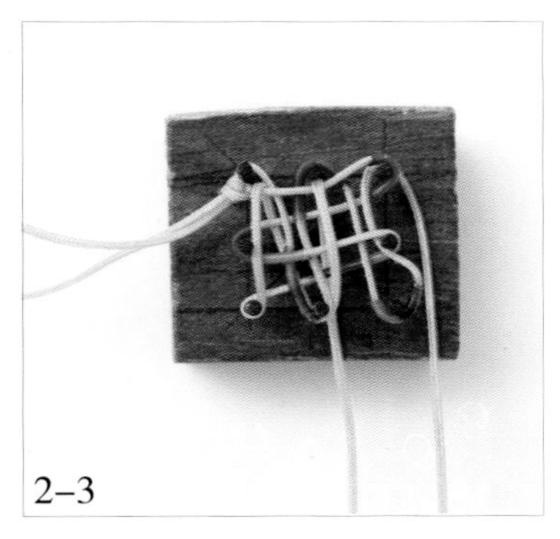
2–3

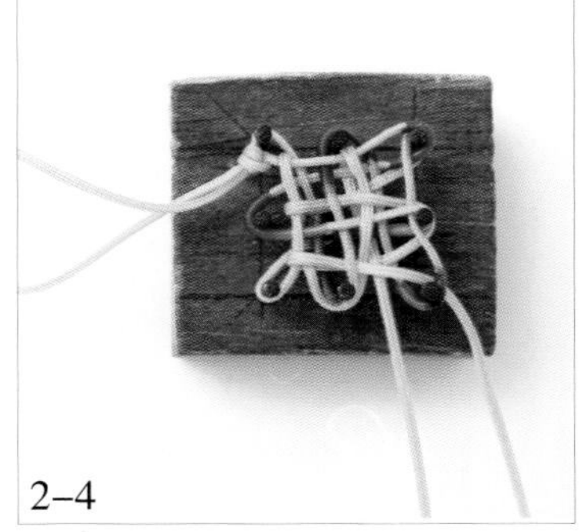
2–4

3

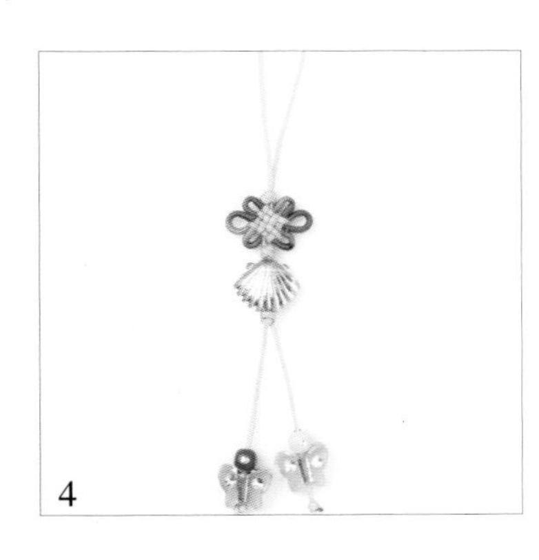
4

制作过程

1. 用一条 A 玉线编一个双联结，然后用股线（五彩股线）分别在两段线的外面绕三段线(注意：在双联结的上端要留出 5 厘米用作这款挂饰的挂耳)。三段股线的长度及股线之间间隔的距离如下：在距离双联结约 1.4 厘米处绕第一段股线（约 0.8 厘米长）；在距离第一段股线约 1.4 厘米处绕第二段股线（约 1.2 厘米长）；在距离第二段股线约 1.4 厘米处绕第三段股线（约 0.8 厘米长）。

值得注意的是，以上所介绍的绕线的长度并不是一成不变的，随着盘体布局的大小以及所选用线材的粗细不同，绕线的长度也会有所变化。初学者往往不易把握盘体布局的大小及股线的长度，不妨直接编好一个盘长结，再用笔在盘长结的耳翼上面做记号，然后拆掉结体，根据记号绕上相应长度的股线，这样就万无一失了。

2. 用两条尾线如图所示在垫板上编一个二回盘长结。

3. 调整好结体。

4. 最后在盘长结的下端添加各式珠子作装饰。一款美观大方的手机挂饰就做好了。

爱屋及乌

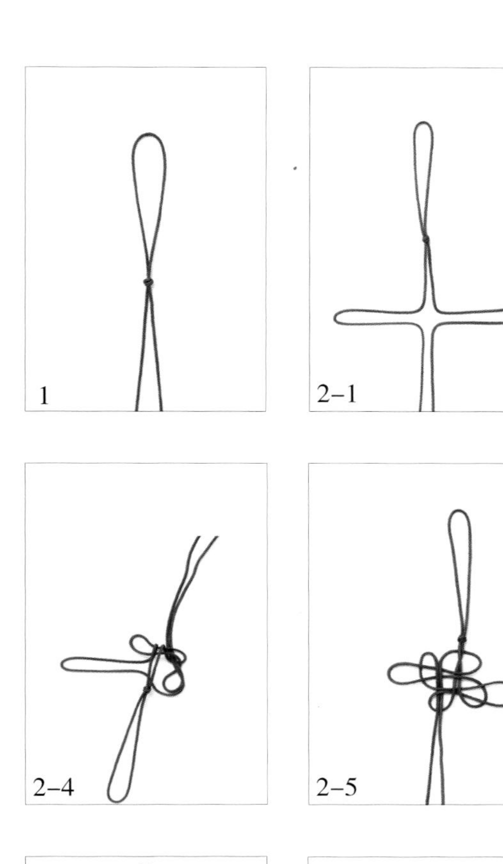
1　2–1　2–4

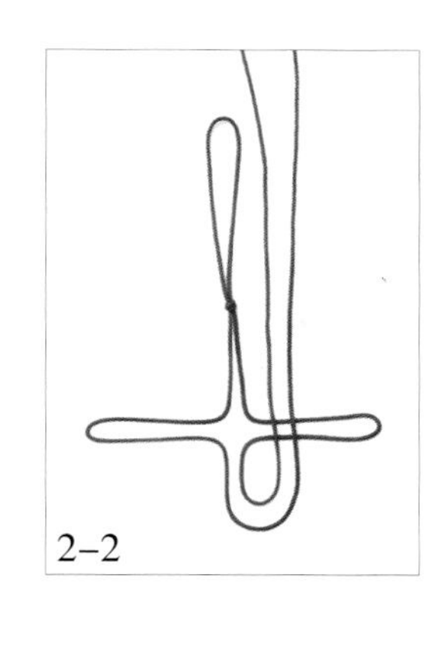
2–2

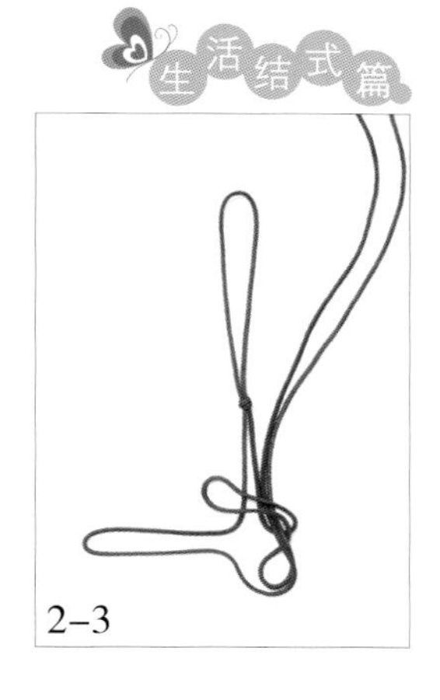
2–3

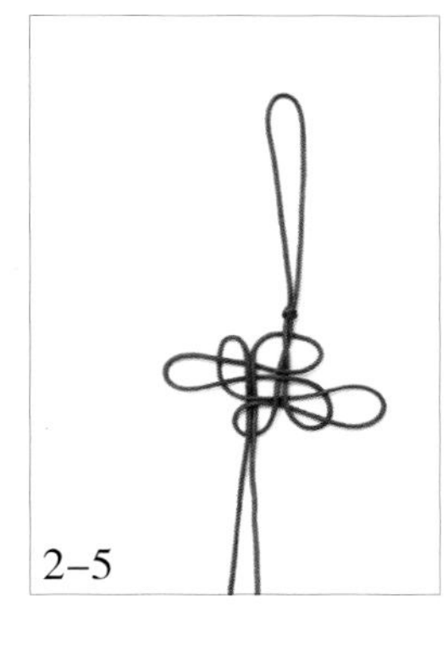
2–5

2–6

3

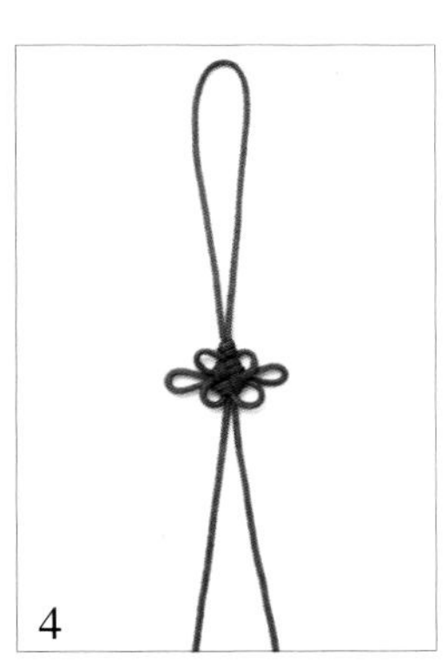
4

5–1

5–2

5–3

5–4

制作过程

1. 用一条线编一个双联结。

2. 将左右两条尾线分别向两边拉出，如图，形成两个套。然后将四个方向的线以逆时针的方向相互挑压，开始编一个四耳吉祥结。

3. 重复步骤 2 的做法，再挑压一次。

4. 拉出六个耳翼，形成一个六耳吉祥结。

5. 在吉祥结的下端编一个双联结，起到固定的作用。然后在下端穿各式珠子作装饰，最后用两条尾线分别编凤尾结并收尾即可。

成双成对

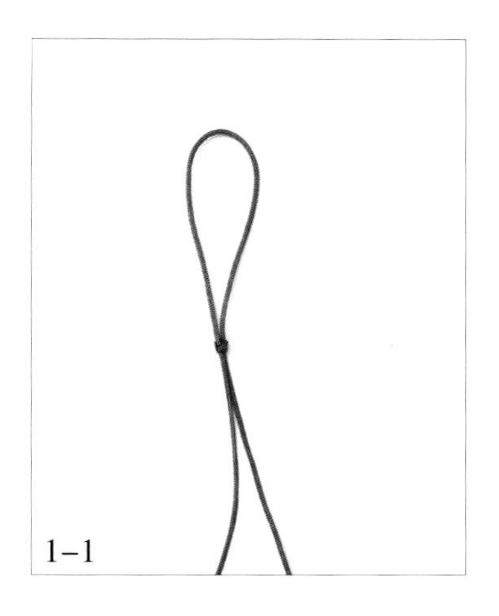
1–1

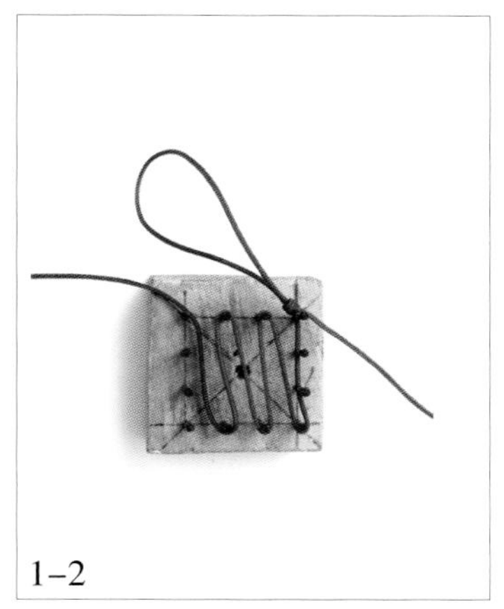
1–2

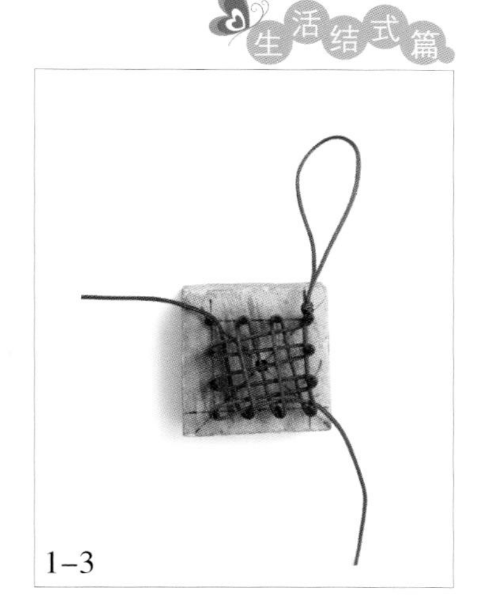
1–3

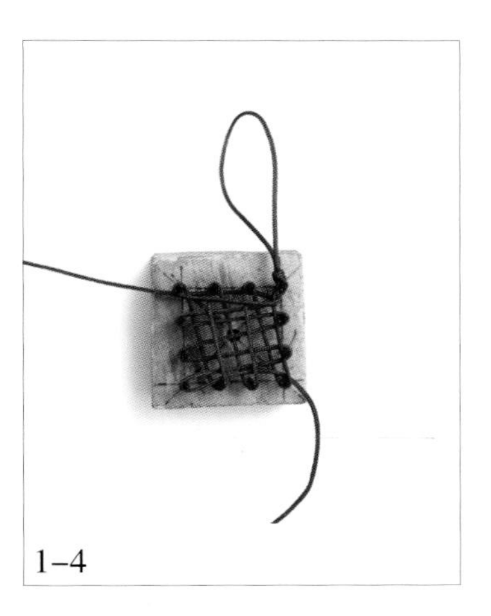
1–4

1–5

1–6

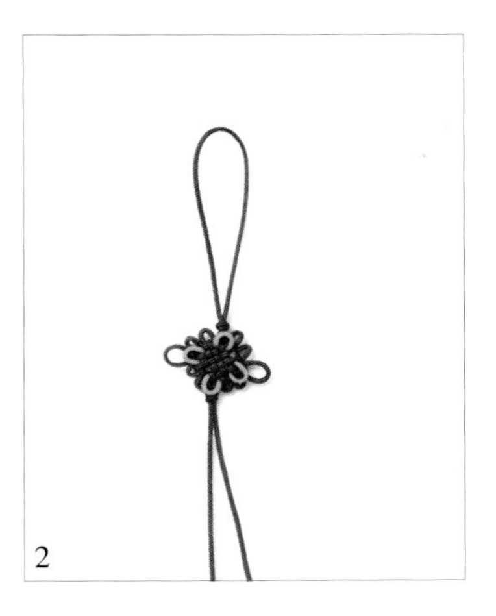
2

3

制作过程

1. 用一条线对折后编一个双联结作为开头，然后编一个三回盘长结（注意：三回盘长结比二回盘长结在横向、纵向方向各多了两行线，但与二回盘长结的挑压方法以及走向是一样的）。

2. 用针穿一条线，如图，给盘长结穿花，在盘长结的正反两面制作出美观的图案。

3. 最后在盘长结的下面添加带有字母的金属配件即可。

一心一意

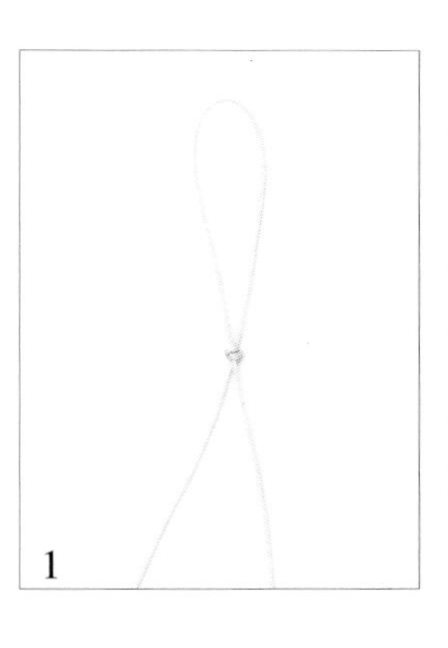
1

2–1

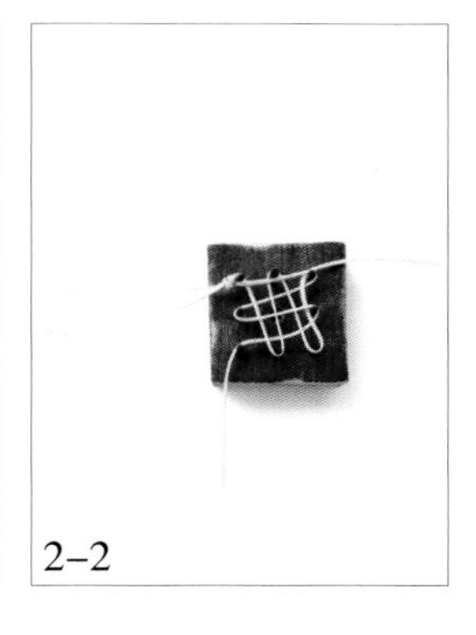
2–2

2–3

2–4

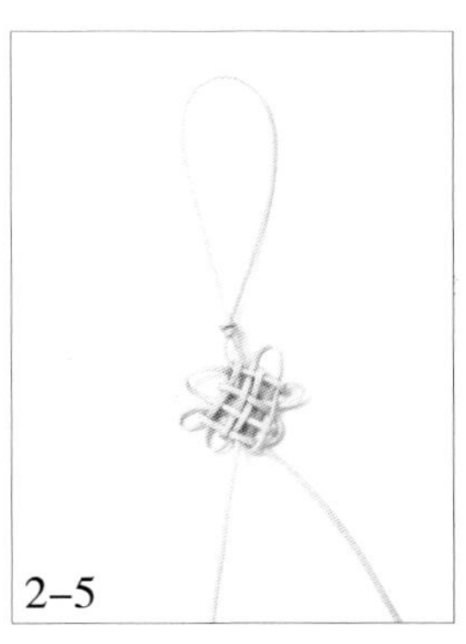
2–5

3

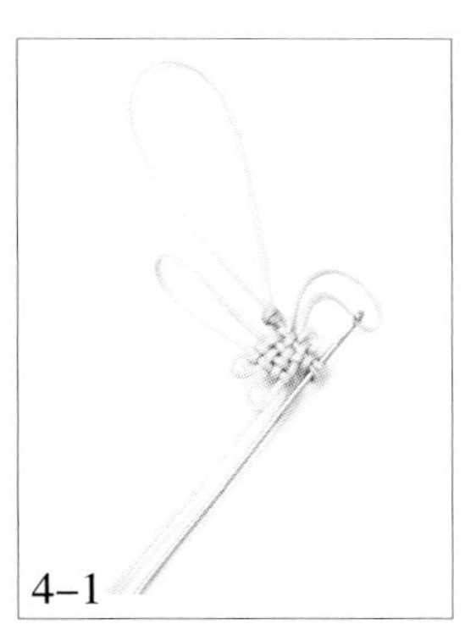
4–1

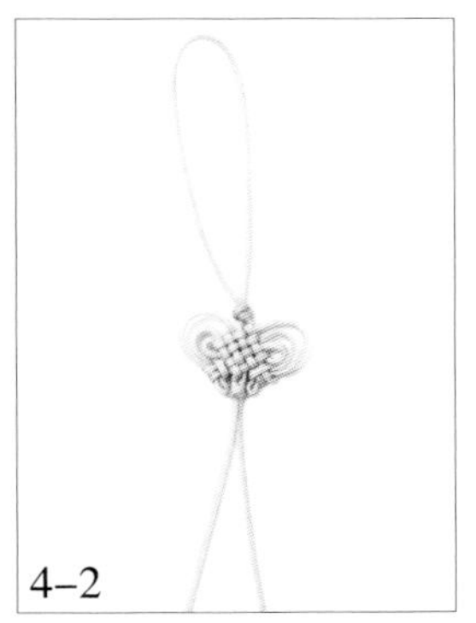
4–2

5–1

5–2

制作过程

1. 用一条线对折后编一个双联结。

2. 如图，在垫板上编一个二回盘长结。

3. 调整好结体，拉出六个耳翼，注意将盘长结上面的两个耳翼拉长一些。

4. 将盘长结右下角的耳翼弯成一个圈，用钩针将右上角的长耳翼从圈中钩下来。用同样的方法将左上角的长耳翼钩下来，使盘长结两侧呈现对称的弧形。

5. 用两条尾线穿入金属配件并收尾即可。

含苞待放

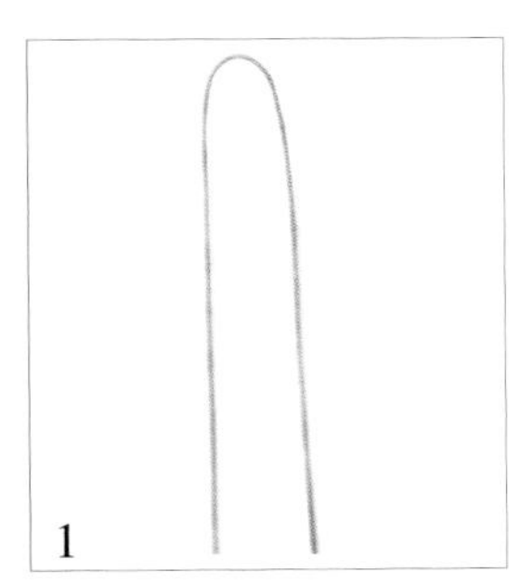
1

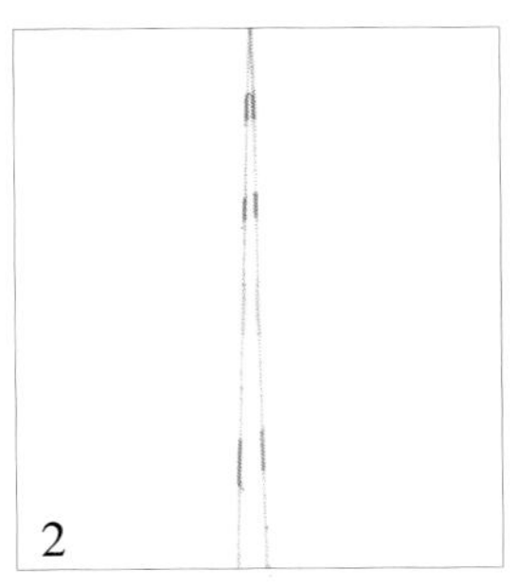
2

3

4

5–1

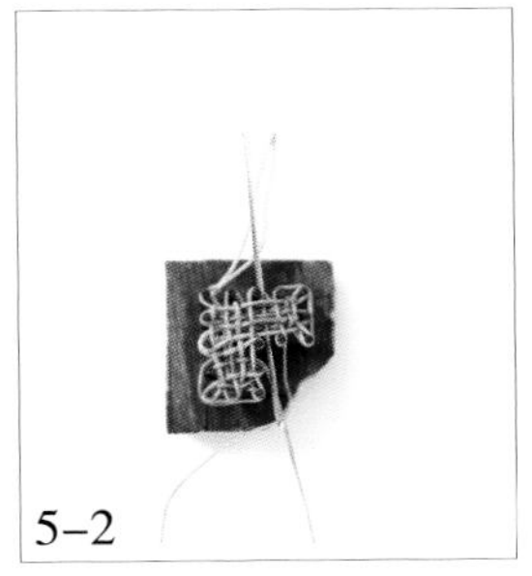
5–2

5–3

6

7

8

9

10

制作过程

1. 如图，准备一条线。

2. 用步骤 1 中的线编一个双联结作为开头，然后用两种颜色的股线依次在两段线的外面绕 10 段线。

3. 如图，准备一块垫板。

4. 用其中的一条尾线如图所示在垫板上纵向走三个来回（两条一短），由此开始编一个复翼磬结。

5. 继续完成复翼磬结接下来的步骤。

6. 将复翼磬结从垫板上取出来。

7. 根据线的走向调整好结体。

8. 准备好如图所示的各种配件。

9. 在复翼磬结的下端穿入各式配件，然后另外用线做一个线圈。

10. 将玉石貔貅和珠链挂在下端即可。

娇艳可人

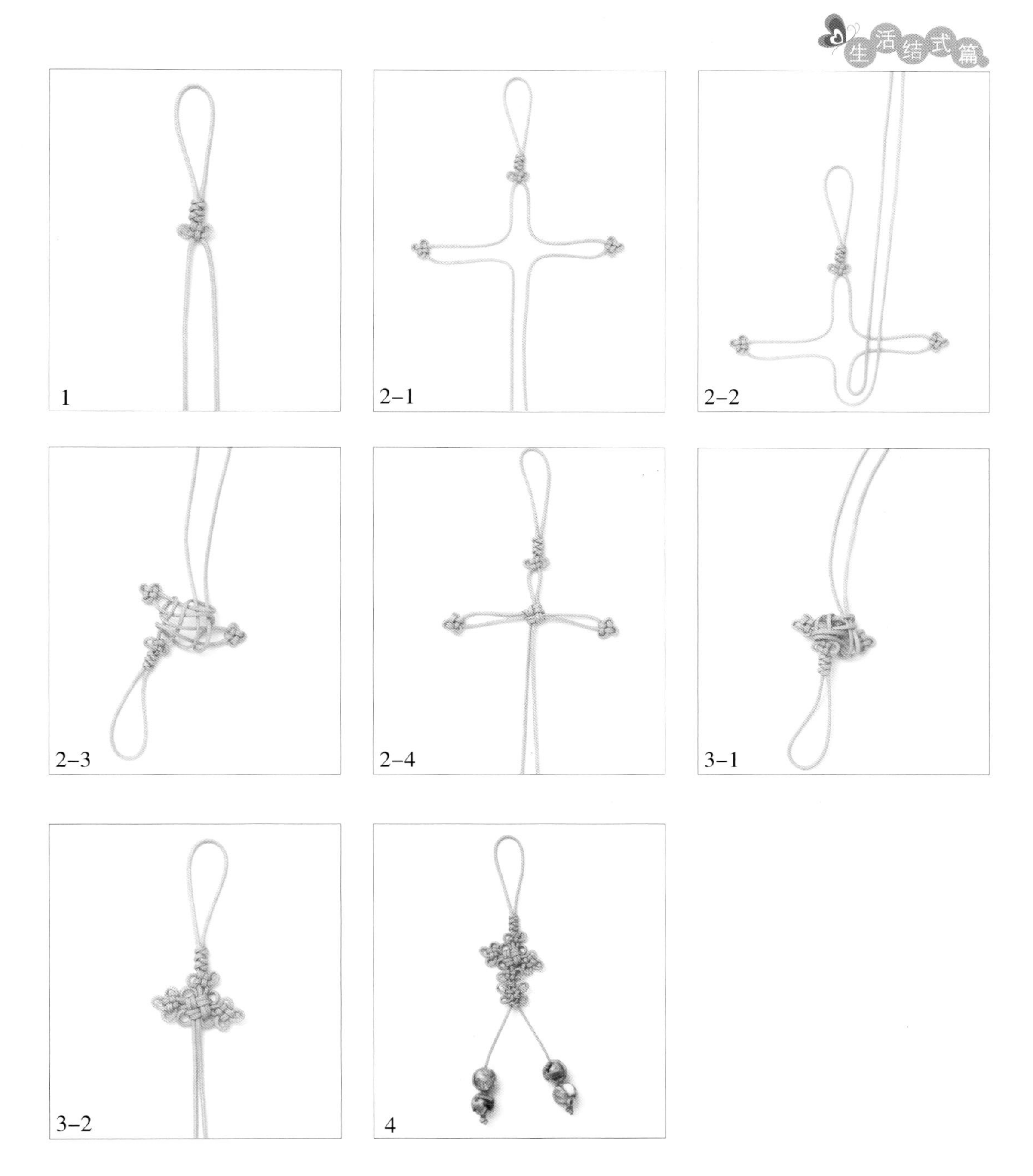

制作过程

1. 将一条线对折后依次编三个蛇结和一个酢浆草结。

2. 左右两侧分别编一个酢浆草结并向两边拉出，形成两个套。然后用四个方向的线以逆时针的方向相互挑压，开始编一个四耳吉祥结。

3. 仿照步骤 2 的方法，用四个方向的线再挑、压一次，形成一个六耳吉祥结。

4. 在吉祥结的下面依次编酢浆草结、蛇结、空心六耳团锦结各一个，最后用两条尾线分别穿珠子并收尾即可。

谦谦君子

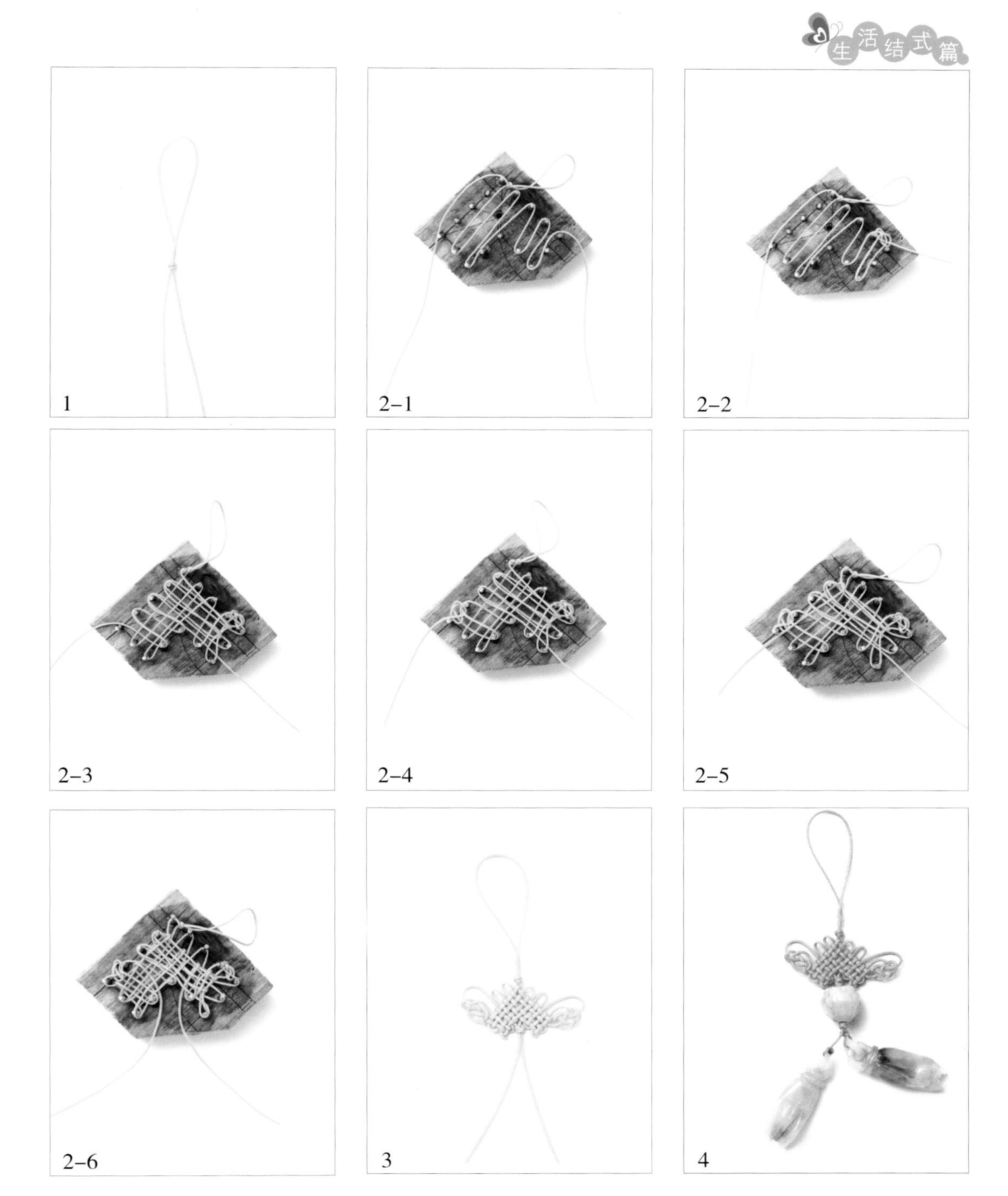

制作过程

1. 用一条线对折后编一个双联结。

2. 如图，在垫板上编一个复翼磬结（注意：在编结的过程中，分别在复翼磬结的左右两边编一个双钱结作装饰）。

3. 拉出复翼磬结的耳翼，调整好结体。

4. 在复翼磬结的下面添加玉石珠子，编死结并收尾即可。

永葆青春

制作过程

1. 准备两条线，在线的顶端编一个双联结固定，然后用玄线做几段绕线。

2. 如图，编一个复翼磬结。

3. 调整好结体，将绕线部分调整成结翼部分，然后编一个双联结固定。

4. 在已编好的复翼磬结上用另一种颜色的线钩出一些纹路，增添趣味。

5. 再在双联结的下面用红色的绳线编一个菠萝结，依次加入珠子、编菠萝结，最后以双联结收尾，减掉多余的线并处理好线尾即可。

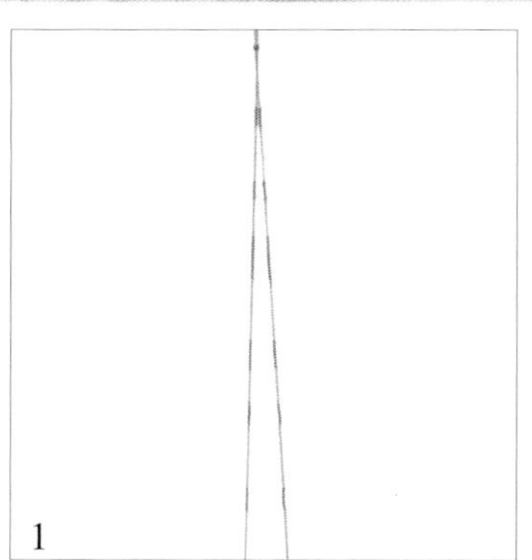
1

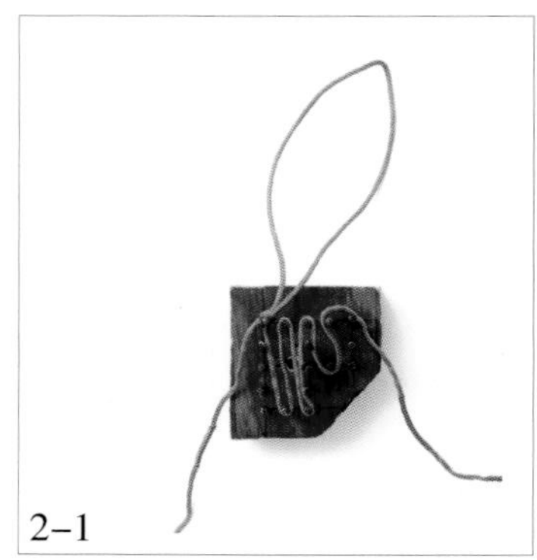
2–1

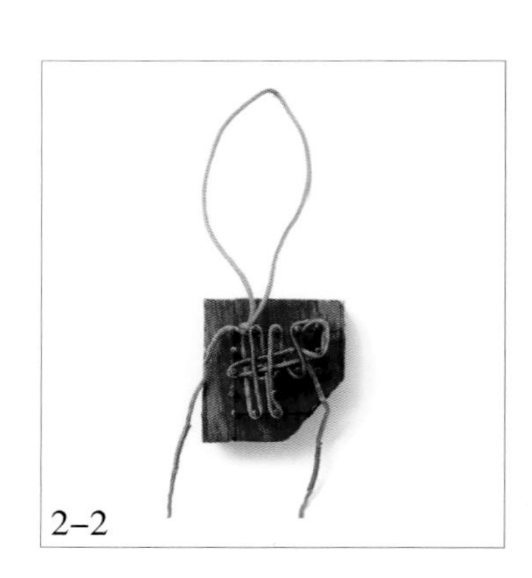
2–2

2–3

3

4

5

车内挂饰类

制作过程

1. 如图，用一条线编一个双联结。

2. 如图，准备一块垫板。

3. 用其中的一条尾线在垫板上横向走两个来回，由此开始编一个二回盘长结。

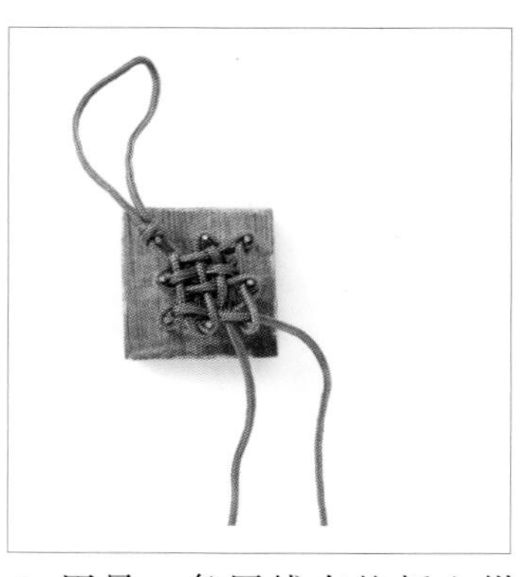

4. 用另一条尾线在垫板上纵向走两个来回，然后继续完成二回盘长结接下来的步骤。

5. 完成一个二回盘长结。

6. 调整好二回盘长结的结体。

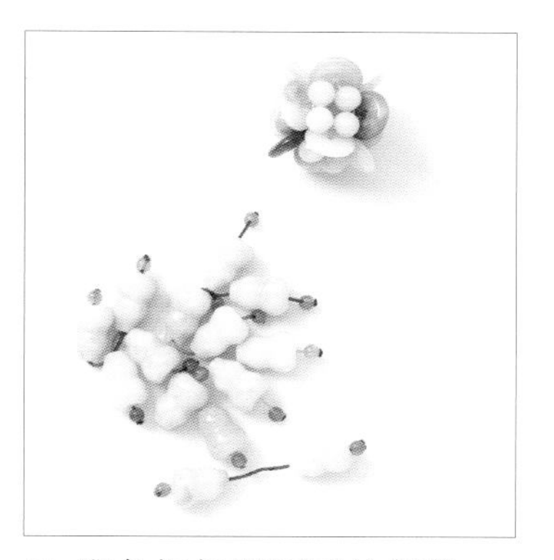

7. 准备好如图所示的各种玉石配件。

8. 用两条尾线编两个双联结，然后在双联结的下端夹一条对折的细线，再剪掉两条尾线，将线头用打火机略烧后按平。

9. 用细线穿各式玉石珠子。

10. 将两条玉石链夹在两条细线之间。

11. 用编蛇结的方式将玉石葫芦链穿起来。

12. 每编三个蛇结就加入两条玉石葫芦链，将链绳编至合适的长度。

13. 如图，将一个酢浆草结和一个流苏组合在一起。

14. 用细线将酢浆草结和流苏系好即可。

1

2

制作过程

1. 如图，用一条线编一个双联结。

2. 如图，准备一块垫板。

3. 用其中的一条尾线在垫板上横向走两个来回，由此开始编一个二回盘长结。

4. 用另一条尾线在垫板上纵向走两个来回。

5. 在垫板的左下角编一个酢浆草结。

6. 在垫板的右下角编一个酢浆草结。

7. 调整好结体。

8. 用两条尾线编两个双联结，然后在双联结的下端加一条对折的细线，并剪去两条尾线。

9. 准备如图所示的玉石配件。

10. 用两条细线穿各式玉石配件。

11. 将一串玉石花生链夹在两条细线之间。

12. 用两条细线如图所示编数个蛇结。

13. 每编数个蛇结就加入一条玉石花生链，将链绳编至合适的长度，然后如图所示准备一个酢浆草结和流苏的组合。

14. 将酢浆草结和流苏系好即可。

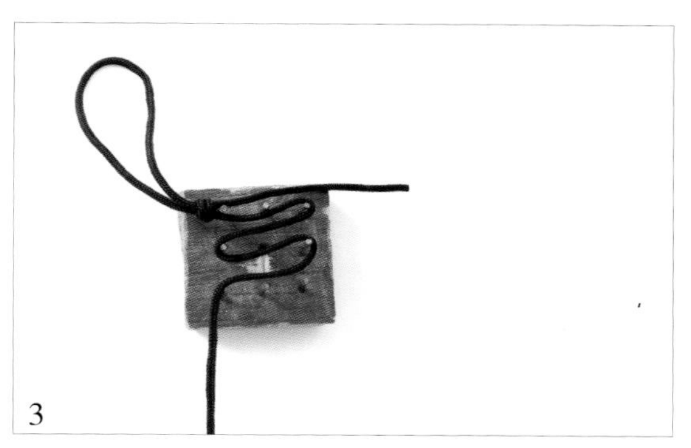
3

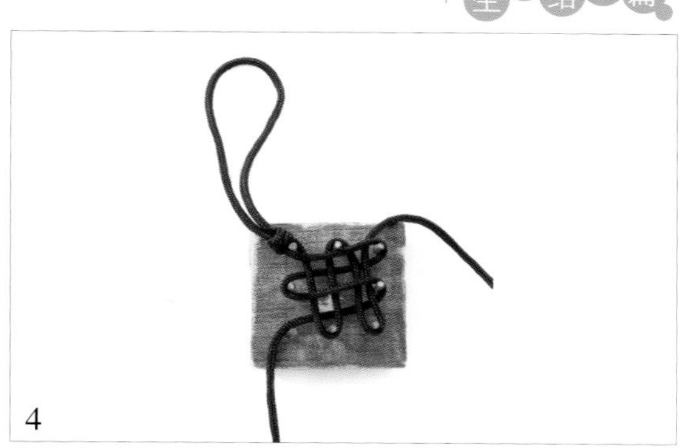
4

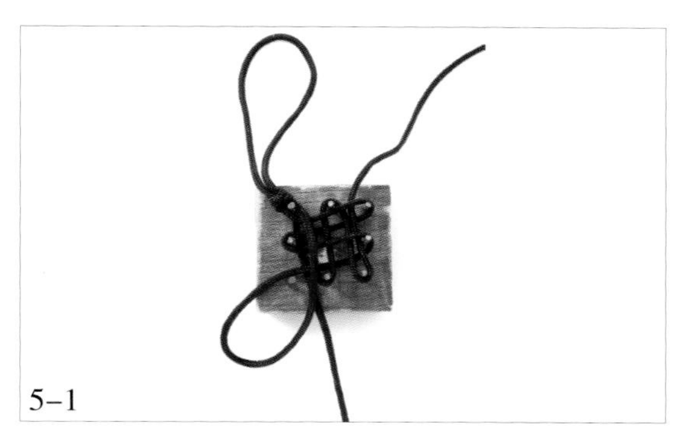
5–1

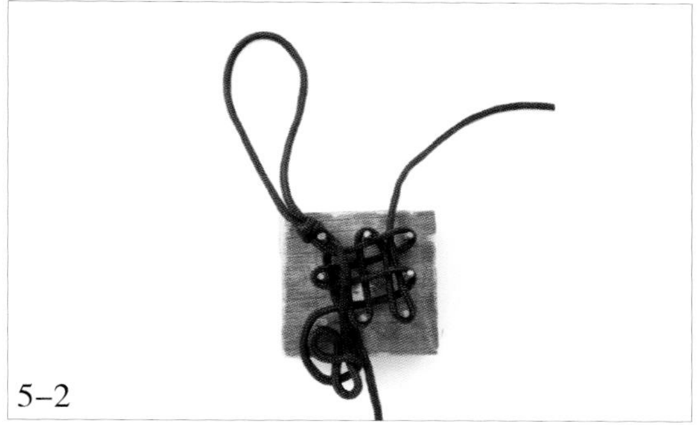
5–2

5–3

6–1

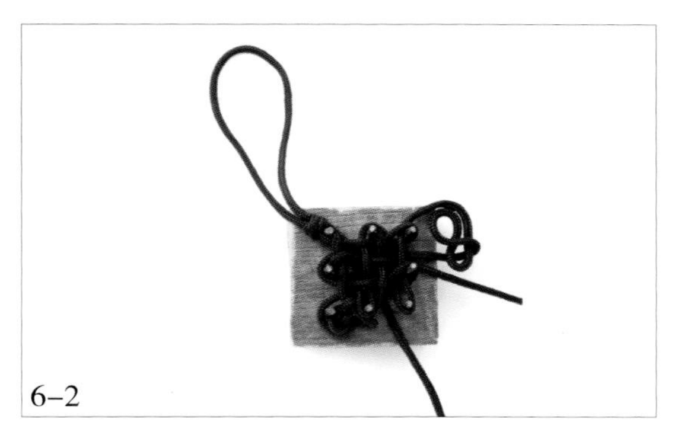
6–2

6–3

7

8

9

10

11

12

13

14

时通运泰

制作过程

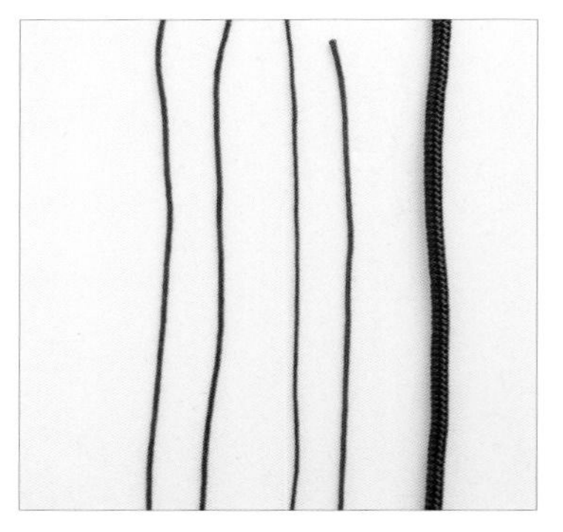

1. 如图，准备好绳线。

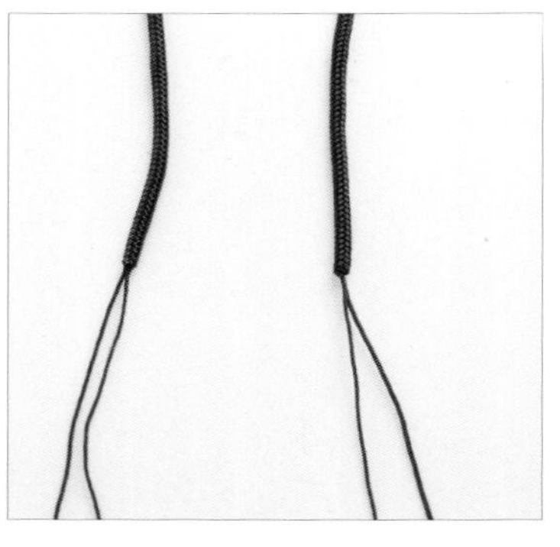

2. 编一段玉米结。

3. 把编好的两个菠萝结分别套在玉米结的两端，再穿上珠子。

4. 在珠子的下面编一个双联结固定。

5. 再穿上银鱼配饰，也用双联结固定。

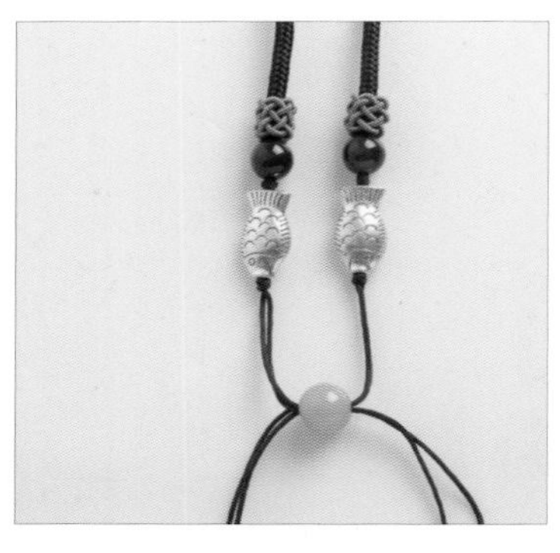

6. 如图，把两端的线对穿入一颗珠子。

7. 将线收紧，绕珠子半圈再合穿入配件中，然后在下面编双联结固定。

8. 如图，依次穿入配件，最后编双联结固定。

9. 最后将流苏和配件固定好，系在已编好的结体上即可。

一马平川

制作过程

1. 如图，准备好一条 72 号线和一条粗线。

2. 用针将 72 号线穿进粗线里。

3. 如图，将菠萝结和珠子穿进两条线的交界处，然后编一个双联结固定。

4. 用其中的一条尾线在垫板上横向与纵向分别走两个来回，由此开始编一个二回盘长结。

5. 用另一条尾线在垫板上横向与纵向分别走两个来回。

6. 继续完成二回盘长结接下来的步骤。

7. 编好后调整好结体，然后编一个双联结。

8. 如图，穿上配件后编一个双联结，然后再编一个酢浆草结。

9. 最后系上流苏即可。

1

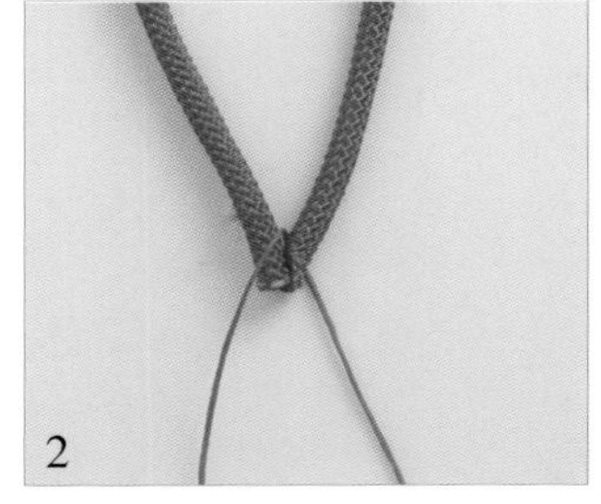
2

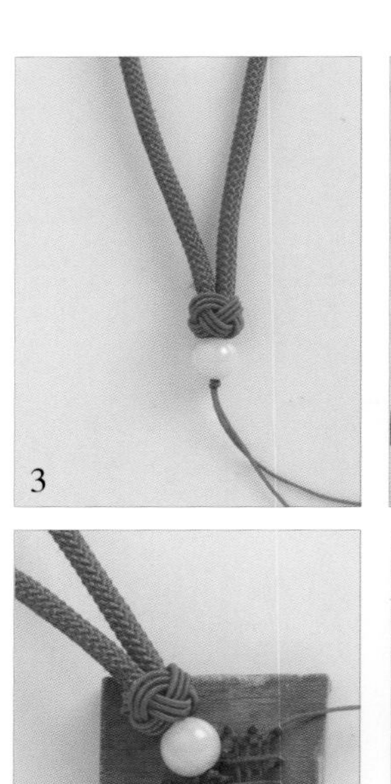
3

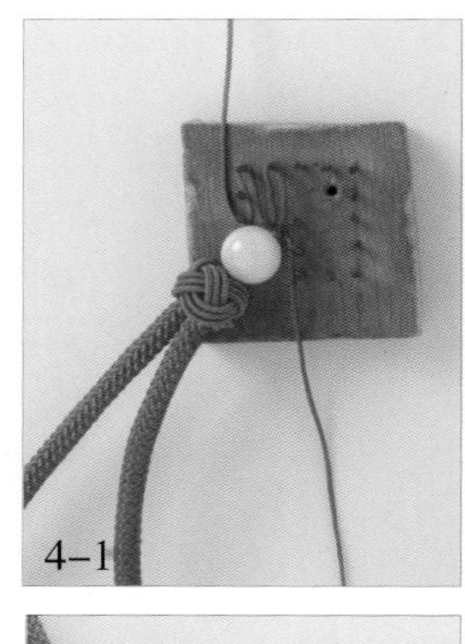
4–1

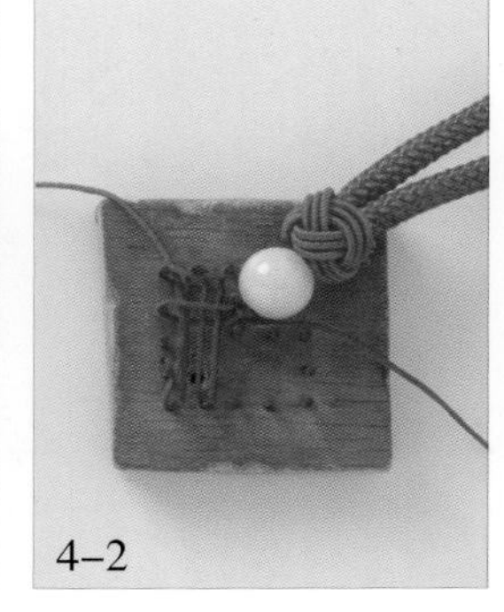
4–2

5–1

5–2

6–1

6–2

7–1

7–2

8

9

平平稳稳

制作过程

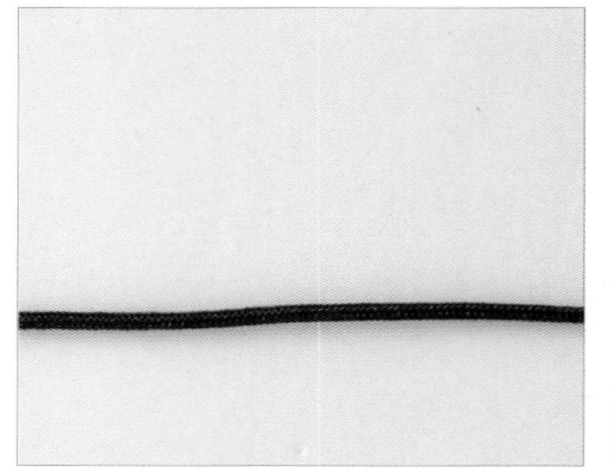

1. 如图，准备一条线。

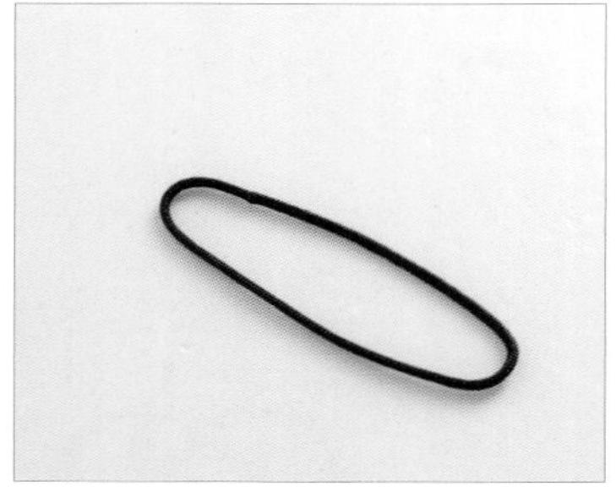

2. 用热熔枪将线的两端烫在一起。

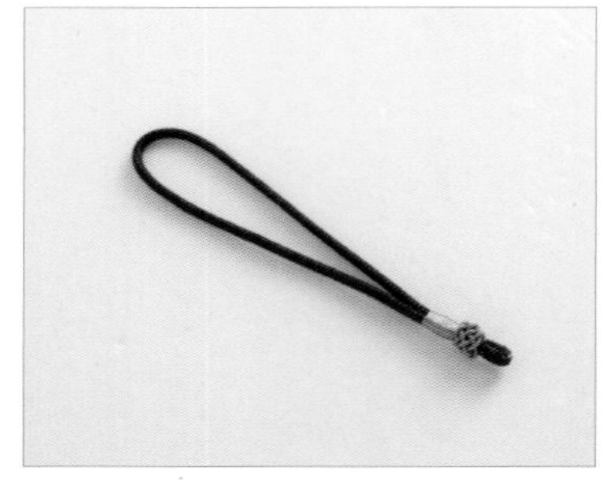

3. 如图，在绳子一端粘一层5厘米长的双面胶，再绕上金线，然后套上菠萝圈。

4. 如图，另取一条线编一个双钱结套在第一条线下端，然后在下端再加一条线。

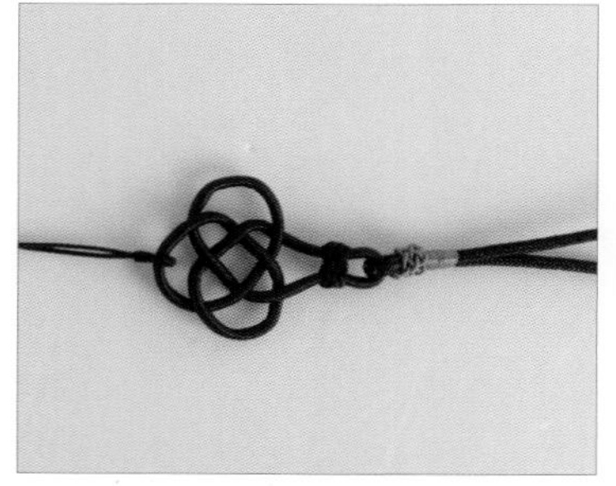

5. 如图，在双钱结的上端套一个菠萝结。

6. 在双钱结下面穿入珠子和瓷壶配件，然后编一个双联结固定。

7. 如图，编一个盘长结。

8. 以左上角为基点，将结片对角折起，并用同色线缝住角尖对折处。

9. 用针将编好的结体与流苏组合在一起。

10. 如图，用尾线系上流苏。一款素雅的挂饰就编好了。

旅途顺利

制作过程

1. 如图，准备一条头绳线和一条 72 号线。

2. 将头绳线首尾烫接在一起，然后将 72 号线穿入。

3. 在两条线交界处套上一个帽子。

4. 在 72 号线上粘一层 5 厘米长的双面胶，再绕上金线。

5. 另取一条韩国丝在垫板上纵向绕两个来回，开始编一个盘长结。

6. 再横向绕两个来回。

7. 完成盘长结接下来的步骤。

8. 调整好编好的盘长结，拉出耳翼，剪去多余的尾线并烫好尾部。

9. 将 72 号线绕金线的部分系上编好的盘长结，绕一圈后编死结固定，剪掉多余的线并烫好线尾。

10. 在盘长结的下面穿一条同色的 72 号线，绕一个线圈并剪去尾线，烫好线尾。再穿一条 72 号线，按步骤 4 的做法同样绕上金线，绕一个线圈。

11. 如图，依次穿入珠子配件并编双联结固定即可。

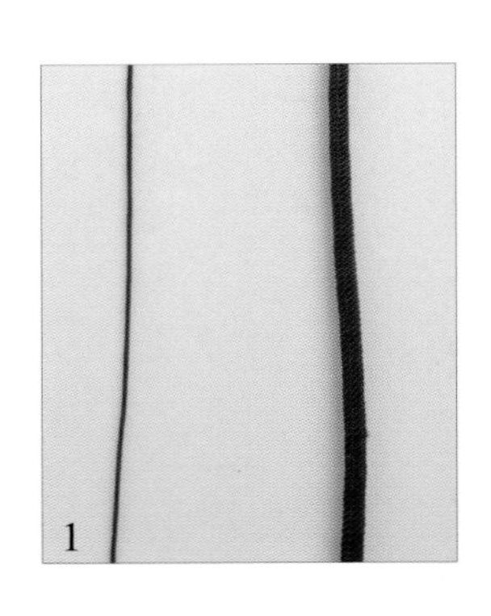
1

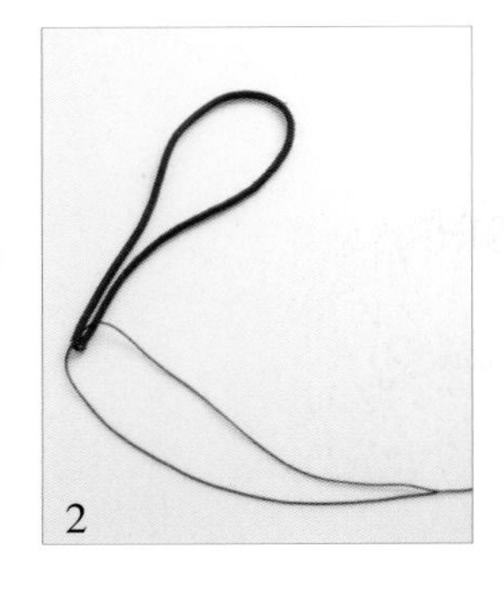
2

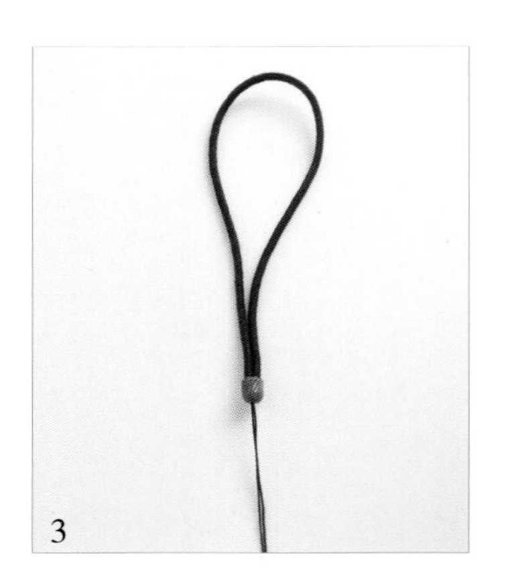
3

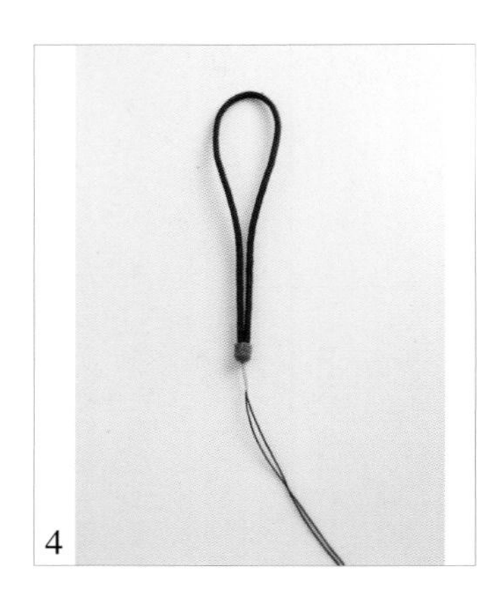
4

5

6

7–1

7–2

8-1

8-2

8-3

9

10-1

10-2

11-1

11-2

安常履顺

1. 如图，准备一条线。

2. 将线对折后编一个双联结，如图，用其中一条尾线在垫板上横向绕三圈。

3. 再用另外一条尾线纵向绕三圈。

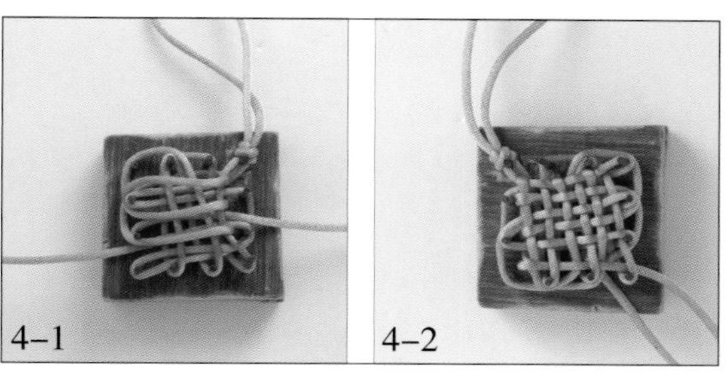

4. 完成盘长结接下来的步骤。

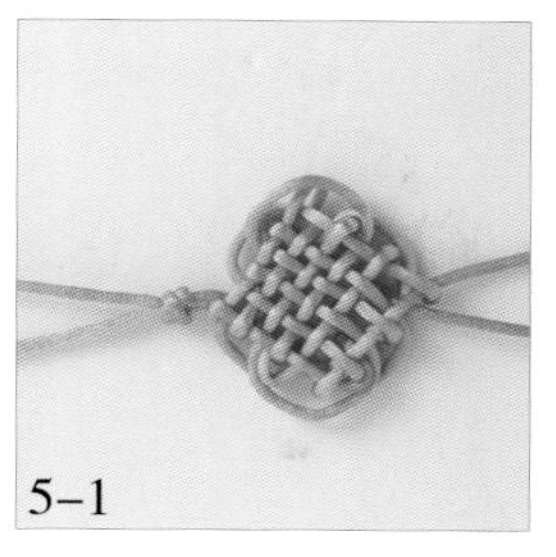

5–2

5. 调整好结体，如图，拉出耳翼，编成复翼盘长结，并加双联结收尾。

6. 如图，依次穿入配件，编双联结固定。

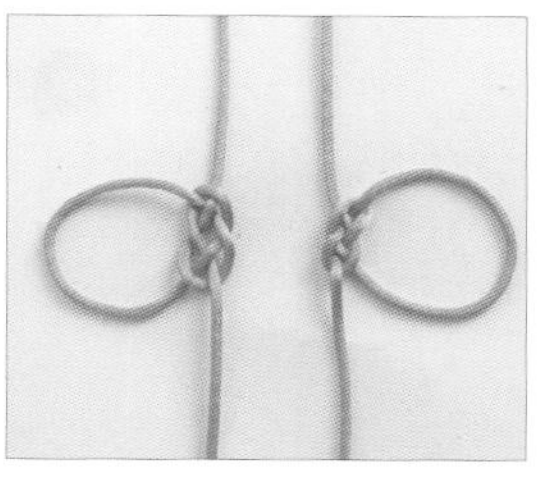

7. 将两条尾线留出合适的长度，分别编一个双钱结，留出耳翼。

8. 如图，用尾线在垫板上纵向绕两个来回，并将双钱结留出的耳翼绕到垫板上。

9. 将另外一条尾线横向绕两个来回，与步骤 8 一样将双钱结固定好。

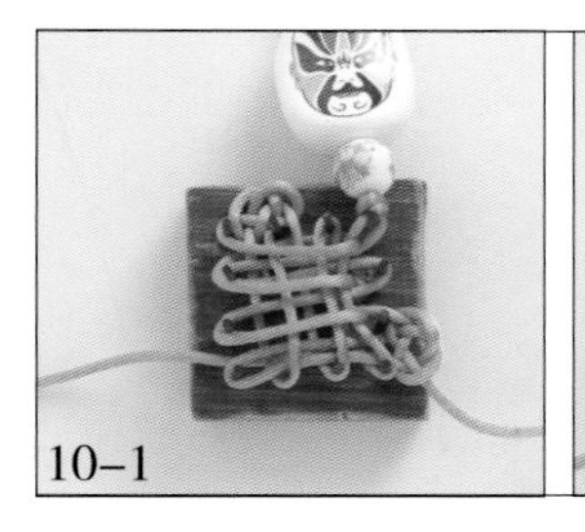

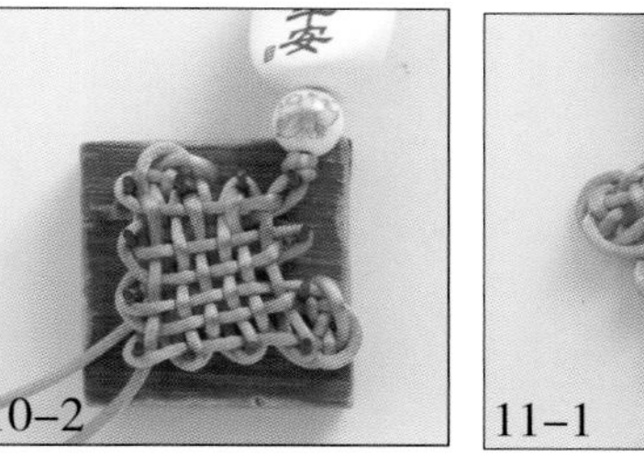

10. 如图，完成盘长结接下来的步骤。

11–2

11. 调整好结体，拉出耳翼并在下端编双联结并结尾。

12. 最后系上流苏即可。

制作过程

1. 如图，准备一条扭线。

2. 将扭线的首尾烫接到一起，然后在绳子一端粘一层3厘米长的双面胶，绕上金线并套上配件。

3. 用72号线穿过扭线，然后在下端用金线分别做三段绕线。

4. 分别在第一、二段绕线的中间位置编一个酢浆草结。

5. 将一条尾线在垫板上横向绕三圈，并将酢浆草结固定在左下角，另一条尾线纵向绕三圈并将酢浆草结固定在对角上。

6. 如图，完成盘长结接下来的步骤。

7. 调整好结体，将带有金线圈的线调整到耳翼上。

8. 依次穿好配件，剪掉多余的尾线并烫好线尾。

9. 最后将配件系在编好的结体上即可。

1

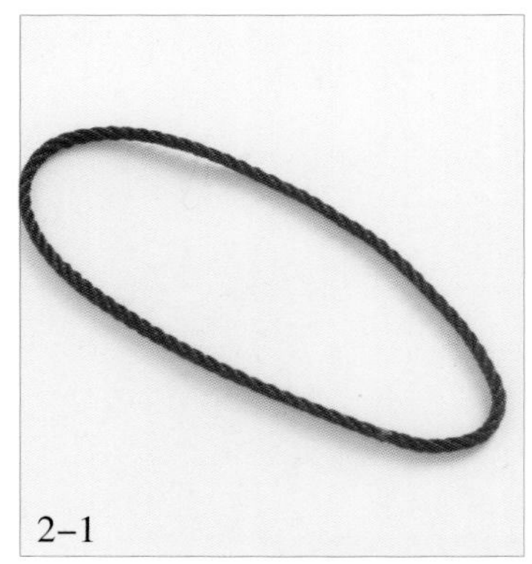
2–1

2–2

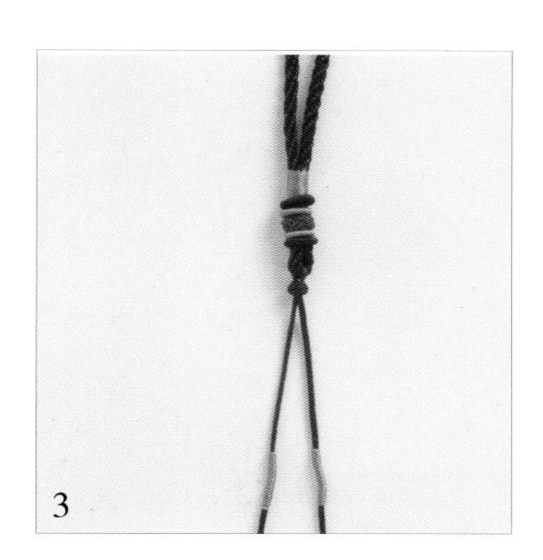
3

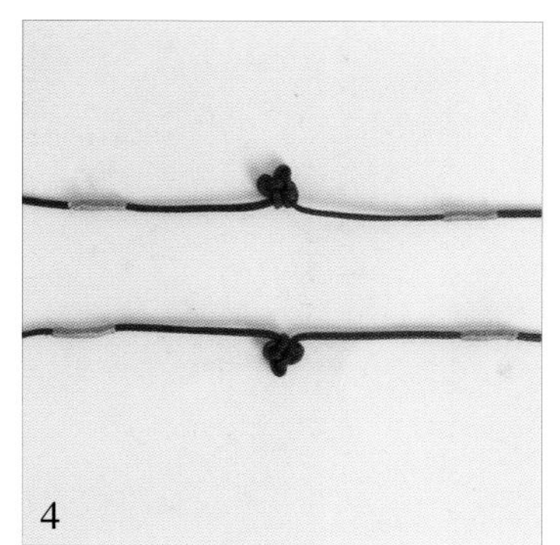
4

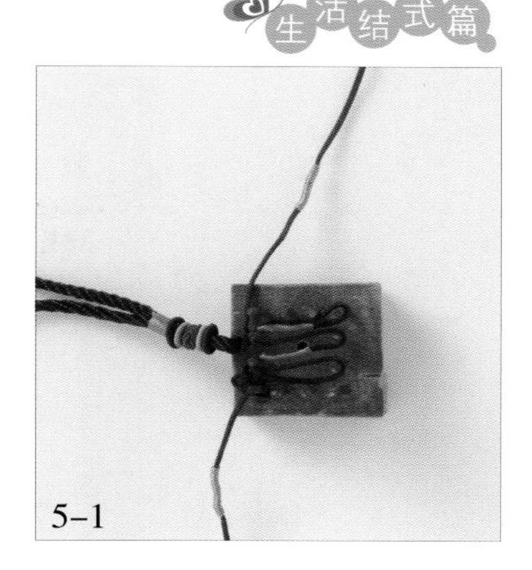
5–1

5–2

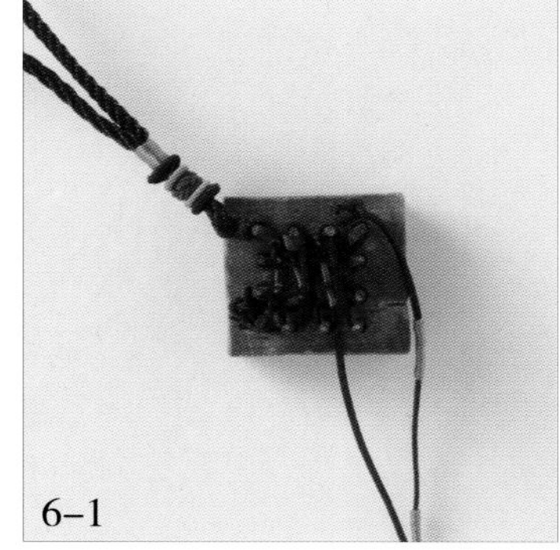
6–1

6–2

7–1

7–2

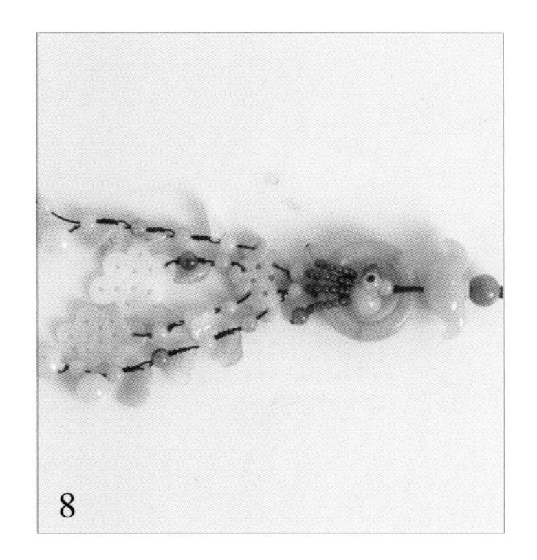
8

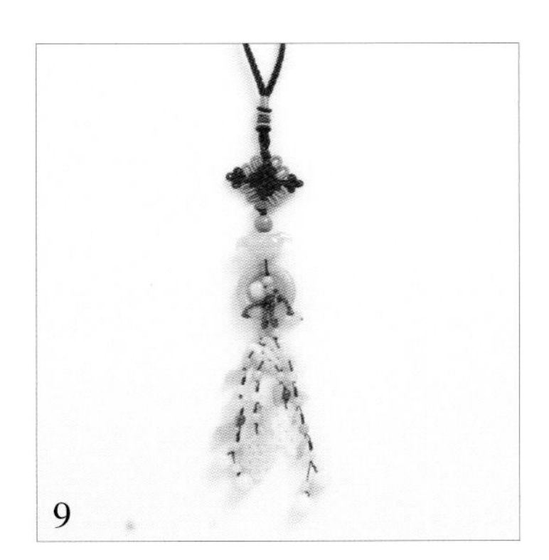
9

左右逢源

制作过程

1. 如图，准备八条 72 号线。

2. 用八条线编一个单结固定，剪去多余的线并烫好线尾，开始编一段八股辫。

3. 将八股辫首尾相连，烫在一起，然后套上菠萝圈和珠子。

4. 将两条尾线绕一个线圈，剪掉多余的部分。

5. 用 72 号线穿过线圈并编一个双联结固定，如图，在 72 号线的下端用金线分别做绕线。

6. 如图，编一个盘长结。

7. 调整好结体，将绕有金线的耳翼拉出,用尾线编一个双联结固定。

8. 将流苏与珠子组合好。

9. 最后将流苏系在编好的结体上即可。

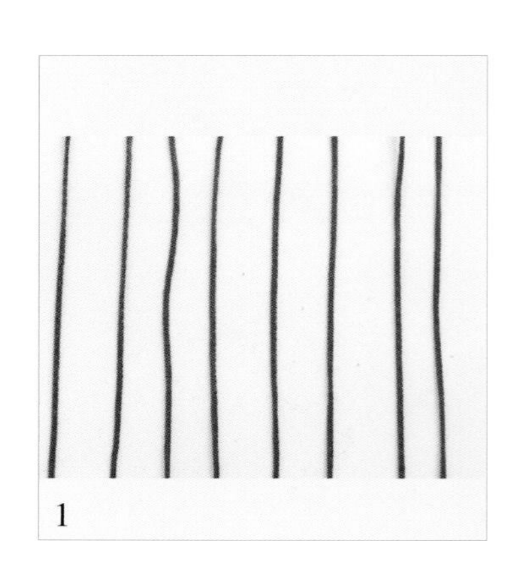
1

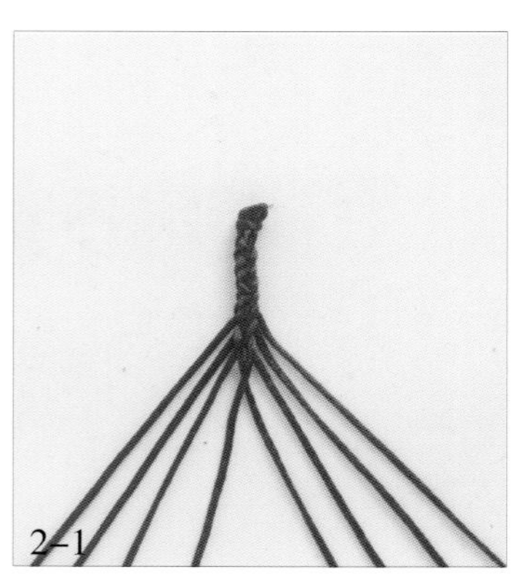
2–1

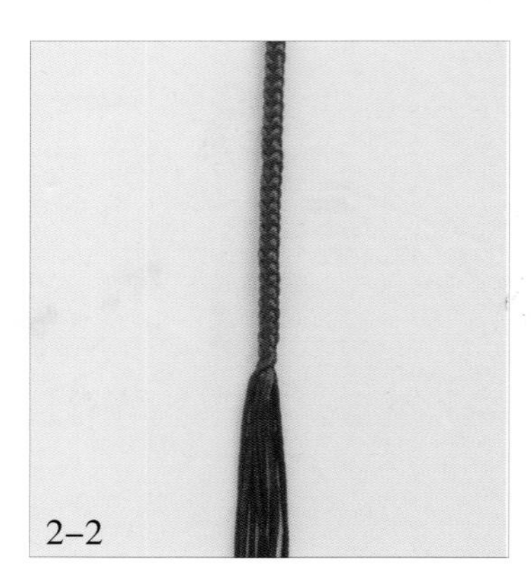
2–2

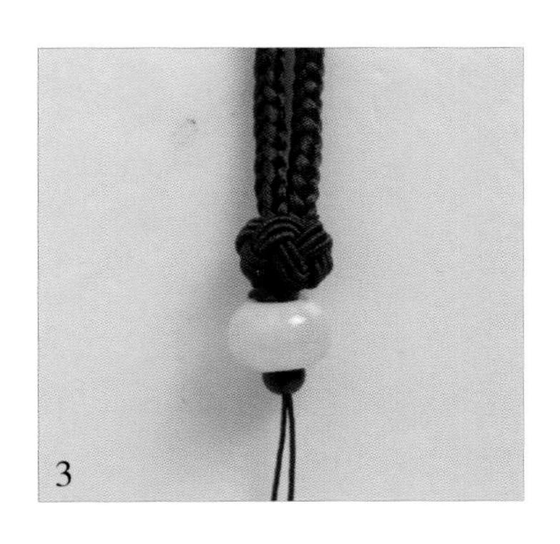
3

4

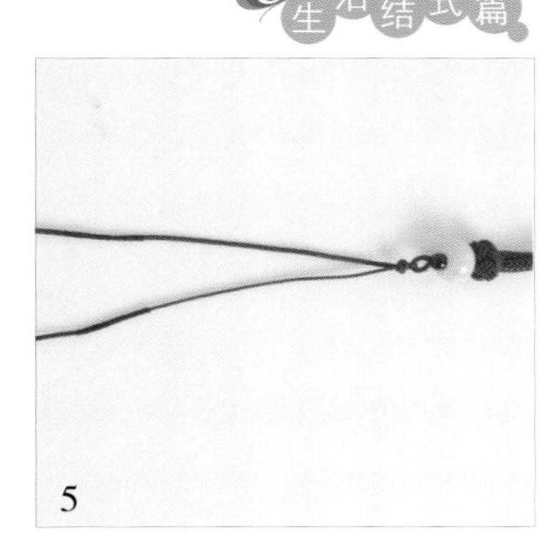
5

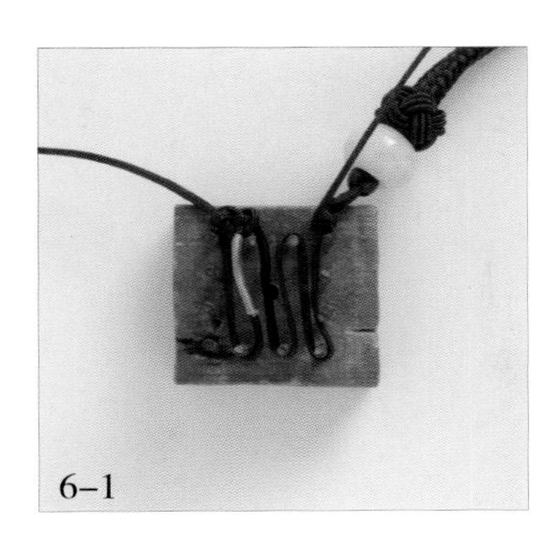
6–1

6–2

6–3

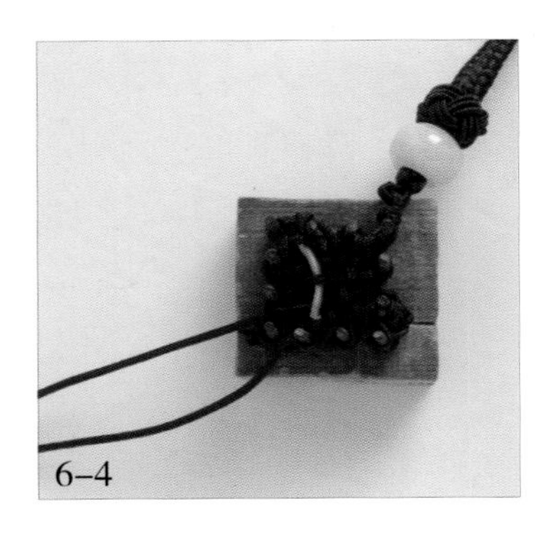
6–4

7–1

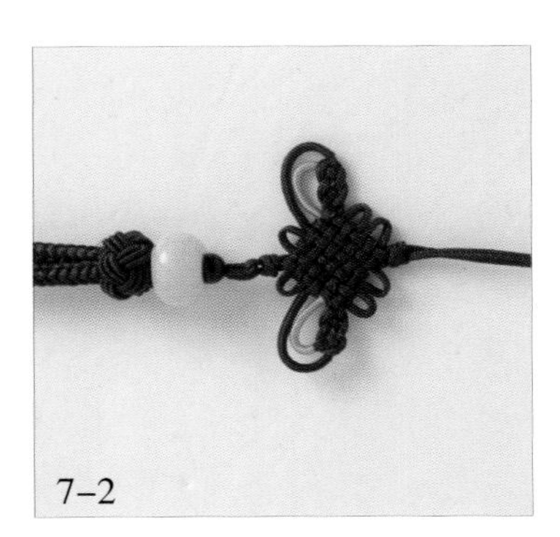
7–2

8

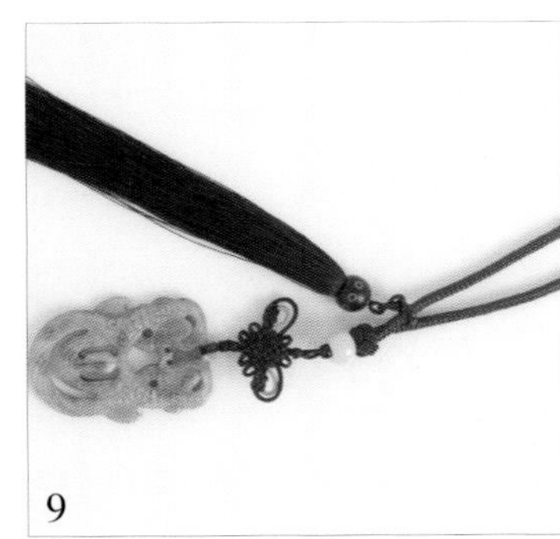
9

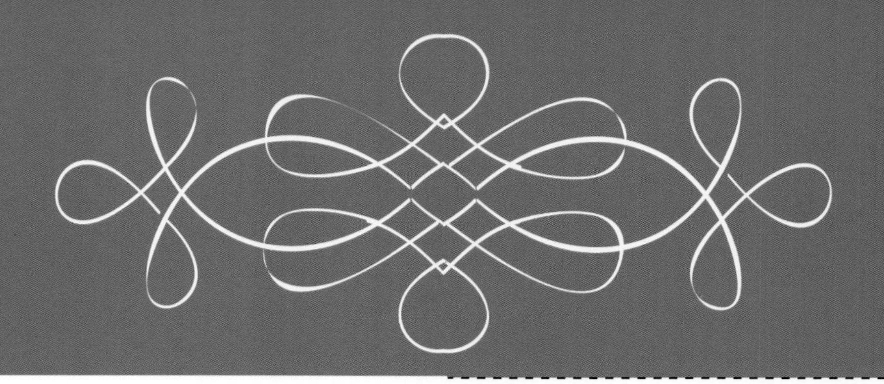

开运结式篇

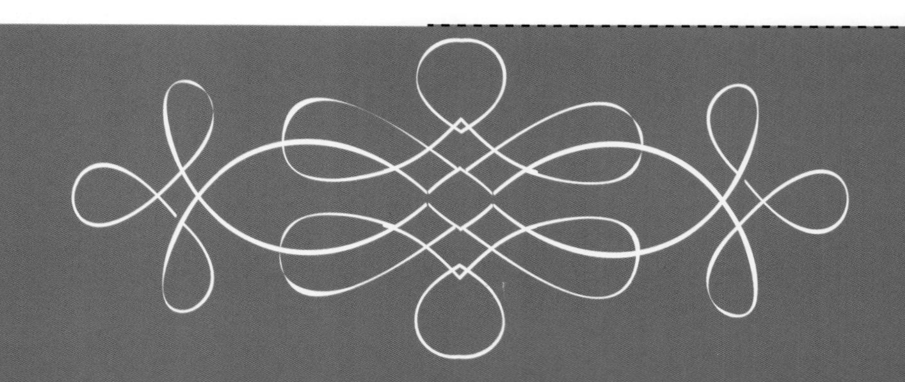

事业类

财神临门

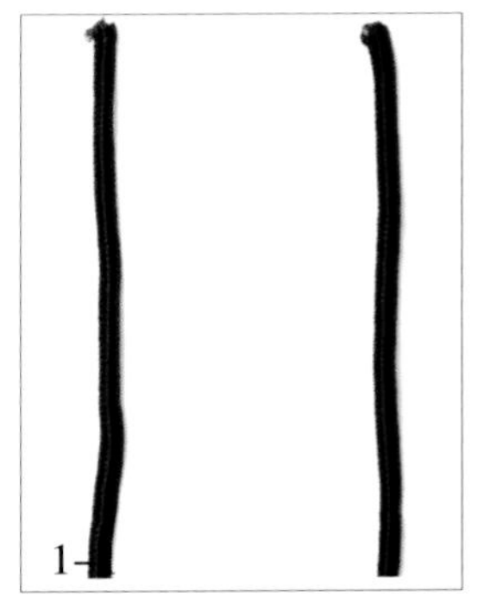

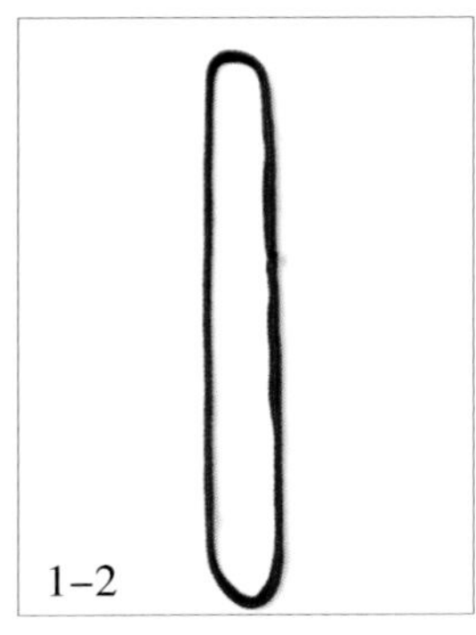

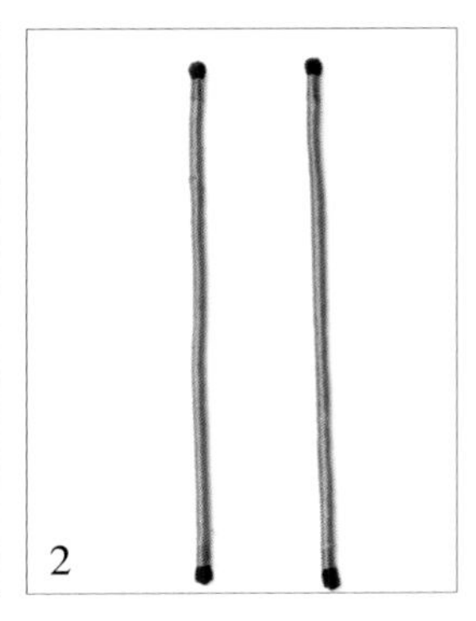

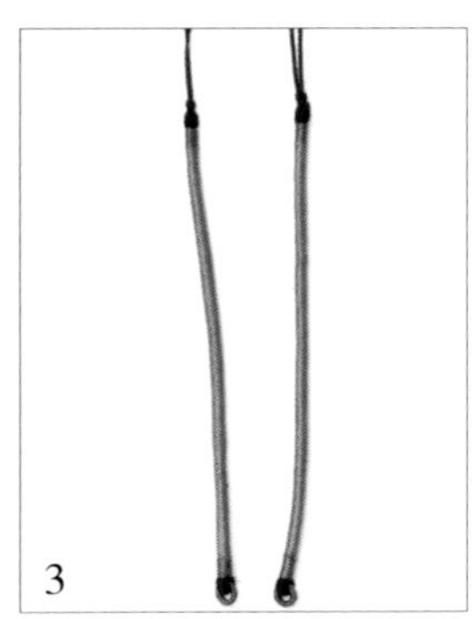

制作过程

1. 准备两条线，然后分别将这两条线的两头对接起来，做成两个圈。

2. 用两种颜色的股线分别在两个圈的外面绕三段线。

3. 分别在两段链绳的上端穿一条线，在下端穿一个线圈。

4. 在线圈的下端再做一个线圈（线圈的下端留出尾线）。

5. 用线圈尾端的两条线穿各式玉石珠子作装饰。

6. 加三条线进来，对折后和两条链绳合在一起，然后用这八条线穿一个双层的菠萝结，再编一段八股辫，如图，做好项链两边的链绳。

7. 在两个菠萝结的下面分别绕一段股线，另外用线编一段平结，包住项链的中间部位并编一个双联结固定。

8. 在项链的中间位置系一块玉佩，取线包住链绳的尾线编平结并处理好线尾即可。

繁荣兴旺

制作过程

1. 用一条线编一个双联结。
2. 在双联结的下端编一个单翼磬结。
3. 调整好单翼磬结的结体，（注意：将靠近双联结的两个耳翼留大一些）。
4. 用针穿一条黄色的线，在单翼磬结的左右两侧分别编一个双环结，使左右两侧呈漂亮的蝶翼形状。
5. 在单翼磬结的下端穿各式配件。
6. 最后用两条尾线穿玉珠并系上流苏即可。

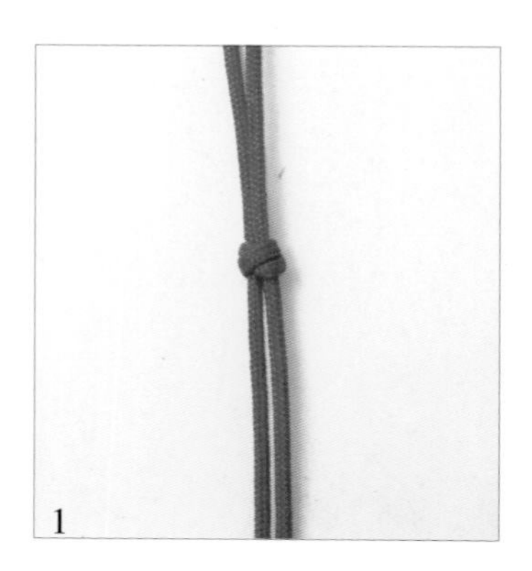

1

2–1

2–2

3

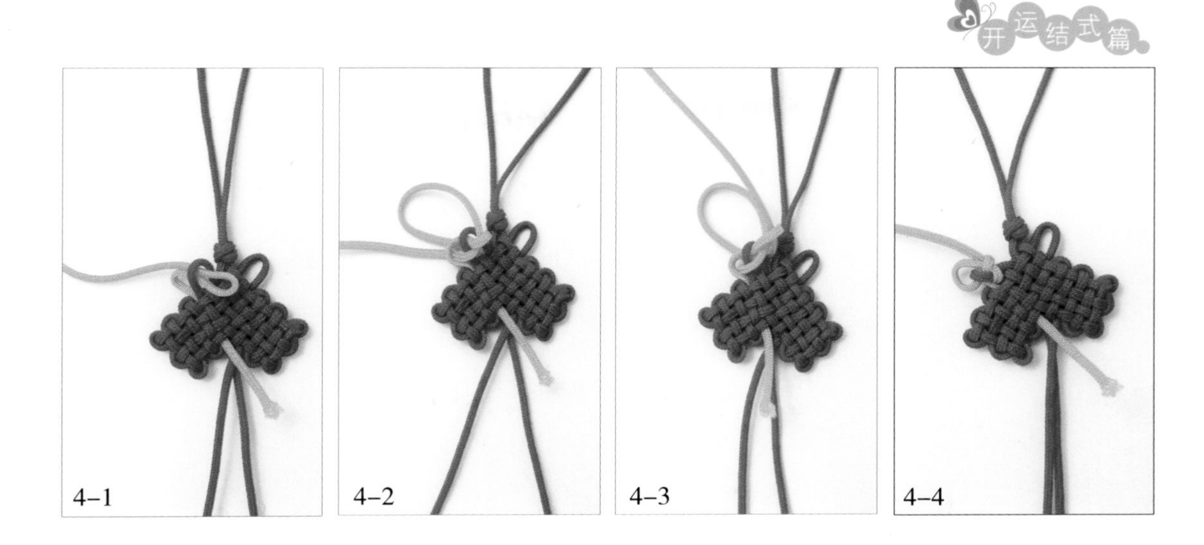
4–1
4–2
4–3
4–4

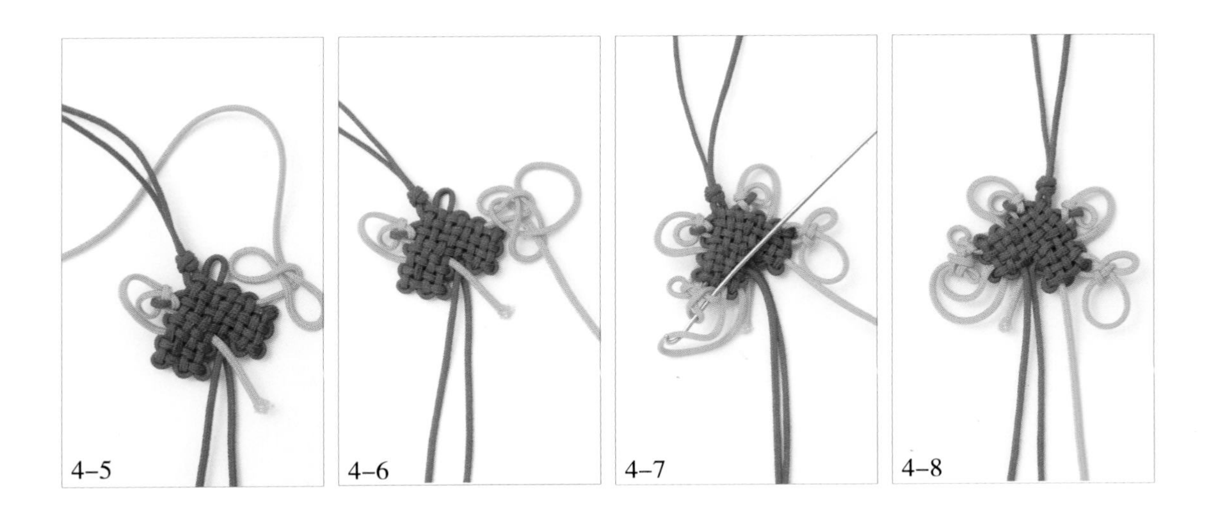
4–5
4–6
4–7
4–8

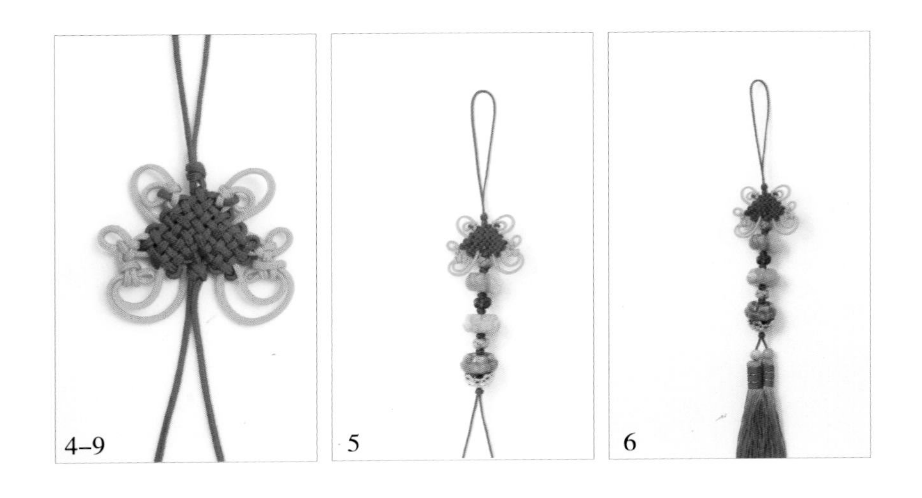
4–9
5
6

踌躇满志

制作过程

1. 用一条线编一个双联结。

2. 在垫板上编一个四回盘长结（注意：在编四回盘长结的过程中，用两边的线在盘长结左右两侧的耳翼位置分别编一个酢浆草结）。

3. 调整好结体。

4. 用针穿一条黄色的线，在盘长结的外面编两个酢浆草结，然后给盘长结做套色，这样就形成了一个非常美观的蝴蝶形状。

5. 用针另外穿一条金线，如图所示穿耳翼。

6. 在结体下面添加各式配件。

7. 最后在下端系两条飘逸的流苏。一款别具特色的包包挂饰就制作完成了。

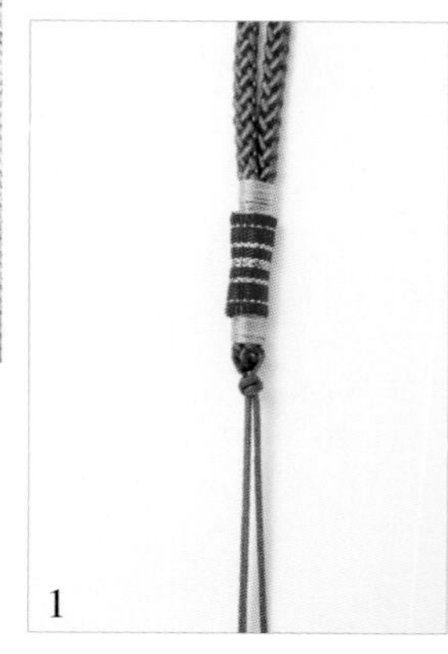

1

2–1

2–2

2–3

2–4

3

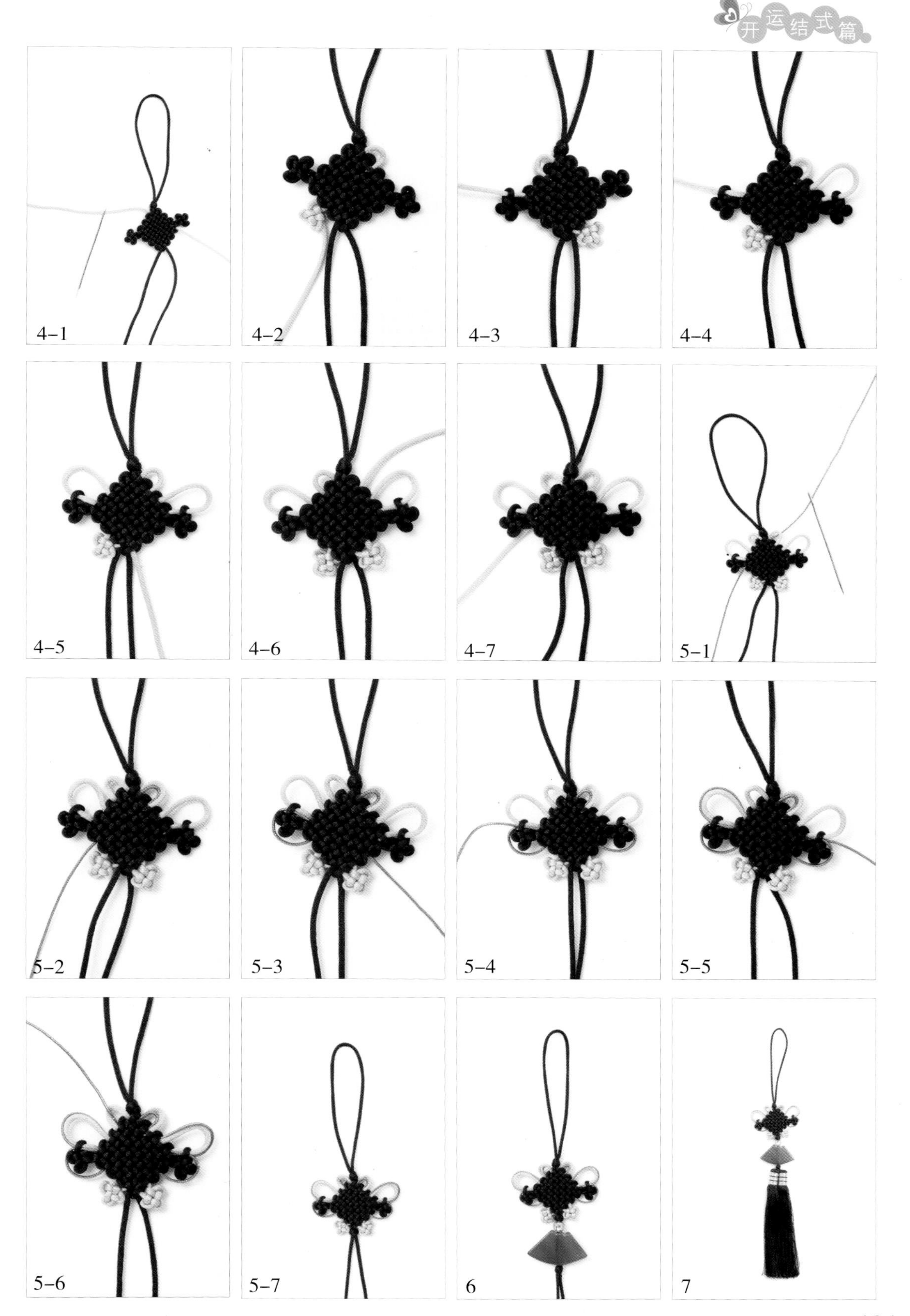
4–1
4–2
4–3
4–4
4–5
4–6
4–7
5–1
5–2
5–3
5–4
5–5
5–6
5–7
6
7

安家立业

制作过程

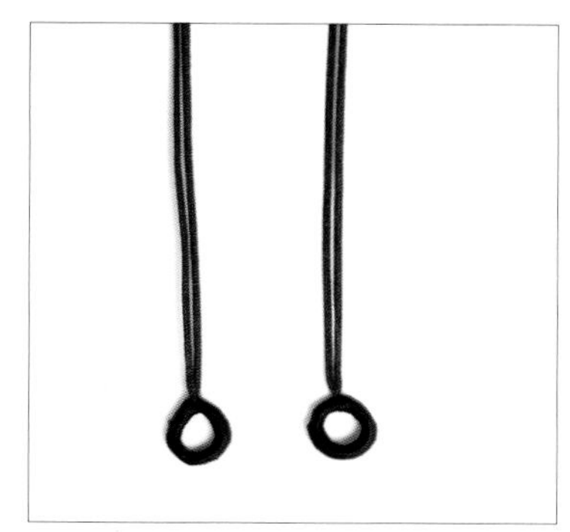

1. 准备两条线，分别做一个线圈，注意留出线圈的尾线。

2. 加三条线进来，对折后与线圈的尾线合在一起编一段八股辫，然后剪掉多余的线，两边分别留两条尾线即可。

3. 另外用线在线圈的上端编一个双层的菠萝结。

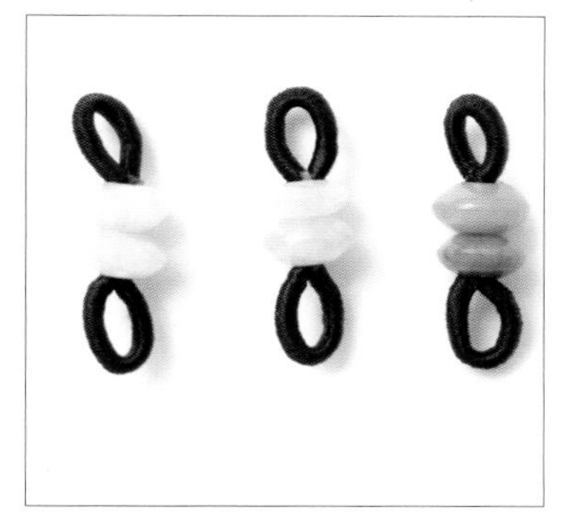

4. 如图，做好几组线圈。

5. 将前面做好的几组线圈连接起来，完成项链两边的链绳。

6. 另外用线在项链的中间位置做两个线圈，用于穿玉石配件，从而将项链两边的链绳连接起来。

7. 用一条线穿过项链中间位置的玉石配件，形成一个线圈，注意留出线圈下面的尾线。

8. 用尾线系一块玉佩，然后在链绳的上端分别绕一段股线，最后取一条线包住项链的尾线编平结并收尾。

比翼齐飞

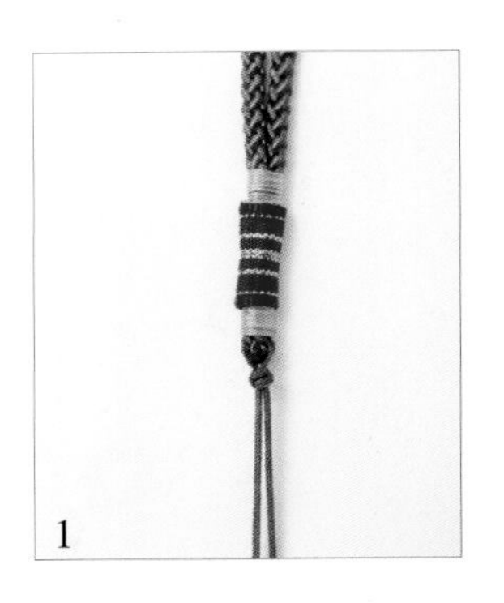
1

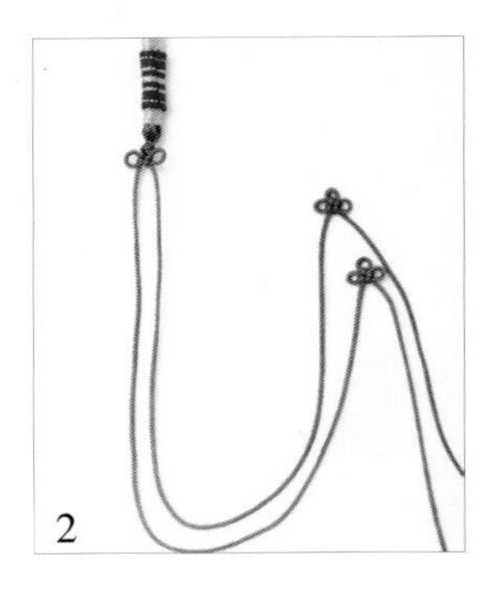
2

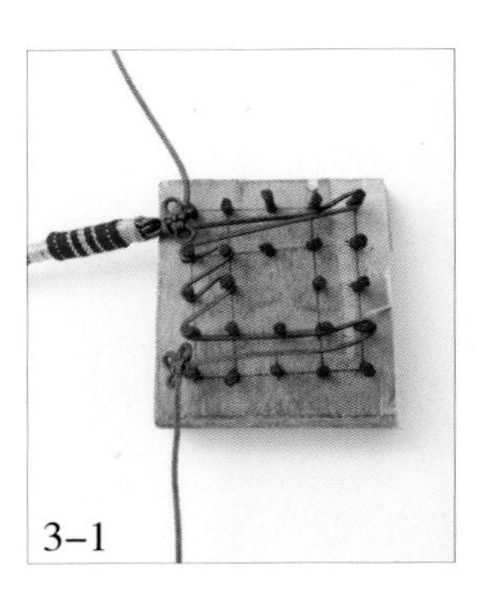
3–1

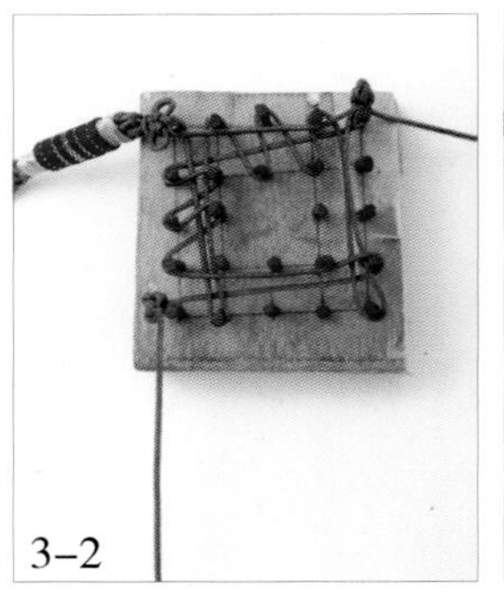
3–2

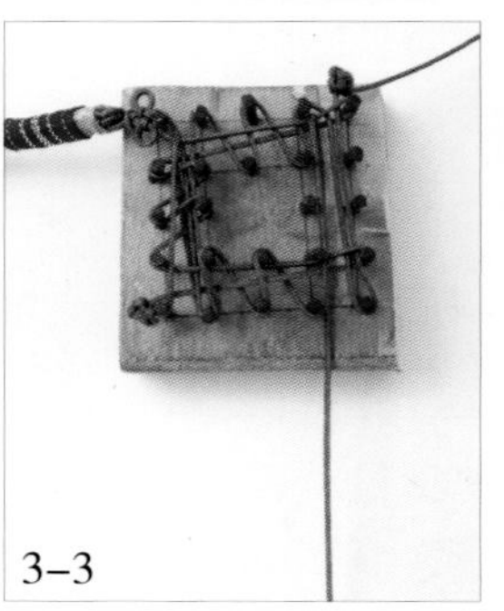
3–3

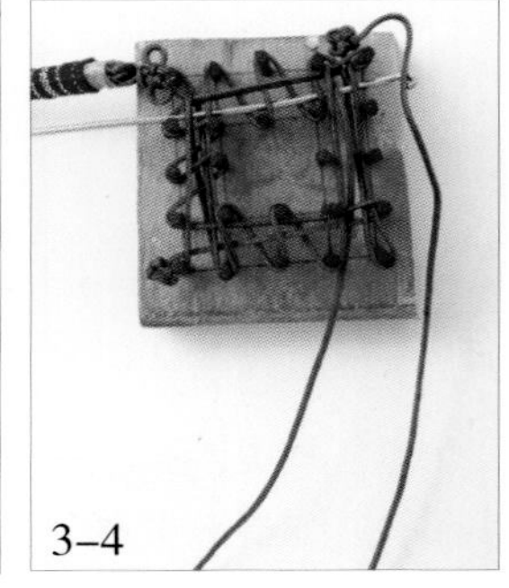
3–4

3–5

3-6

3-7

3-8

3-9

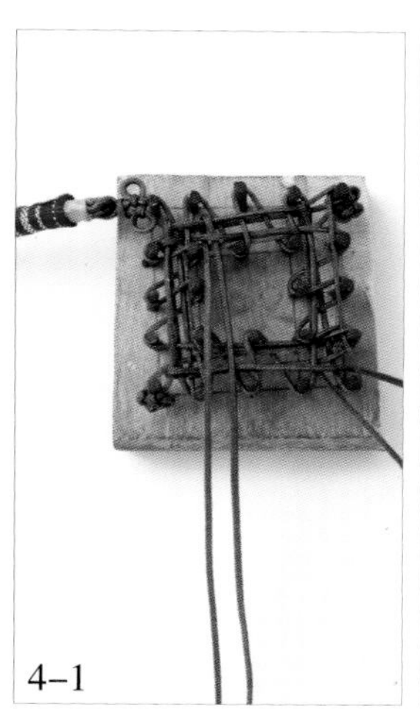
4-1

4-2

5

6

7

制作过程

1. 将一条 A 玉线穿过一个挂耳，然后编一个双联结固定。

2. 在双联结的下端编一个酢浆草结，然后两边在距离双联结约 19 厘米处分别编一个酢浆草结。

3. 用这两条线在垫板上编一个回形盘长结。

4. 加一条线穿进结体中，继续编回形盘长结。

5. 用两种颜色的线穿进结体中，如图，在回形盘长结的外侧穿出四个双层的耳翼，然后在回形盘长结的下端编一个酢浆草结。

6. 用两条尾线穿各式配件作装饰。

7. 用两条尾线依次编一个酢浆草结和一个双联结，最后系上两条流苏。这样，一款简洁大方的包包挂饰就做好了。

欣欣向荣

制作过程

1. 如图，准备一条线和一条挂绳。

2. 将步骤1中准备好的线穿过挂绳下端，编一个双联结固定。

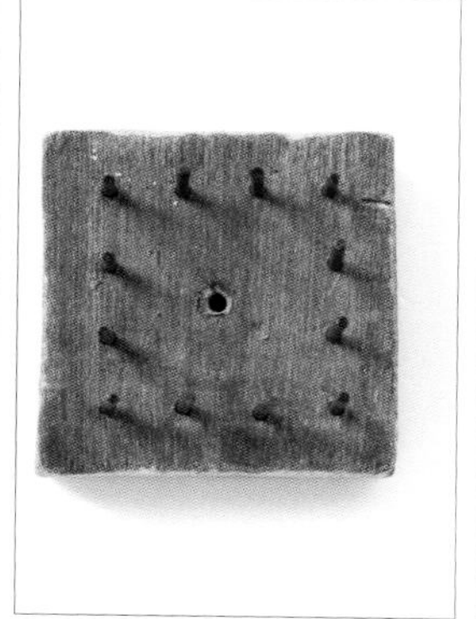

3. 如图，准备一块垫板。

4. 用两条线在垫板上编一个三回盘长结，然后从垫板上取出结体并进行调整，注意拉出三回盘长结的六个耳翼。

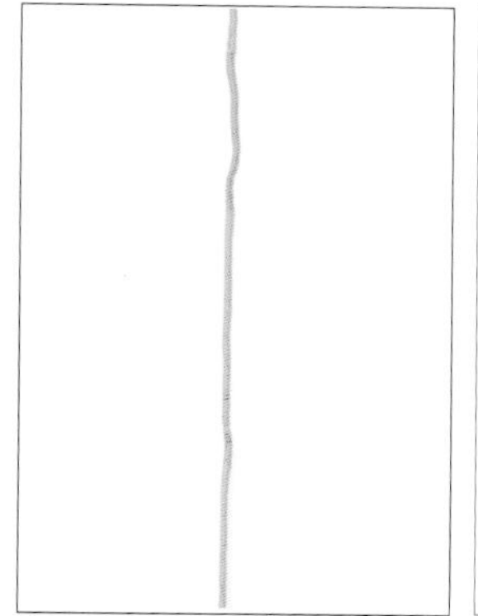

5. 另外准备一条线，用黄色股线在这条线的外面绕适当的长度。

6. 用步骤5中的线在三回盘长结的结体上面穿耳翼、编酢浆草结，形成如图所示的图案。

7. 另外准备两条线对折，与原来的两条线合成一束，然后用其中的两条线包住其余的四条线编一个蛇结。

8. 以两条线为一组，如图所示编两段蛇结。

9. 将玉石貔貅如图所示系在两段蛇结的中间。

10. 仿照步骤4~6的做法编结。

11. 最后用两条尾线系两条流苏即可。

振翅高飞

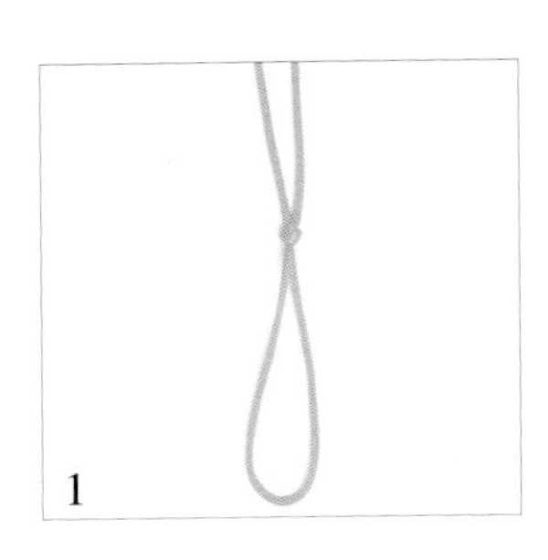
1

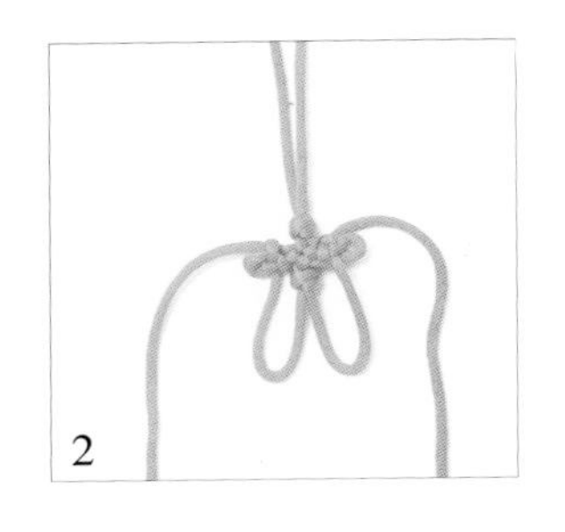
2

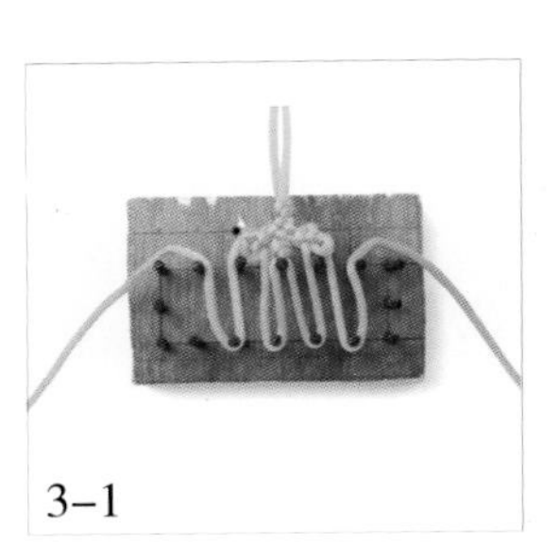
3-1

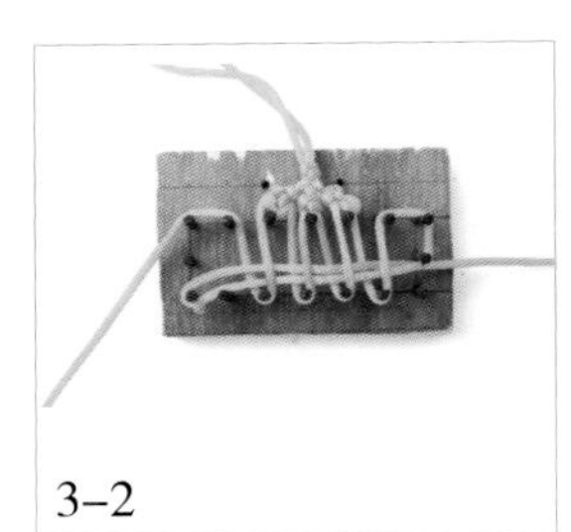
3-2

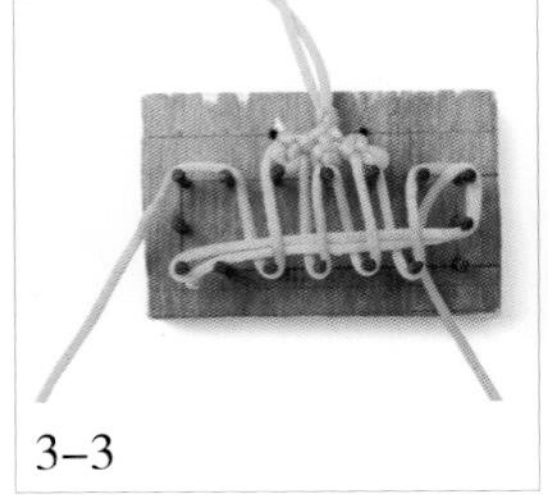
3-3

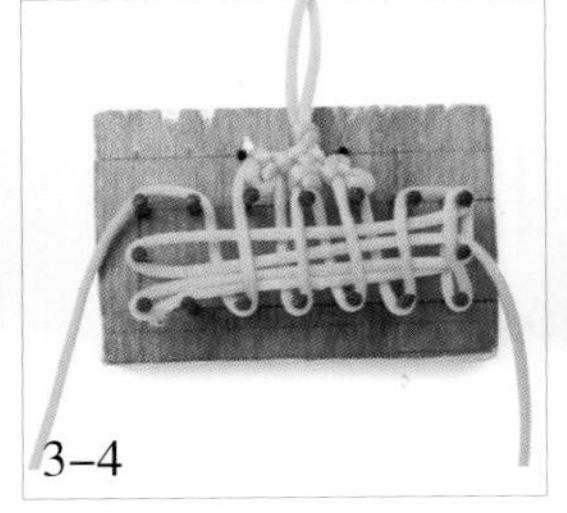
3-4

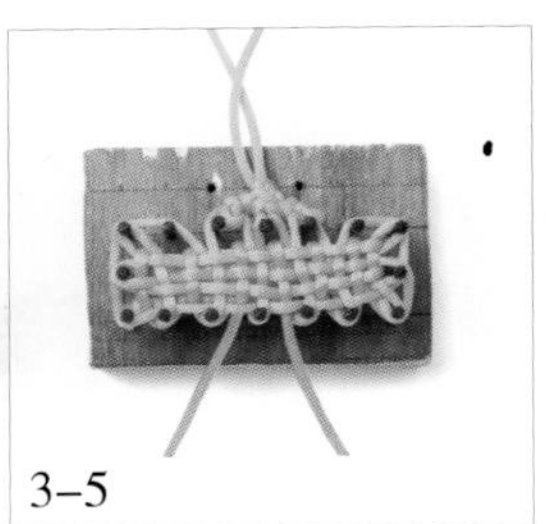
3-5

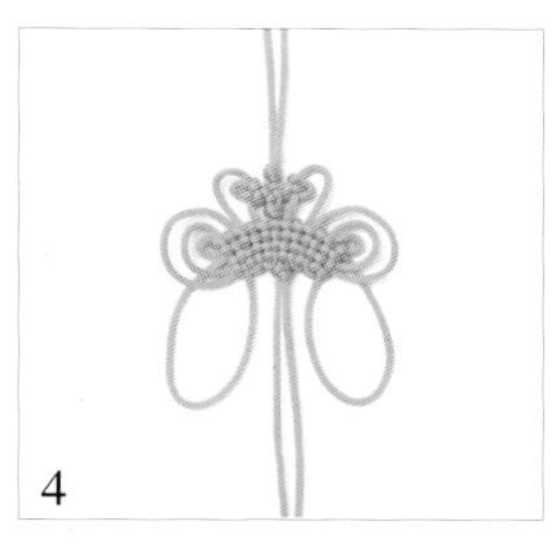
4

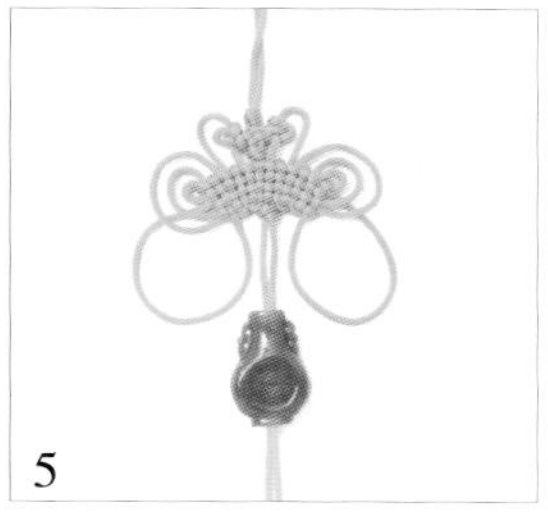
5

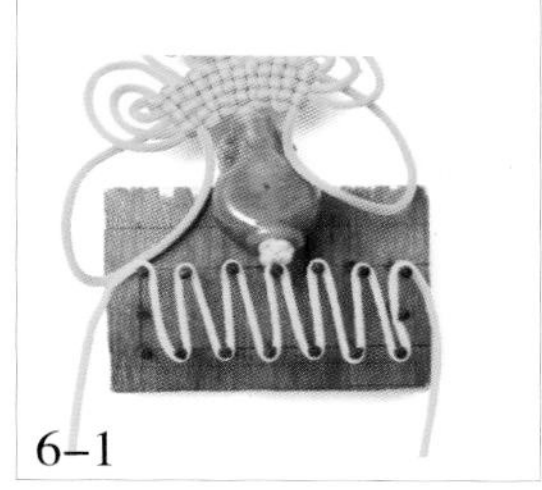
6–1

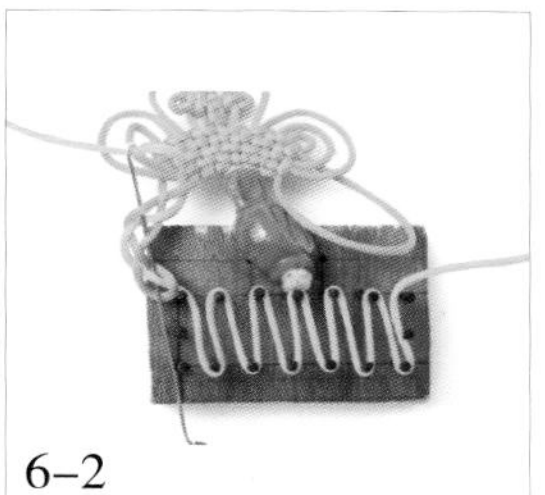
6–2

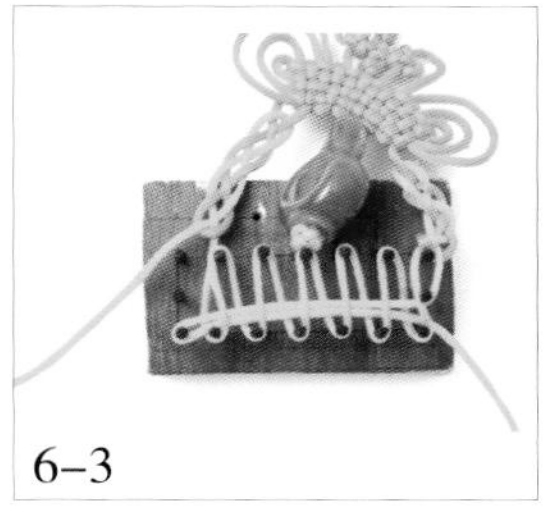
6–3

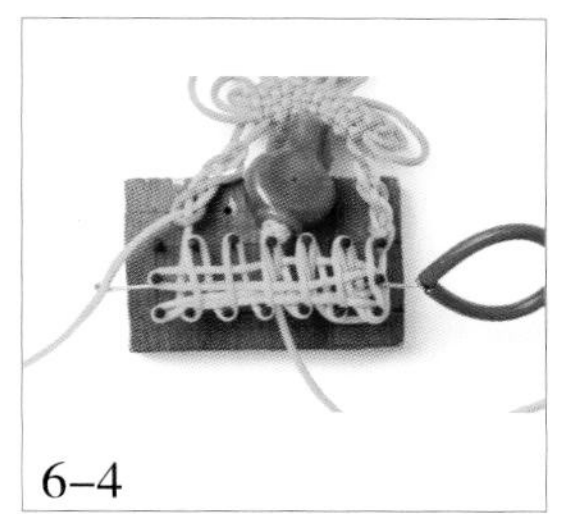
6–4

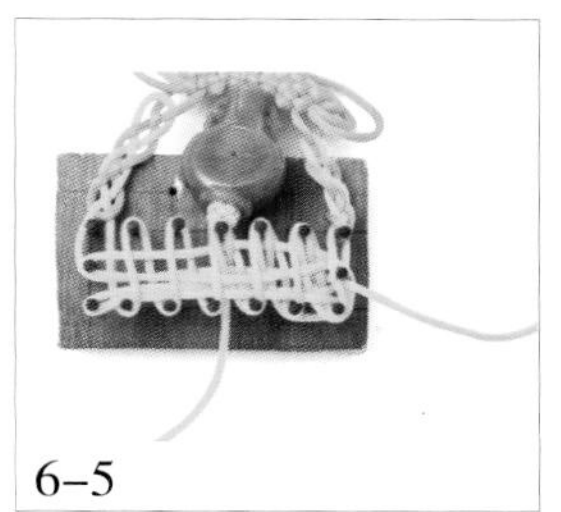
6–5

6–6

7

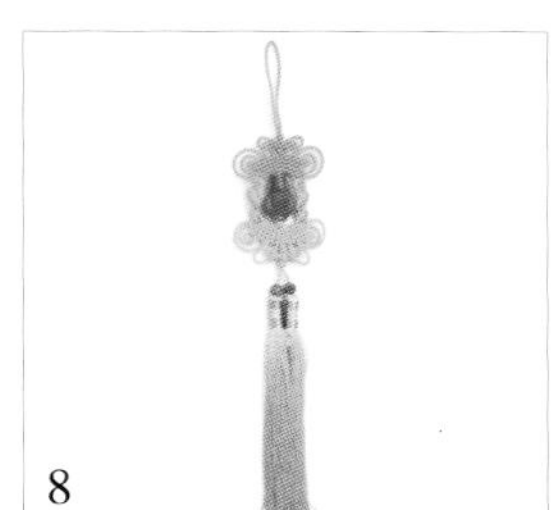
8

制作过程

1. 用一条线编一个双联结。

2. 在双联结的下端编一个酢浆草结，然后用两边的线分别在酢浆草结的两侧编一个双环结，在两个双环结的下端分别留出一个圈。

3. 把步骤 2 中做好的两个圈挂在垫板上，走两个来回，然后用两边的线编一个复翼一字盘长结。

4. 调整复翼一字盘长结的结体，在下端留出两个圈。

5. 用中间的两条线合穿一个玉石配件。

6. 用步骤 4 中留出的两个圈和两条尾线在两边分别组合完成一个长双钱结，在下端完成一个倒置的复翼一字盘长结。

7. 调整结体，在结体的下端留出两个圈。

8. 用中间的两条线和步骤 7 中留出的两个圈组合完成一个酢浆草结和两个双环结，最后用尾线添加玉石珠子和流苏即可。

牛气十足

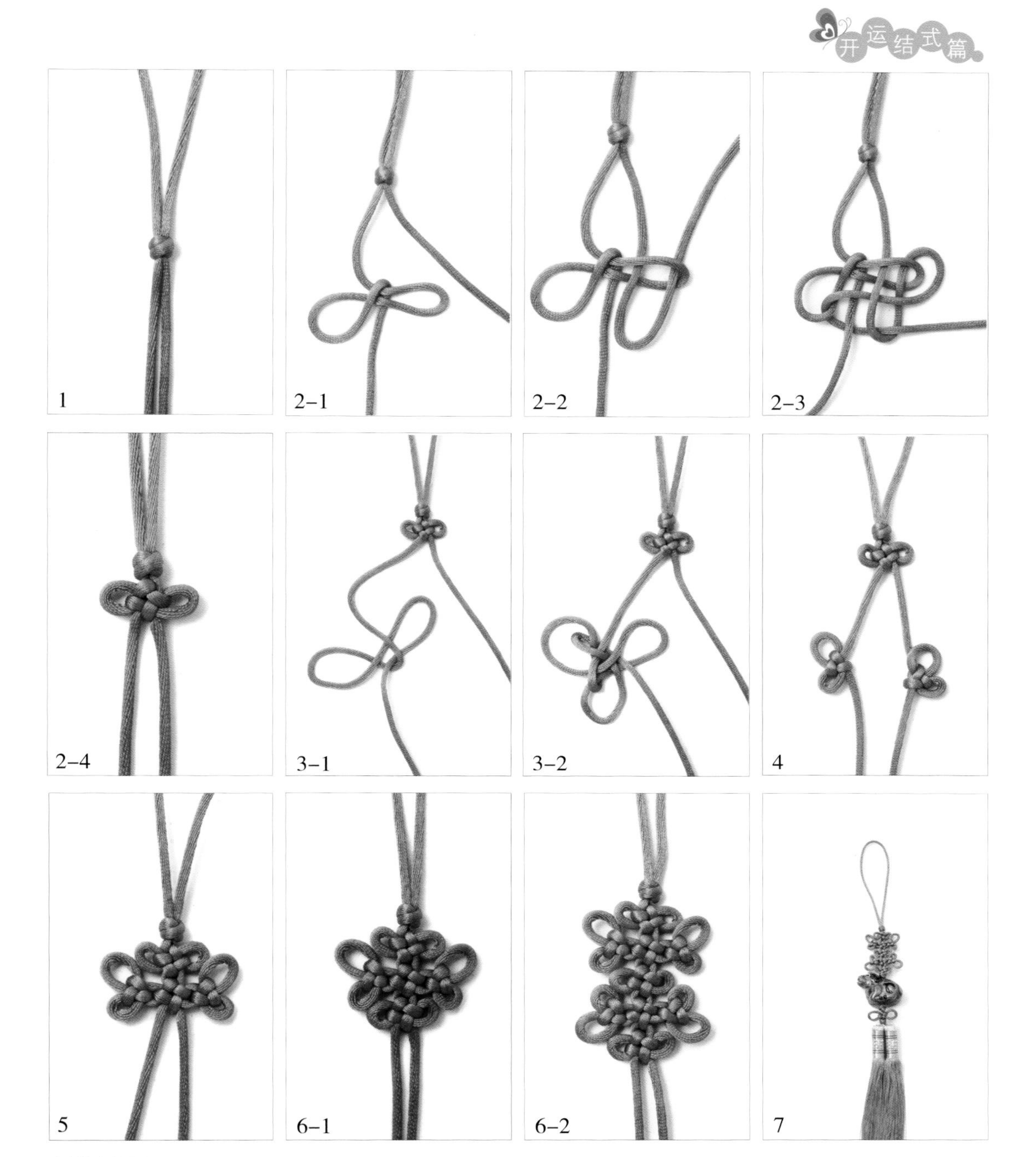

制作过程

1. 用一条线编一个双联结。

2. 用两条线如图所示编一个酢浆草结。

3. 用左边的线如图所示编一个双环结。

4. 右边的线仿照左边的线的编法同样编一个双环结。

5. 两条尾线在中间组合完成一个酢浆草结。

6. 如图，依次在下端编五个酢浆草结。

7. 用两条尾线合穿一个交趾陶配件，然后依次编一个双联结和一个酢浆草结，最后系两条流苏即可。

锦上添花

1

2

3-1

3-2

3-3

4

5-1

5-2

5-3

6-1

6-2

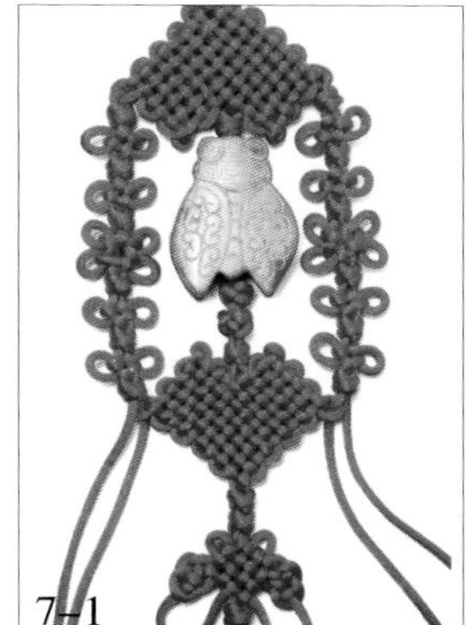
7-1

7-2

8

制作过程

1. 将一条线向下对折，然后编一个双联结。

2. 用这两段线编一个磬结。

3. 另外取两条线，分别向下穿入磬结左右两侧，开始编两个酢浆草结和一个四耳团锦结。

4. 用中间的线穿一个天蝉配件作装饰（注意：因配件中间的小孔较小，不能同时通过两条线，遇到这种情况要剪掉一条线，只留下一条线用于穿过中间的小孔）。

5. 接下来编天蝉配件下面的部分：另外取一条线，向下对折后编一个双联结，然后依次编蝴蝶盘长结、磬结和纽扣结。

6. 把上下两部分的中间线连接起来（注意：这里是用中间的线穿入纽扣结中固定，然后剪掉多余的线并将线头用打火机略烧 1~3 秒后按压、烫好，这样就很巧妙地利用了纽扣结的内侧来隐藏线头）。

7. 将上下两部分的两边连接起来。

8. 最后在蝴蝶盘长结的下面系上两条流苏即可。

金玉满堂

制作过程

1. 如图，准备两条线，然后用股线分别在这两条线的外面绕适当的长度。

2. 用两条线合穿一个菠萝结，然后编一个双联结固定。

3. 在与菠萝结间隔适当的距离处，用股线绕适当的长度。

4. 用两条线如图所示编一个双钱结。

5. 仿照前面的做法，编好手链两边的链绳，最后穿珠子、编平结并收尾即可。

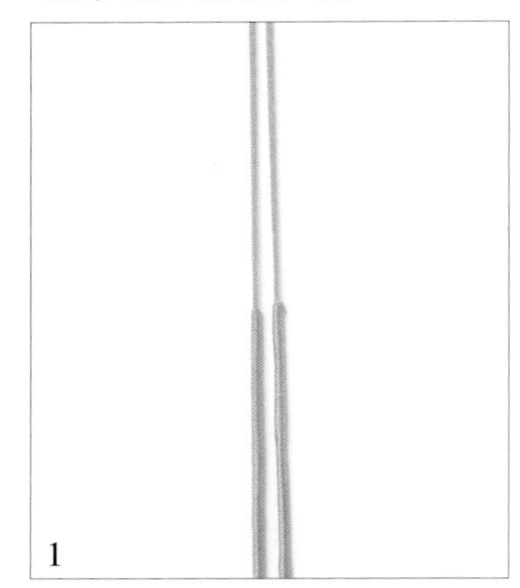

1

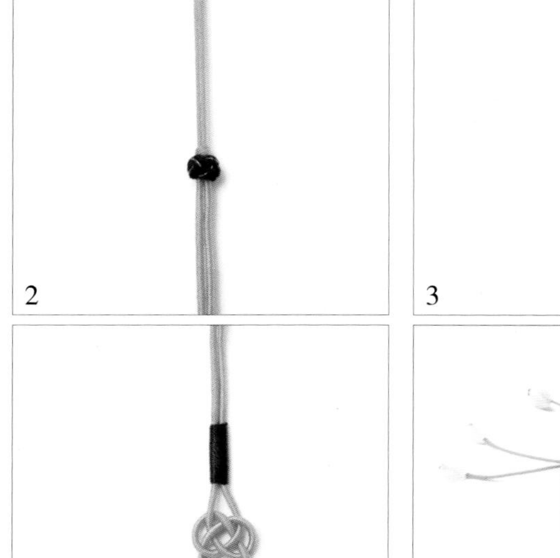

2

3

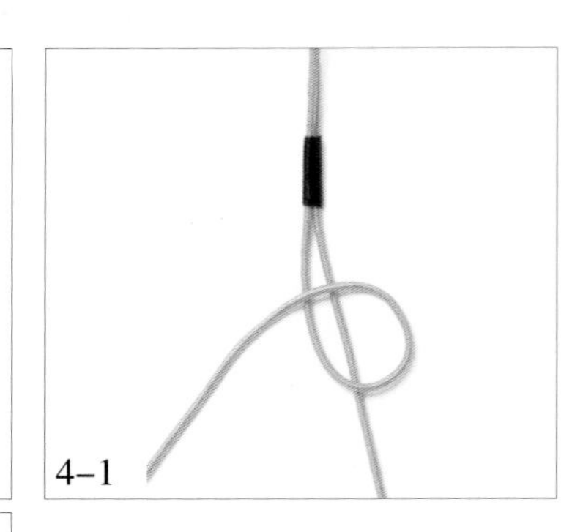

4–1

4–2

5

姻缘类

含情脉脉

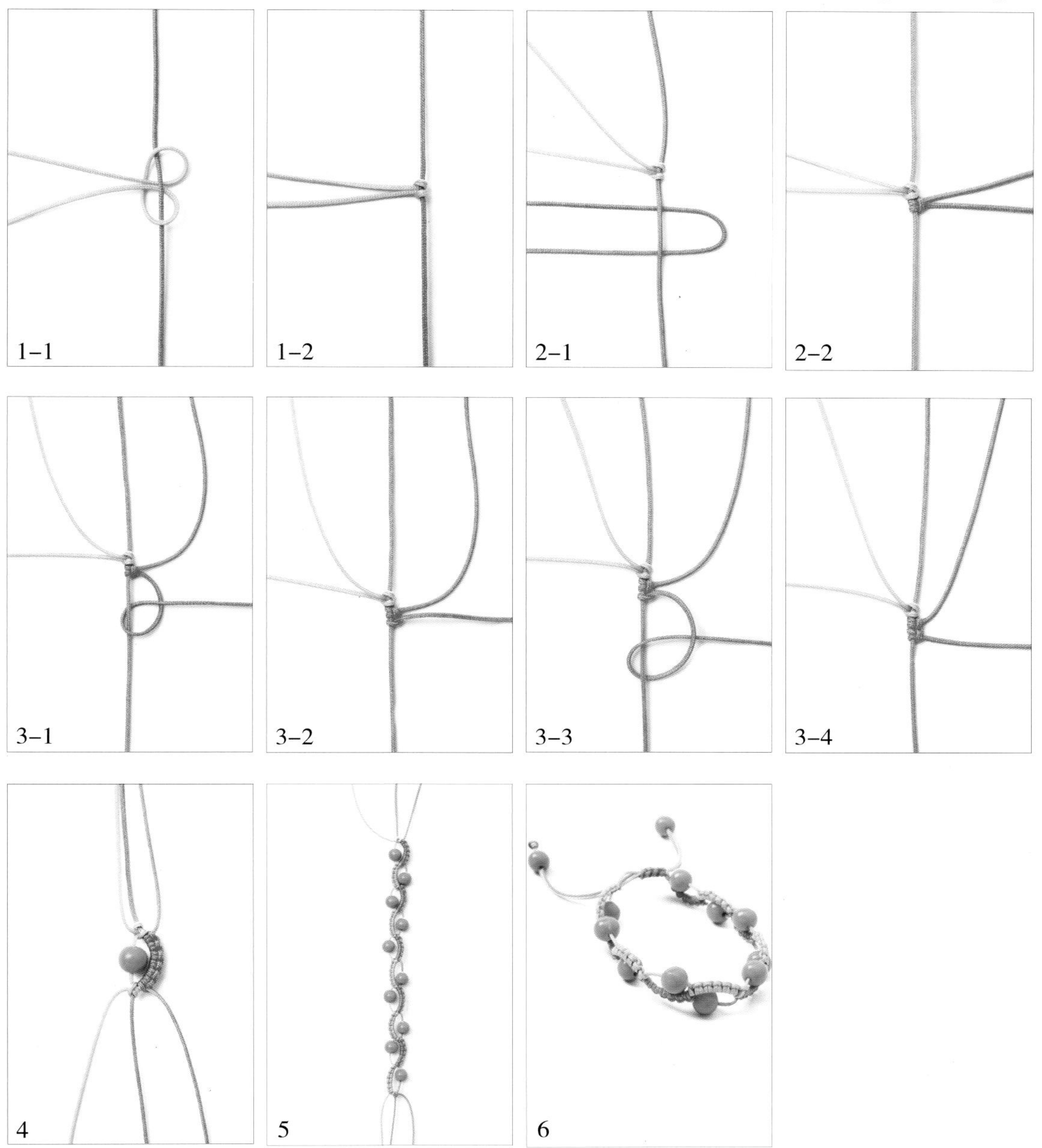

制作过程

1. 如图，准备一条粉红色和蓝色的线，蓝色的线绕着粉红色的线编一个雀头结。

2. 加一条粉红色的线进来，仿照步骤 1 的做法编一个雀头结。

3. 如图，用粉红色的线再编一个雀头结。

4. 用右边的两条粉红色的线编六个雀头结，然后用蓝色的线穿一颗珠子，在珠子的下面编一个雀头结。这样，结体就呈现出漂亮的弧形。

5. 仿照前面的做法穿珠子、编雀头结，编至合适的长度。

6. 用手链的尾线分别穿珠子，然后另外取一条线包住尾线编平结并收尾即可。

天付良缘

制作过程

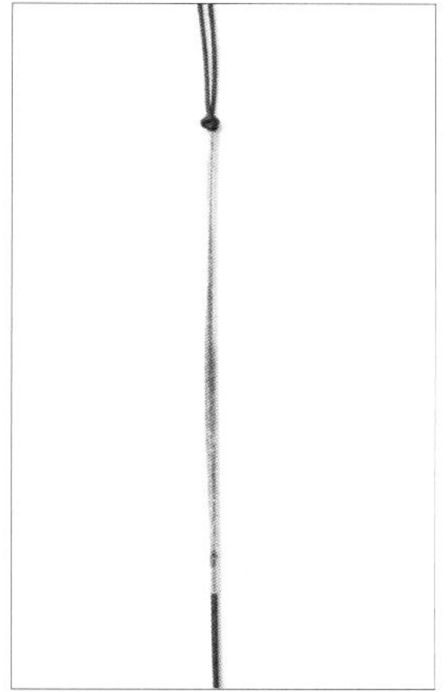

1. 准备两条线，用双面胶在这两条线的外面粘适当的长度。

2. 用两种颜色的股线分别在双面胶的外面绕三段线，用作这条项链中间的弧形部分。

3. 用股线（两彩股线）在弧形部分的下面分别绕适当的长度，然后用绕了股线的部分如图所示编纽扣结、双联结并穿玉石配件。

4. 仿照步骤3的做法，编好项链两边的链绳。

5. 仿照步骤 1、2 的做法，用两种颜色的股线在另一边的链绳上面绕适当的长度。

6. 另外准备一条线，用股线在这条线的中间绕适当的长度，然后将这条线绕在项链的中间位置，编一个双联结固定。

7. 在项链的中间位置系一块玉坠，然后用项链的尾线分别穿玉石珠子并编双联结固定，最后另取一条线包住项链的尾线编一段平结并收尾。

百年好合

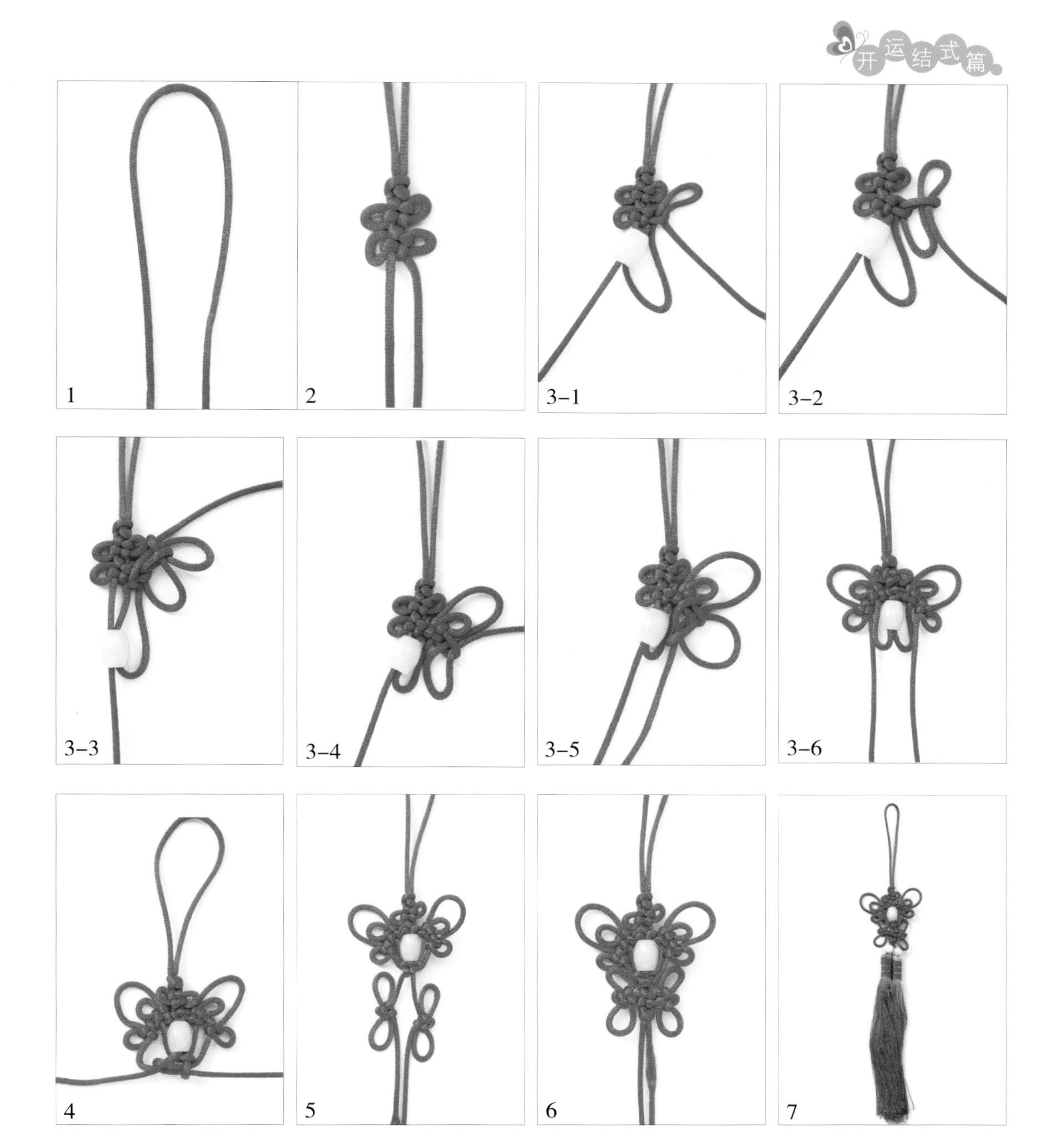

制作过程

1. 如图，准备一条线。
2. 将线对折后依次编一个双联结和两个酢浆草结。
3. 用两条线合穿一颗玉石珠子，然后以左右对称的方式如图所示编酢浆草结、双环结。
4. 在玉石珠子的下端编一个酢浆草结。
5. 用两条尾线分别编一个酢浆草结。
6. 用两条尾线合在一起编一个酢浆草结和一个双联结。
7. 最后用两条尾线依次穿玉石珠子和系流苏即可。

恋恋不舍

制作过程

1. 用一条线编一个双联结。

2. 在双联结的下端编一个单翼磬结。

3. 用针穿一条线，在磬结的两侧如图所示编两个双钱结和两个酢浆草结。

4. 在磬结的下端如图所示做线圈、穿入各式玉石配件、编双联结，然后分别在两边编一个酢浆草结，再用两条尾线编一个双联结。

5. 用两条尾线向下合穿一条流苏。

6. 用两条尾线分别向上穿过一条流苏，再向下穿过中间那条流苏，最后在中间这条流苏的下端编一个死结固定。

1

2

3-1

3-2

3-3

3–4

3–5

3–6

3–7

4–1

4–2

4–3

5

6–1

6–2

6–3

心有灵犀

制作过程

1. 如图，准备三条线。

2. 用步骤 1 中准备好的线制作三个线圈和一条挂绳。

3. 在挂绳的下端套入三个线圈，然后用黄色的股线在线圈的上端绕适当的长度，再用一条线如图所示穿过挂绳的下端，编一个双联结固定。

4. 如图，准备一块垫板。

5. 用其中的一条线如图所示在垫板上走线，由此开始编一个单翼磬结。

6. 继续完成单翼磬结接下来的步骤。

7. 完成一个单翼磬结。

8. 调整好单翼磬结的结体。

9. 如图，准备一条绕了八段股线的线，在单翼磬结的上面编两个酢浆草结和两个双钱结。

10. 穿入各式玉石配件。

11. 如图，准备酢浆草结和流苏的组合。

12. 用线圈将酢浆草结和流苏组合系在玉石配件的下端。

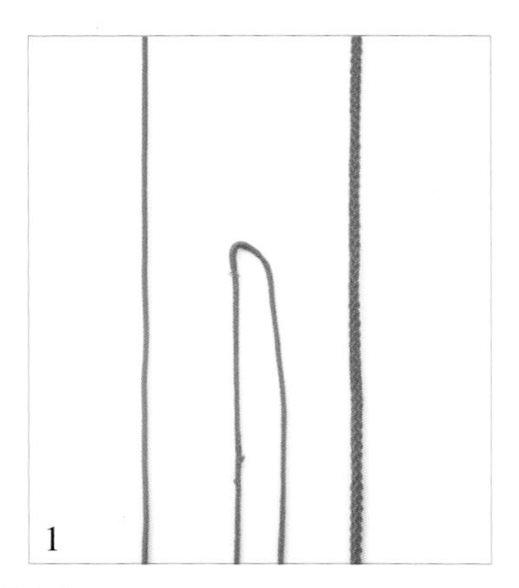

1

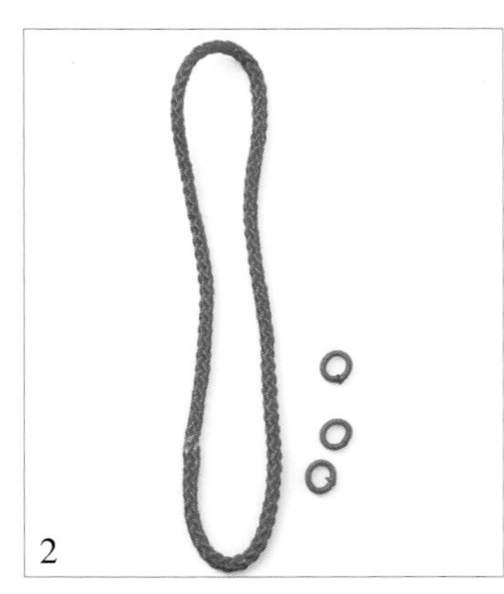

2

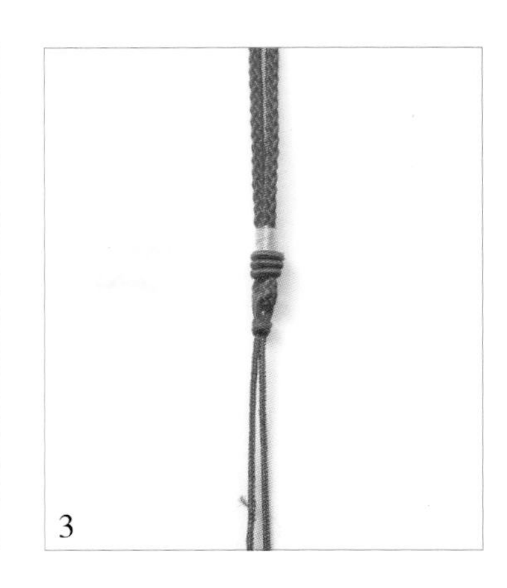

3

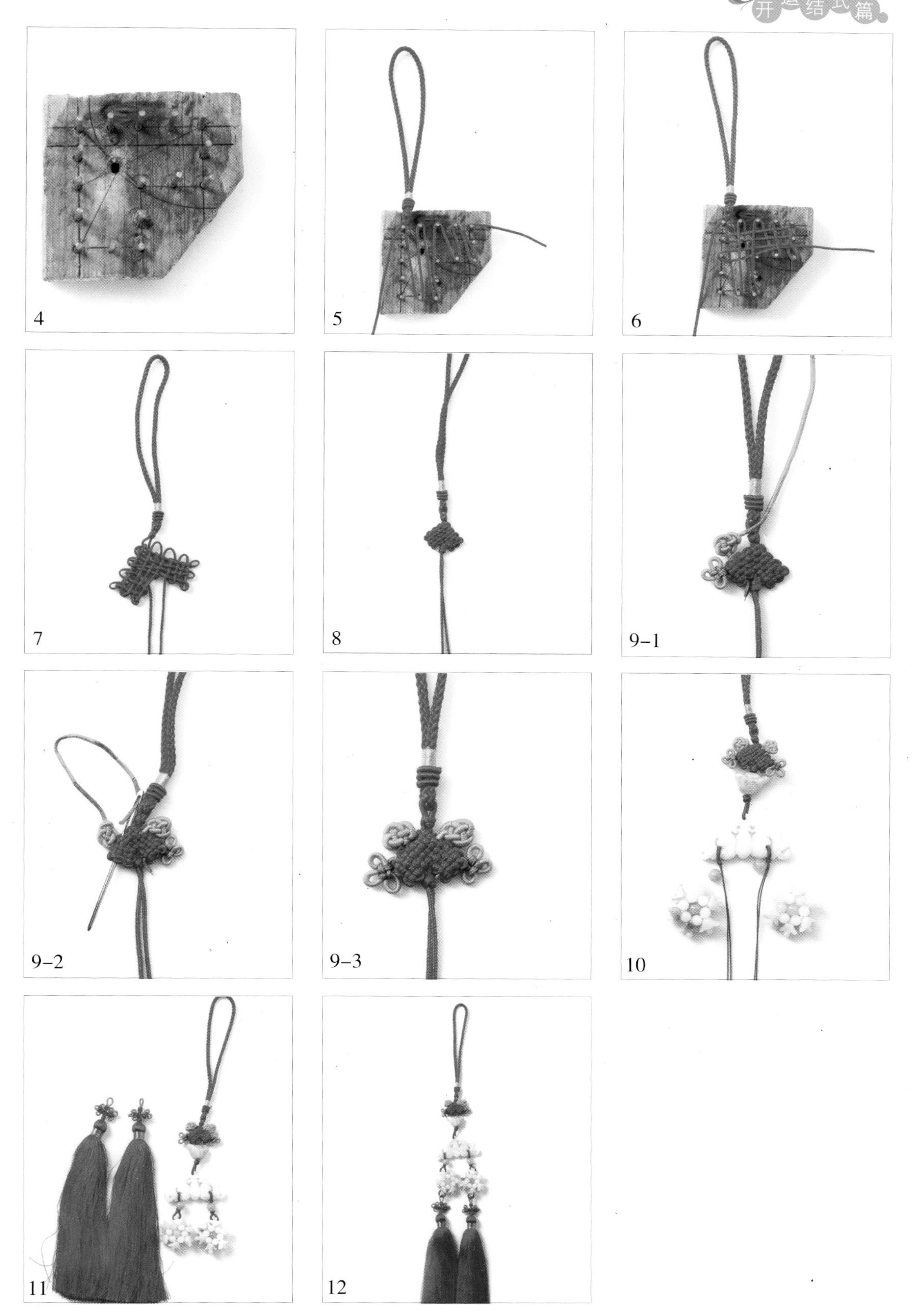
4
5
6
7
8
9-1
9-2
9-3
10
11
12

两小无猜

制作过程

1. 用一条线编一个双联结。

2. 在双联结的下端编一个酢浆草结，然后用两条线合穿一颗珠子。

3. 把两条线翻上去，分别在酢浆草结外侧的耳翼上面编一个双环结，在两边形成两个圈，用于接下来编一个四回叠翼盘长结。

4. 如图，准备一块垫板。

5. 用步骤 3 中做好的圈绕在垫板上，然后用两条线继续编四回叠翼盘长结。

6. 调整好四回叠翼盘长结的结体。

7. 在中间穿一个“福”字配件。

8. 仿照四回叠翼盘长结的编法，在垫板上编一个三回叠翼盘长结。

9. 调整好三回叠翼盘长结的结体，最后在这款挂饰的下端系两条流苏即可。

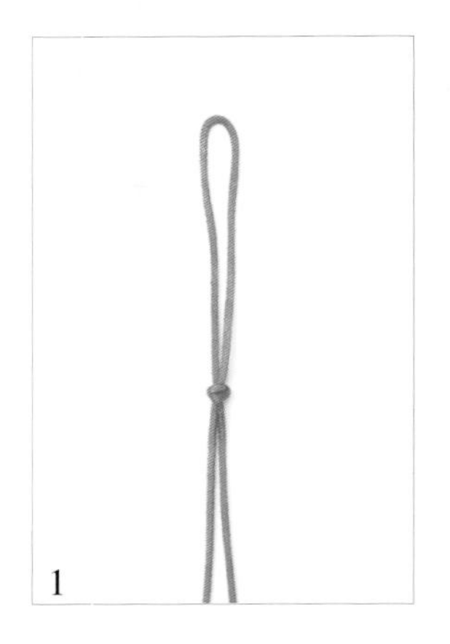
1

2

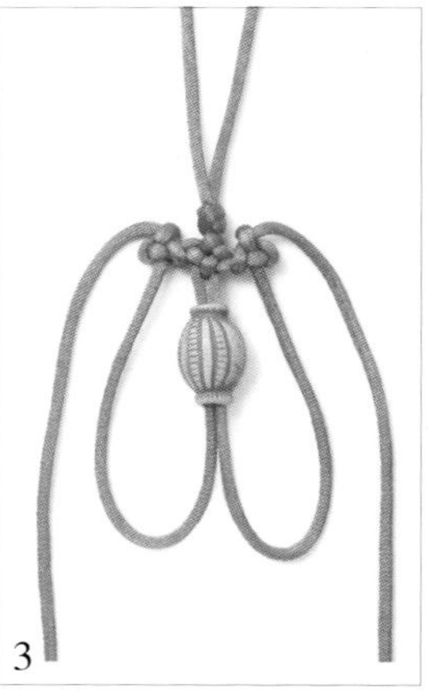
3

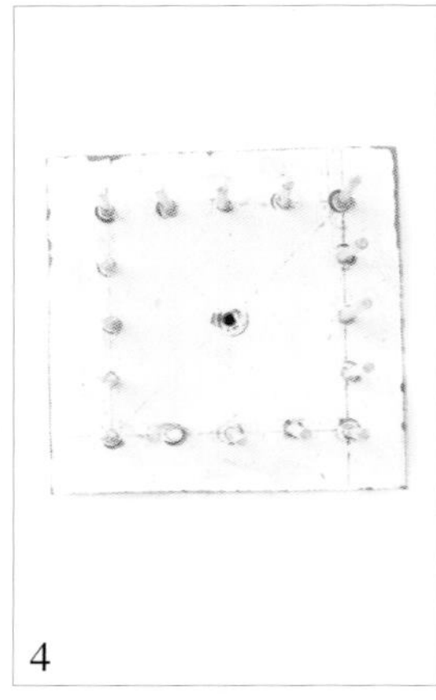
4

5-1

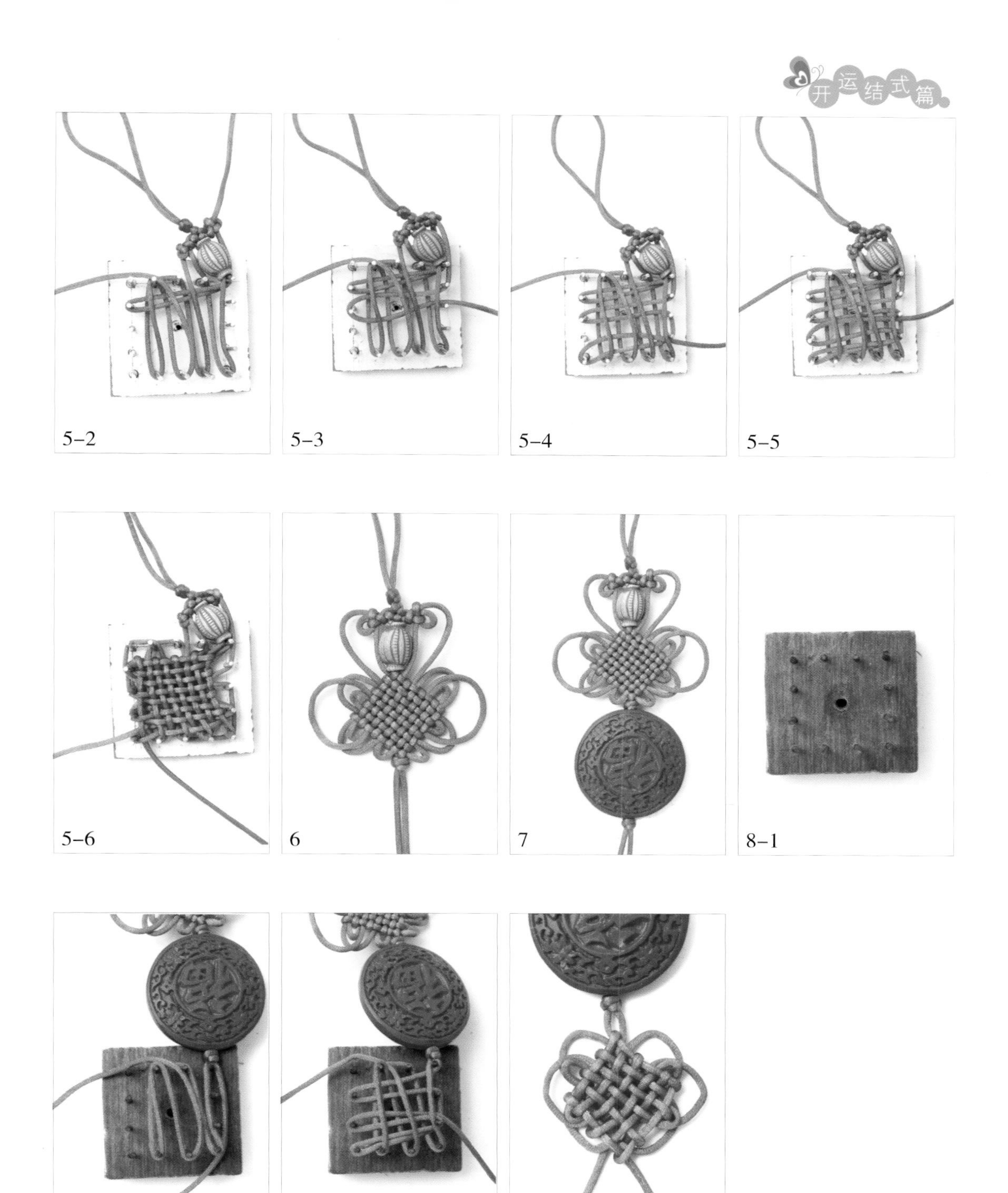

5-2 5-3 5-4 5-5

5-6 6 7 8-1

8-2 8-3 9

天作之合

制作过程

1. 如图，准备一块垫板。
2. 用一条黄色的线编一个双联结，然后在垫板上编一个穿线盘长结（注意：在编穿线盘长结时，加一条绿色的线进来，如图所示绕出三个耳翼并在盘长结的两侧分别编一个双钱结）。
3. 调整好结体。
4. 把加进来的绿色线钩进结体中，形成第四个耳翼。
5. 在穿线盘长结的下端编一个双联结，然后穿一个陶扇配件。
6. 用两条尾线编一个二回盘长结，在编结的时候，分别在两侧编一个双环结作装饰。
7. 调整好二回盘长结的结体。
8. 最后在这款挂饰的下端添加两条流苏即可。

1

2-1

2-2

2-3

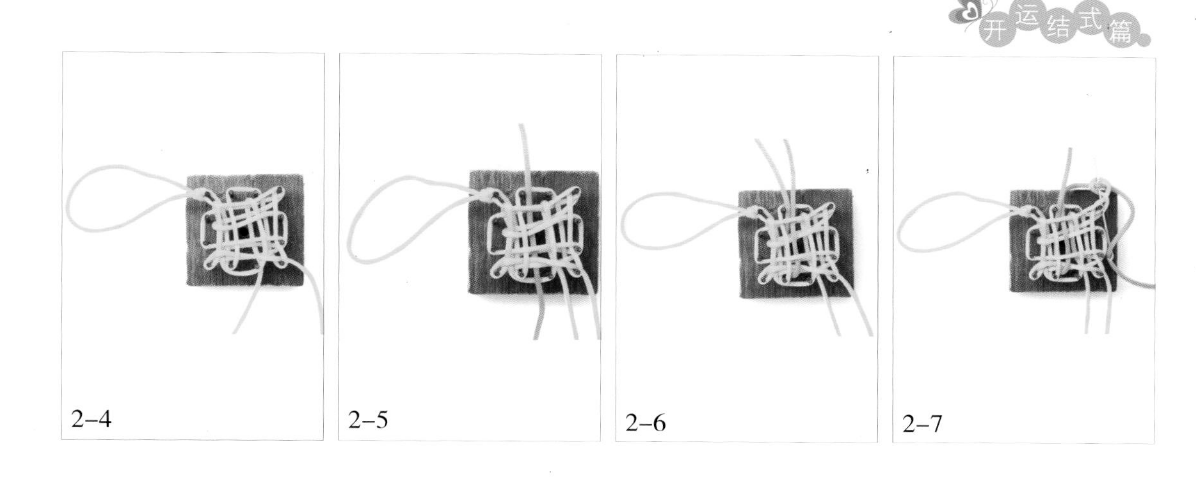
2-4　2-5　2-6　2-7

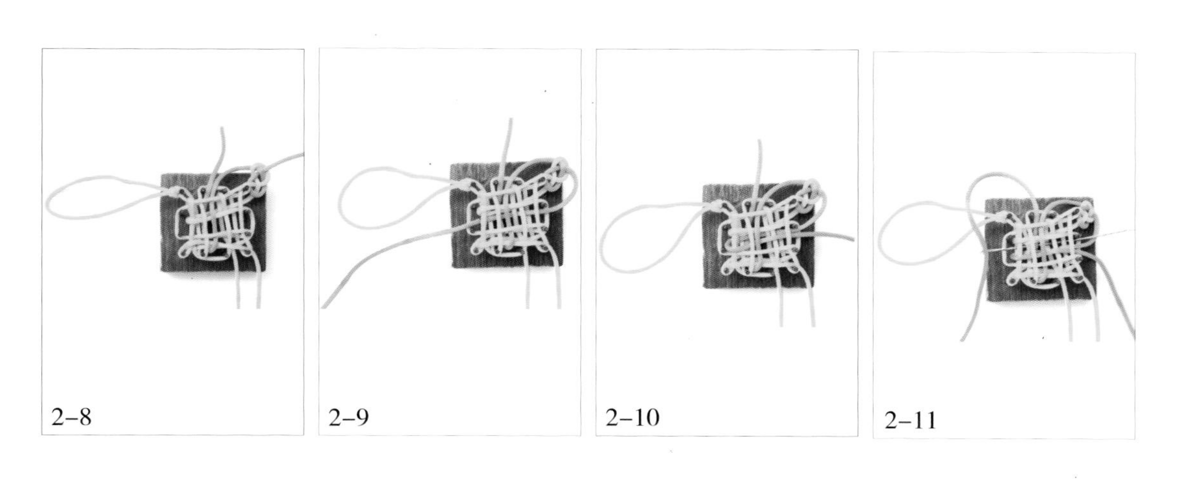
2-8　2-9　2-10　2-11

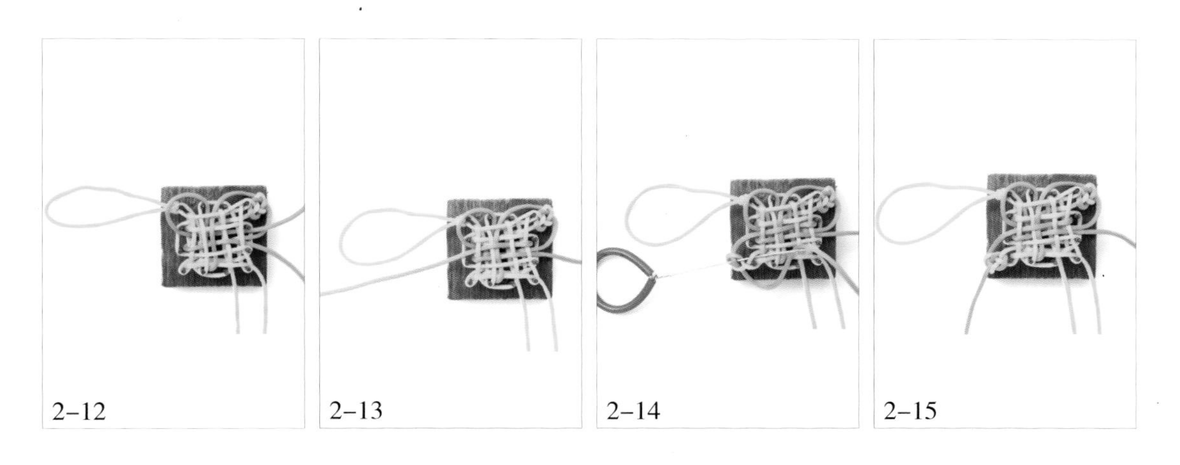
2-12　2-13　2-14　2-15

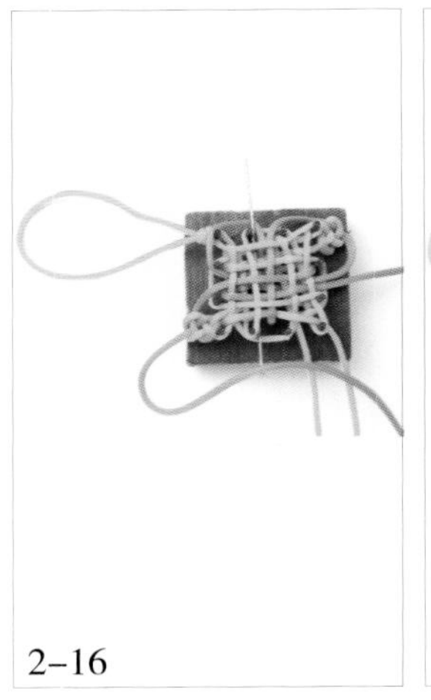
2–16

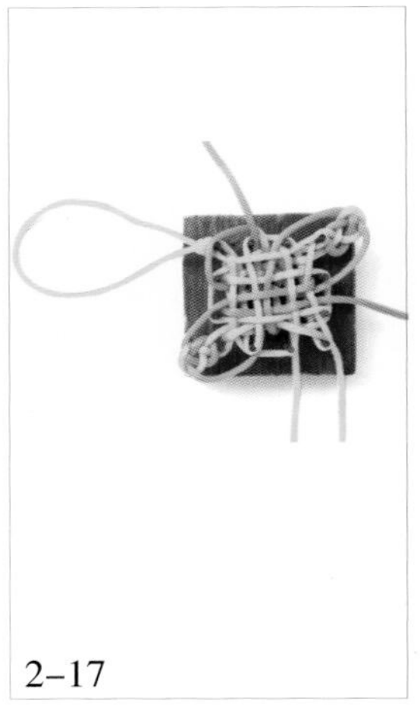
2–17

2–18

2–19

3

4

5

6–1

6–2

6–3

7

8

花好月圆

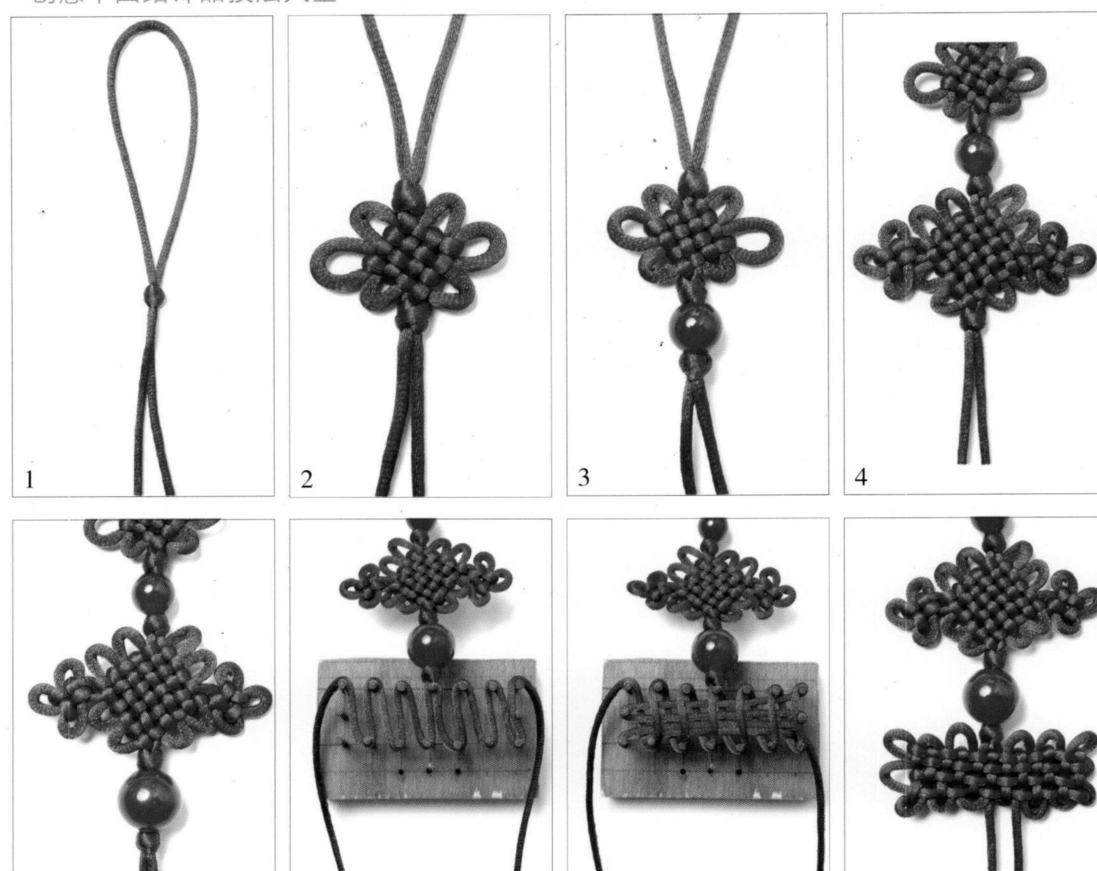

制作过程

1. 用一条线向下对折，然后编一个双联结。

2. 用两条尾线依次编一个二回盘长结、一个双联结。

3. 用两条尾线合穿一颗珠子，然后编一个双联结。

4. 用两条尾线分别编一个酢浆草结，然后合编一个三回盘长结，注意将酢浆草结调整到盘长结左右两侧耳翼的位置。

5. 用两条尾线合穿一颗珠子并编一个双联结。

6. 用两条尾线编一个一字结。

7. 调整结体，将一字结两端的四个耳翼向上拉出来一些，四个耳翼两短、两长。

8. 将长一些的两个耳翼分别弯向两边，然后藏进结体的两侧，形成左右对称的弧形。

9. 用两条尾线添加四条流苏。一款简洁大方的挂饰就做好了。

如花美眷

制作过程

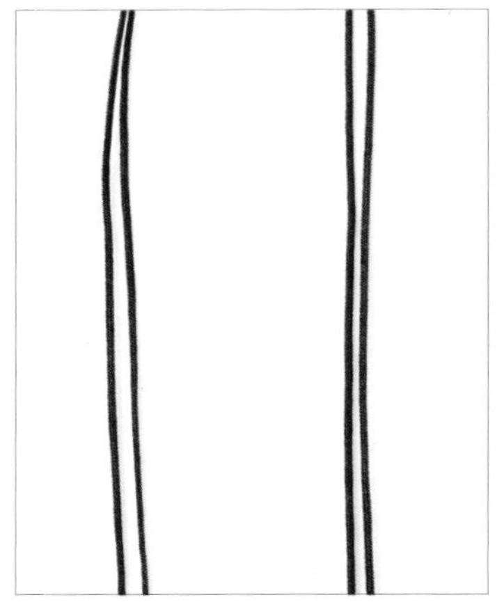

1. 如图，准备两条线。

2. 用这两条线如图所示编蛇结、穿米珠配件。

3. 以左右对称的方式，分别编蛇结、穿各式配件。

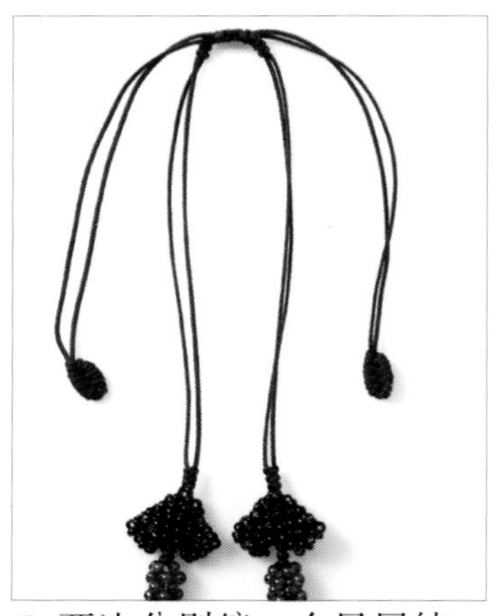

4. 两边分别编一个凤尾结，然后另外取一条线，如图所示包住两条尾线编一段平结。

5. 另外取一条线对折，从链绳中间的串珠配件下面的小孔穿过。

6. 用链绳中间的两条尾线依次穿入各式配件作坠子。

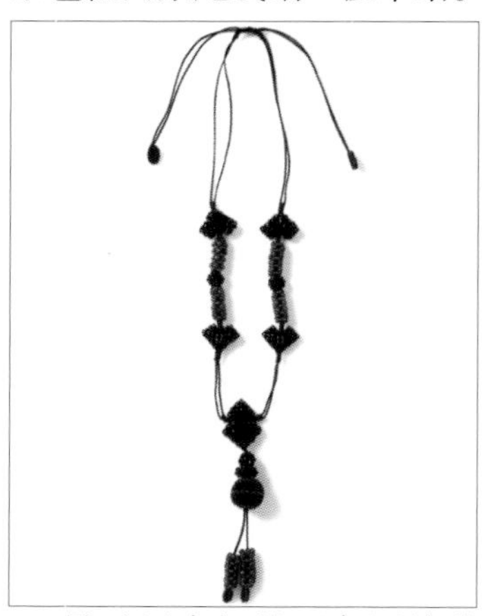

7. 最后用中间的两条尾线分别编一个凤尾结并收尾。

健康类

佛光高照

制作过程

1. 如图，准备一条挂绳，然后另外用一条线向下穿过挂绳，编一个双联结固定。

2. 在双联结的下端编一个单翼磬结。

3. 如图，准备一条线和两个铁环。

4. 用步骤 3 中的线编一个八耳团锦结，由此开始做一个法轮。

5. 另外用线编一个酢浆草结，然后如图所示穿过铁环和八耳团锦结的一个耳翼。

6. 接着编雀头结，将八耳团锦结的一个耳翼固定在铁环上。

7. 继续在铁环上面编雀头结。

8. 编至铁环的八分之一的位置时，编一个酢浆草结。

9. 重复前面的做法做好两个法轮。

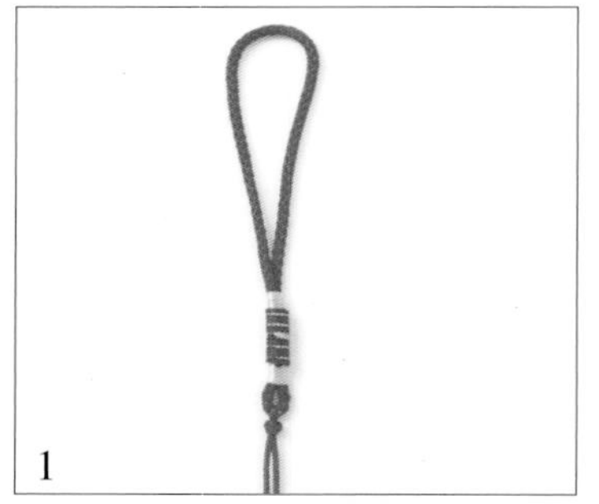
1

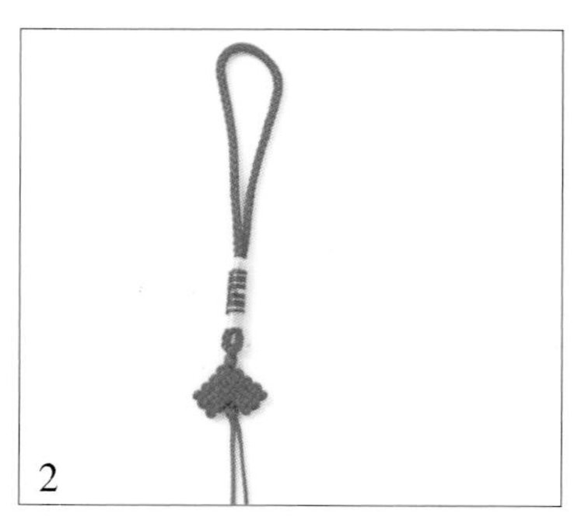
2

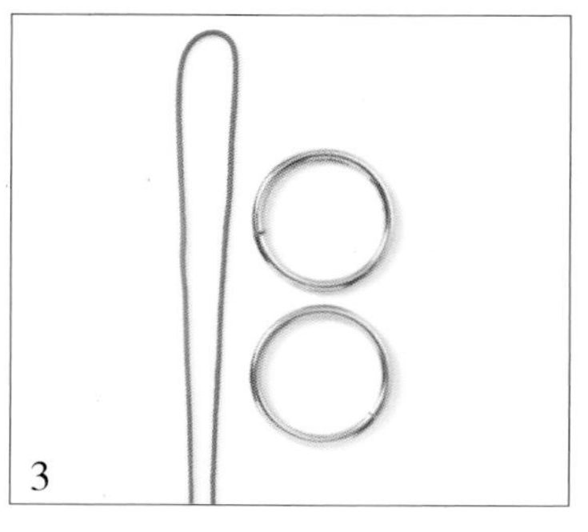
3

4

10. 另外准备一条线，用红色的股线在外面绕数段线，然后用针穿过这条线，如图，在单翼磬结的上面编一个酢浆草结。

11. 如图，在单翼磬结的上面共编两个酢浆草结和两个双钱结。

12. 用两条尾线如图所示穿水晶珠子、编双联结，然后向下穿过法轮的中心。

13. 在法轮的下端系一个粉晶佛像配件，然后再穿一个法轮。

14. 另外用线做好酢浆草结和流苏的组合，然后如图所示做四个线圈，将上下两个法轮连起来。

15. 在法轮的下端系上酢浆草结和流苏的组合。

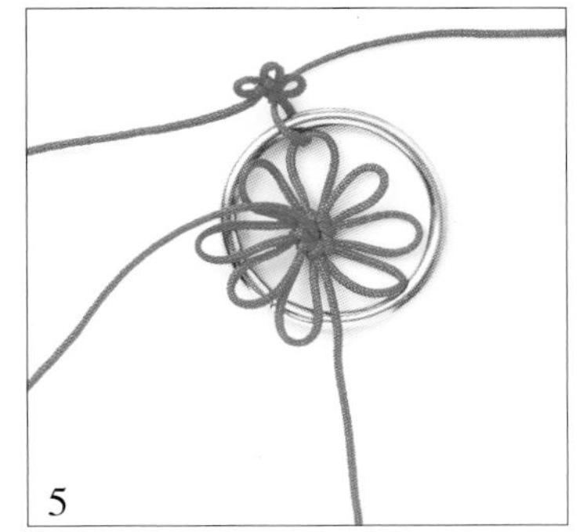
5

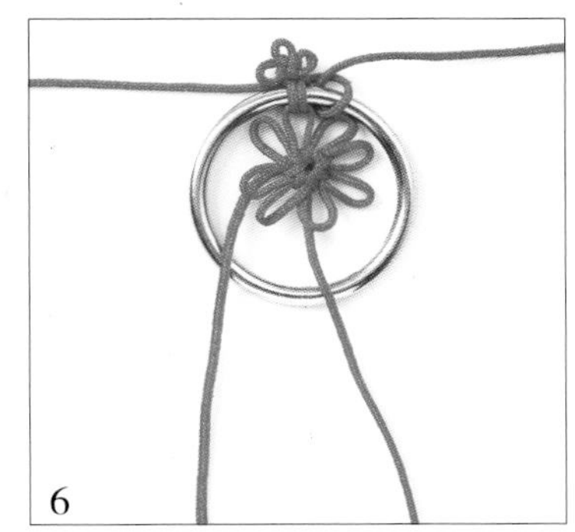
6

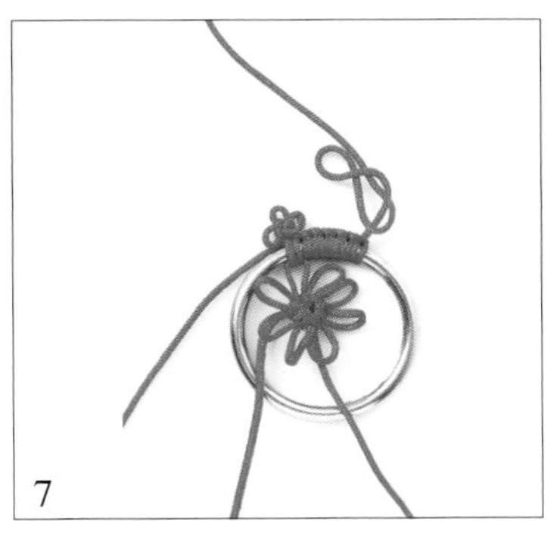
7

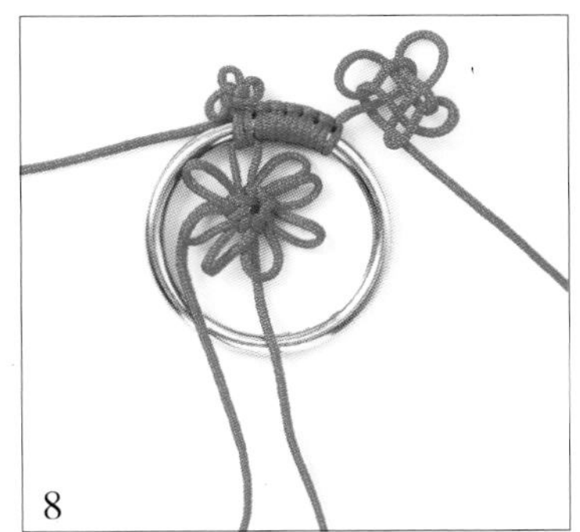
8

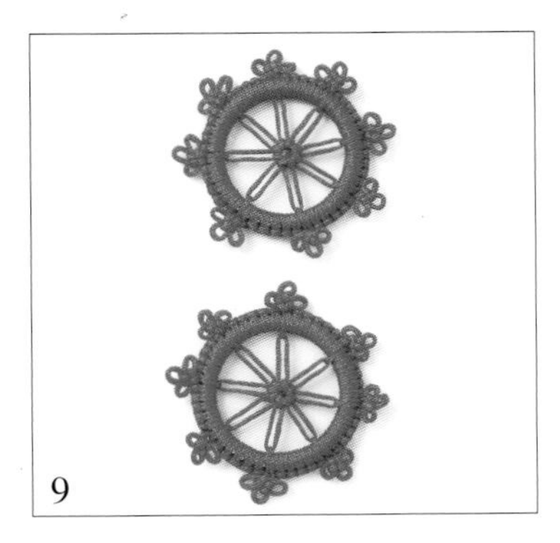
9

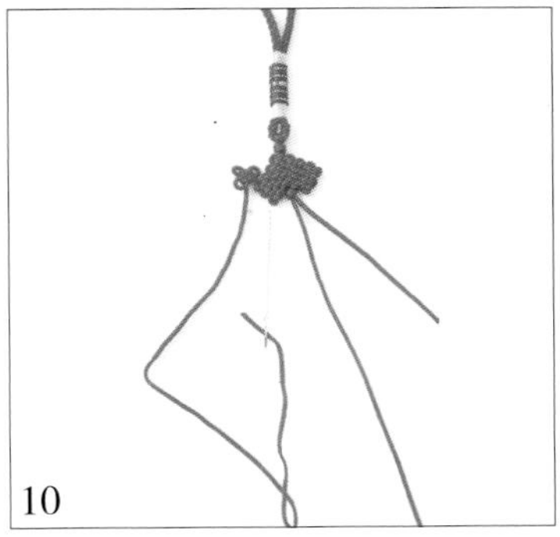
10

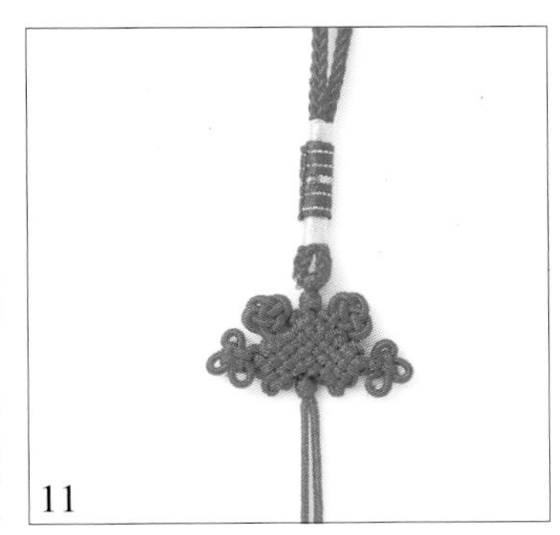
11

12

13

14

15

和气致祥

制作过程

1. 如图，准备一条线和一条挂绳。

2. 将线从挂绳的下端穿过去，然后编双联结和酢浆草结，再用两条尾线分别编一个酢浆草结。

3. 用两条尾线合起来编一个酢浆草结，形成第二排的三个酢浆草结。

4. 用两条尾线分别编两个酢浆草结。

5. 用两条尾线合起来编一个酢浆草结，形成第三排的五个酢浆草结。

6. 如图，准备一块垫板。

7. 用左边的线如图所示在垫板上纵向走两个来回，由此开始编一个单翼磬结。

8. 完成单翼磬结接下来的步骤。

9. 完成一个单翼磬结。

10. 调整好单翼磬结的结体，另外用一条黄色的线如图所示穿入结体作装饰。

11. 仿照左边的做法，用右边的线同样编一个单翼磬结，然后把两个磬结连起来并在下端做两个线圈。

12. 如图，准备各式玉石配件。

13. 如图，做线圈，把玉石配件连起来。

14. 如图，准备酢浆草结和流苏的组合。

15. 用线圈将步骤 14 中准备好的配件连起来。

16. 在玉石貔貅的下端添加玉石配件。

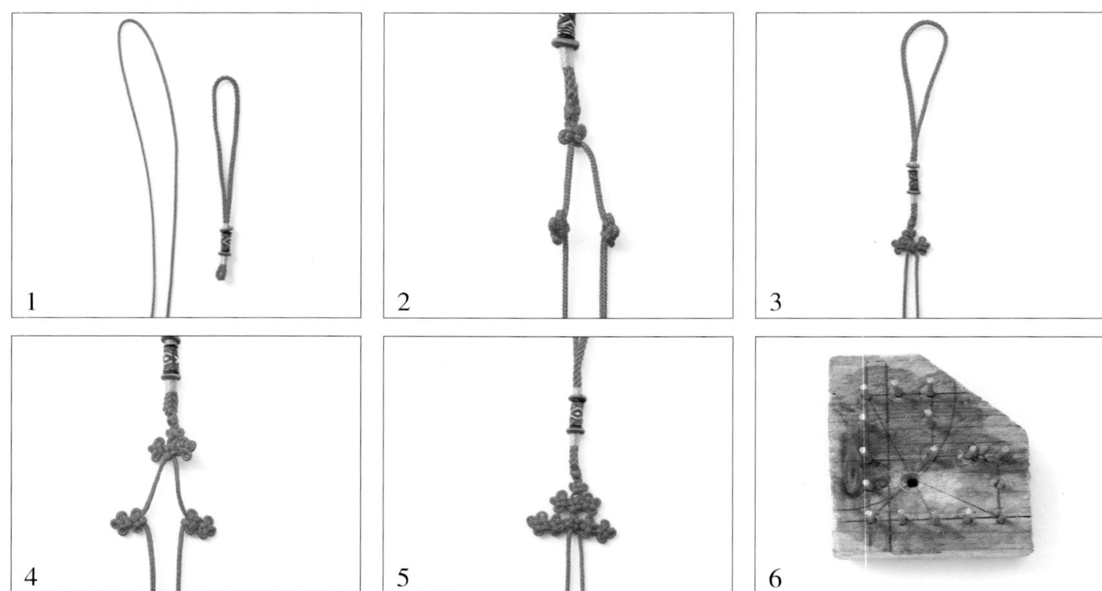

7
8
9
10
11-1
11-2
12
13-1
13-2
13-3
14
15
16

制作过程

1. 如图，将一红一黄两条线对接起来，然后编一个双联结，将线的接口藏在双联结的内侧（注意：在双联结的上端留出 8 厘米的长度）。

2. 如图，准备一块垫板。

3. 用红色和黄色的线如图所示在垫板上走线，由此开始编一个二回盘长结。

4. 完成一个二回盘长结。

5. 调整好二回盘长结的结体，拉出六个耳翼。

6. 如图，准备一块垫板。

7. 用红色和黄色的线如图所示在垫板上走线，由此开始编一个双盘长结。

8. 完成双盘长结接下来的步骤。

9. 完成一个双盘长结。

10. 调整好双盘长结的结体。

11. 用针穿好黄色的线，如图所示穿入双盘长结的结体中，在结体的右侧形成两个耳翼。

12. 红线仿照步骤 11 中黄线的编法，同样在结体的左侧形成两个耳翼。

13. 如图，准备流苏和陶瓷配件。

14. 用尾线依次穿陶瓷配件、系流苏。

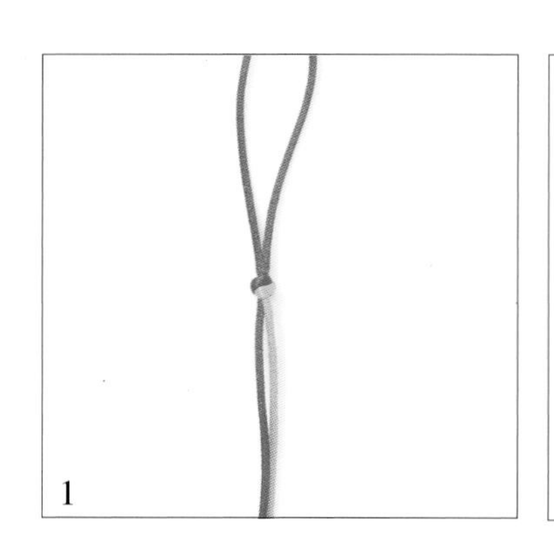
1

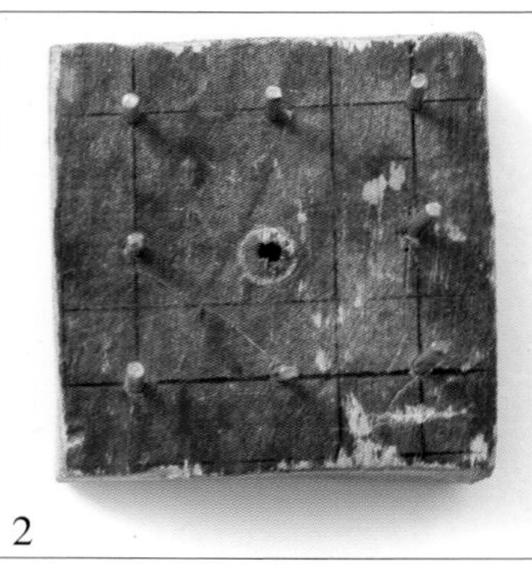
2

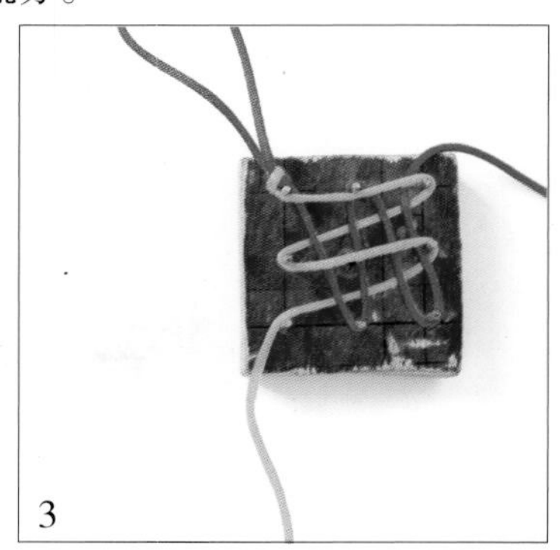
3

4

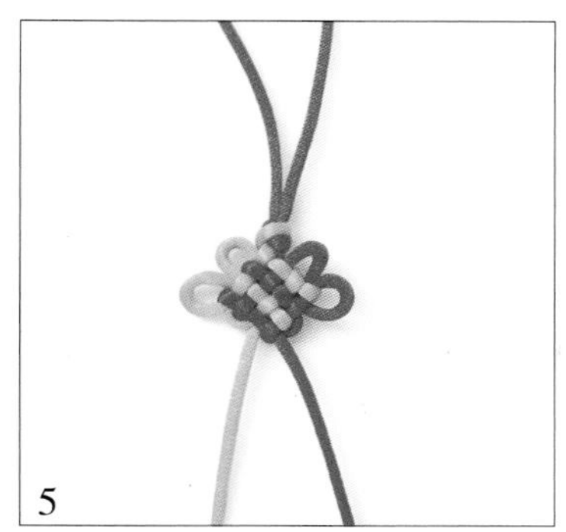
5

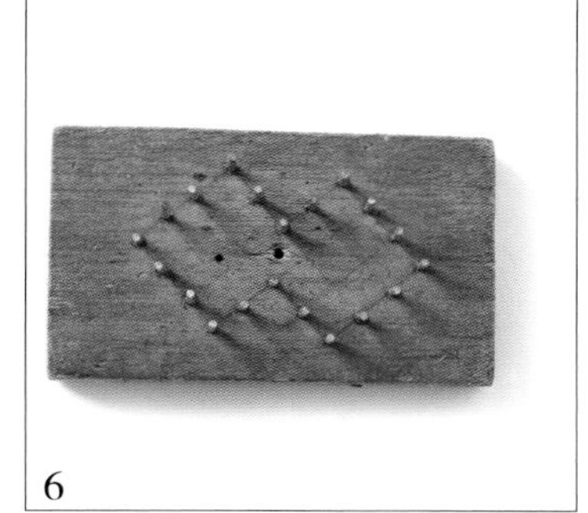
6

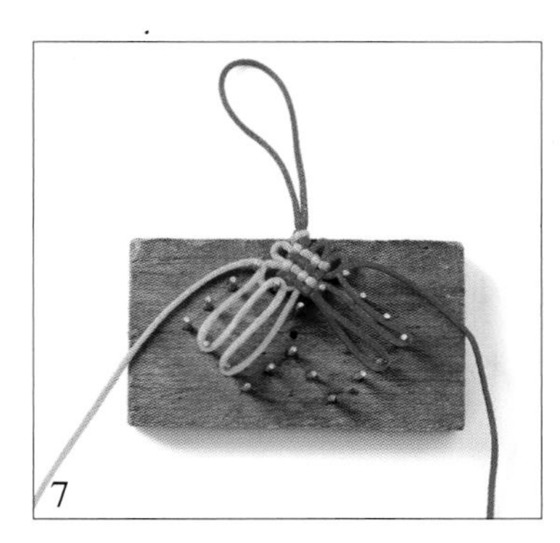
7

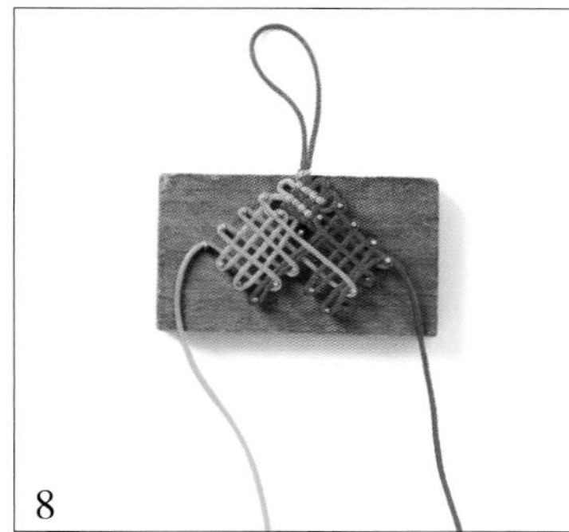
8

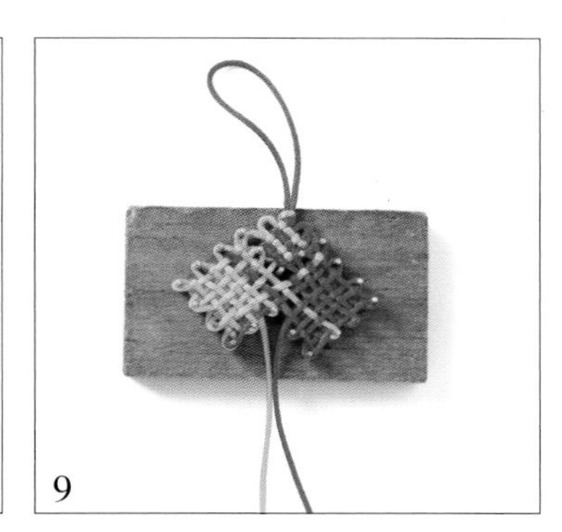
9

10

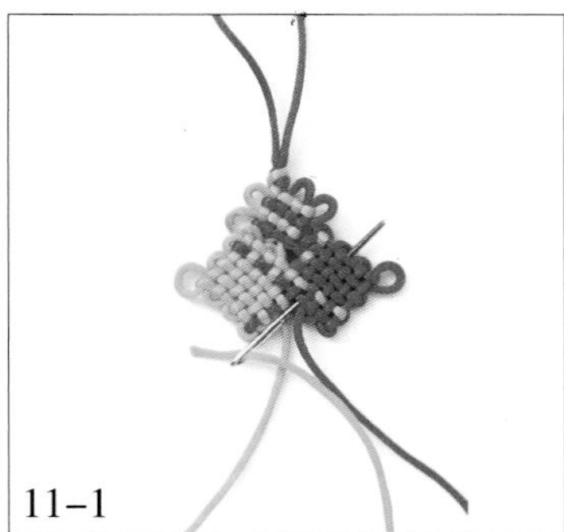
11-1

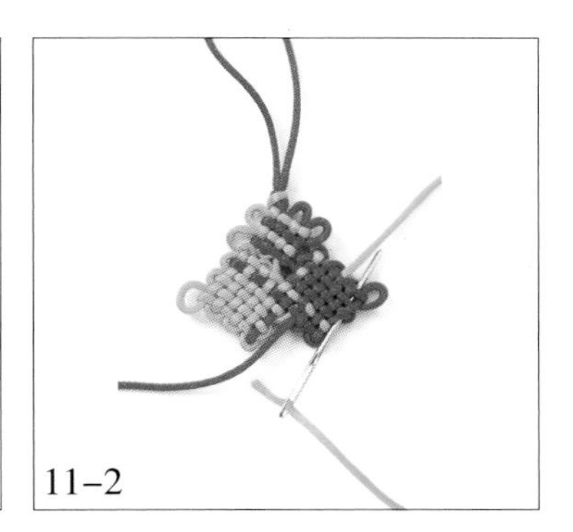
11-2

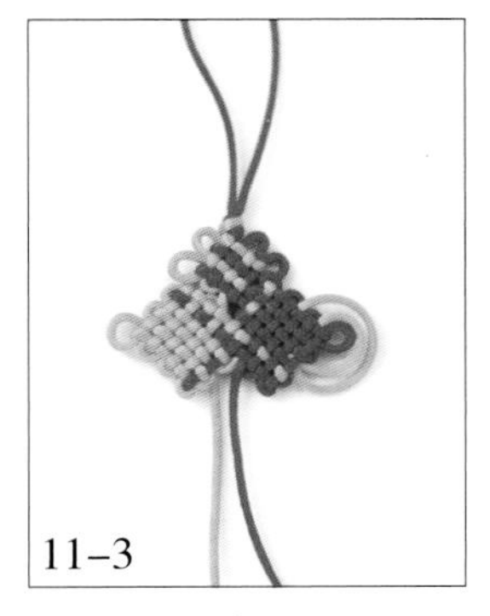
11-3

12

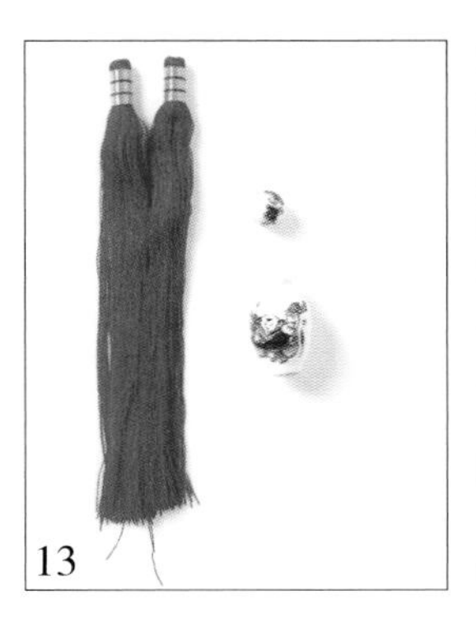
13

14

福如东海

制作过程

1. 如图，准备两条线，将其中一条线对接起来，用作挂饰的挂绳。

2. 剪取一段双面胶，粘在挂绳的下端。

3. 用黄色的股线绕在双面胶的外面。

4. 如图所示做三个线圈。

5. 将三个线圈套入挂绳的下端。

6. 另外准备一条线，向下穿过挂绳，然后编一个双联结。

7. 如图，用黄色的股线在两条尾线的外面绕十段线。

8. 用两条尾线分别编四个酢浆草结。

9. 用两条尾线合在一起编一个酢浆草结。

10. 如图，准备一块垫板。

11. 用两条尾线依次穿过八个酢浆草结下端的耳翼，如图所示在垫板上面走线，由此开始编一个单翼磬结。

12. 继续完成单翼磬结接下来的步骤。

13. 完成一个单翼磬结。

14. 调整好单翼磬结的结体。

15. 用两条尾线穿过紫晶配件上端的孔，编单结并收尾。

16. 另外取一条线，穿过紫晶配件下端的孔，编一个双联结固定，然后将两条流苏系好即可。

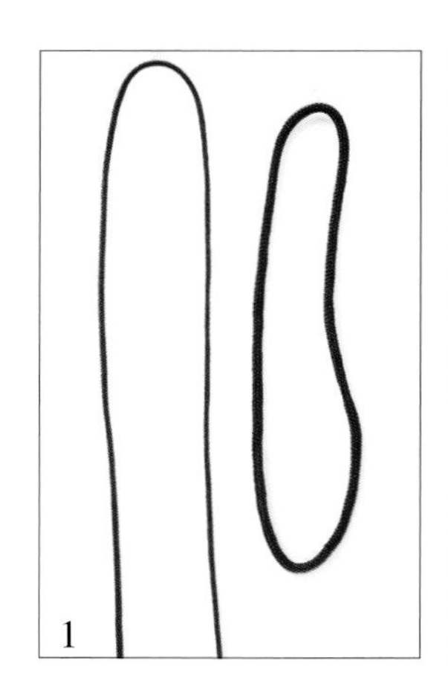
1

2

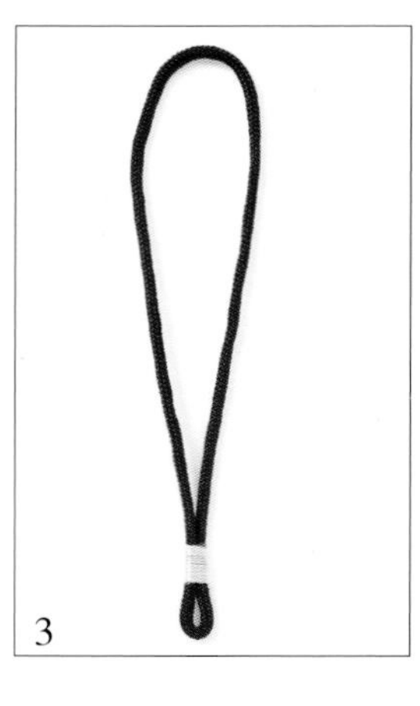
3

4

5

6

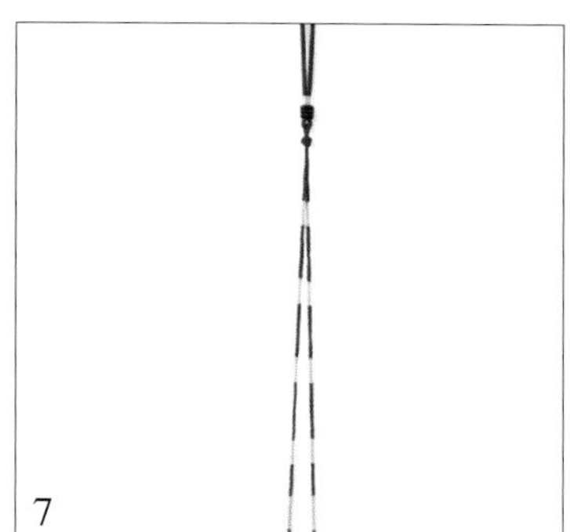
7

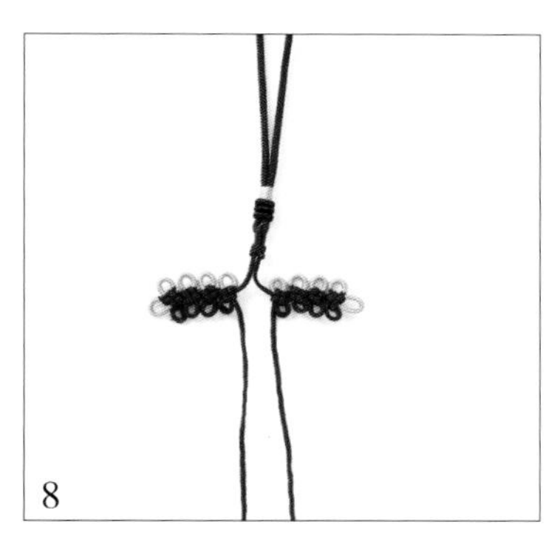
8

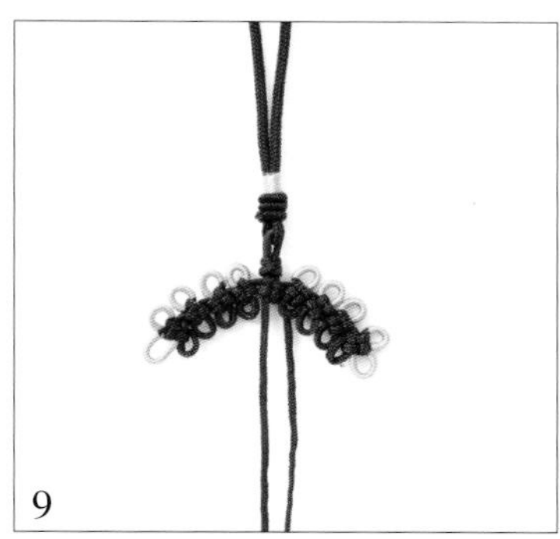
9

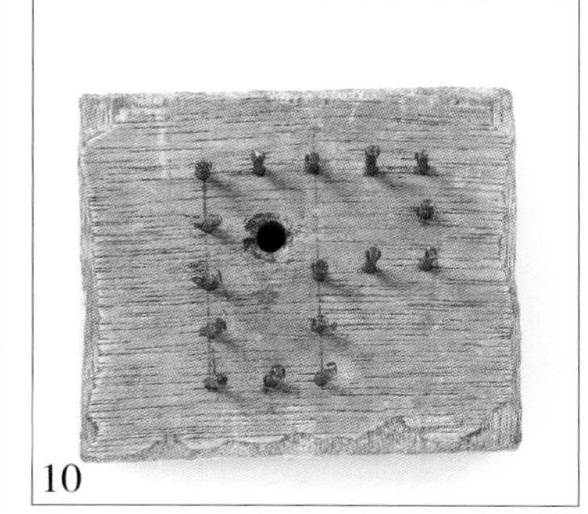
10

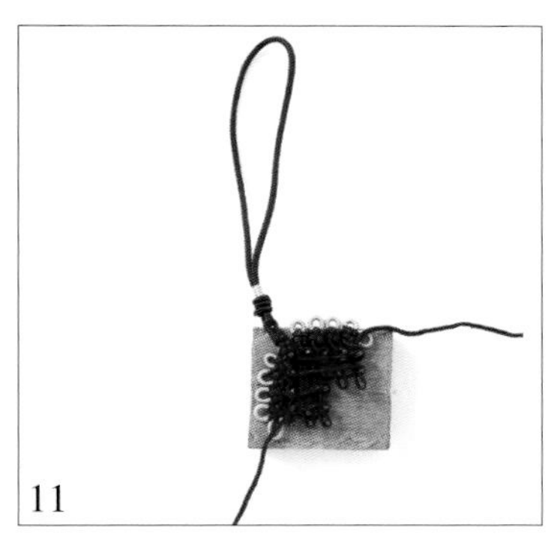
11

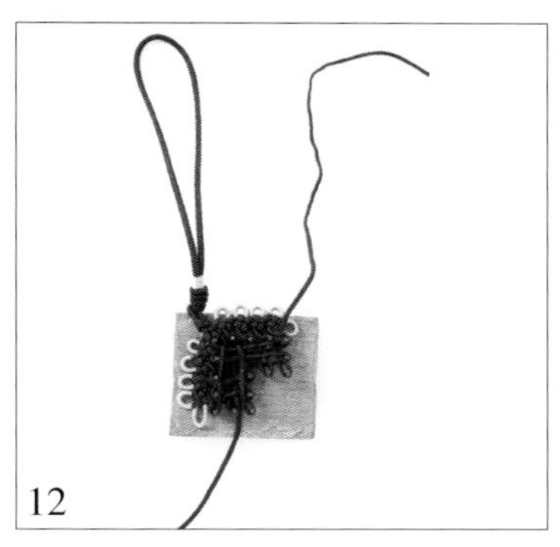
12

13

14

15

16

接连好运

制作过程

1. 如图，准备两条线，用其中一条线编一个双联结。

2. 如图，准备一块垫板。

3. 用这条线如图所示在垫板上面走线，由此开始编一个五边形盘长结。

4. 完成一个五边形盘长结。

5. 另外加一条线进来，如图所示穿入五边形盘长结的结体中。

6. 用加进来的线在五边形盘长结的结体上面如图所示走线。

7. 调整好五边形盘长结的结体，拉出如图所示的耳翼。

8. 用电烙铁将相邻的耳翼粘起来并用定型胶固定结形，呈如图所示的莲花形状。

9. 用一条尾线穿过水晶配件上端的孔，然后向上编一个单线双联结并收尾。

10. 另取一条线穿过水晶配件下端的孔，然后系两条流苏即可。

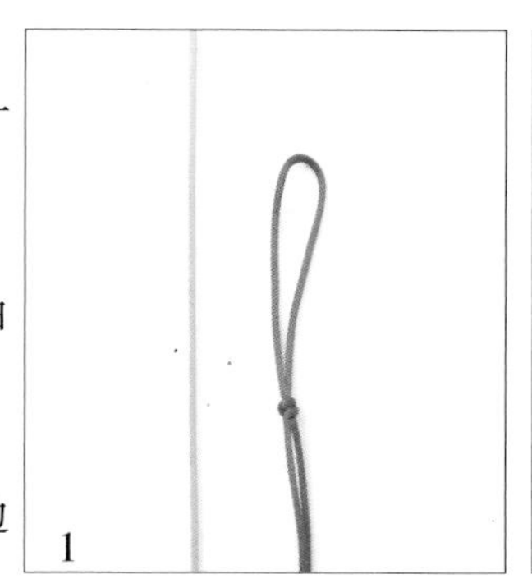
1

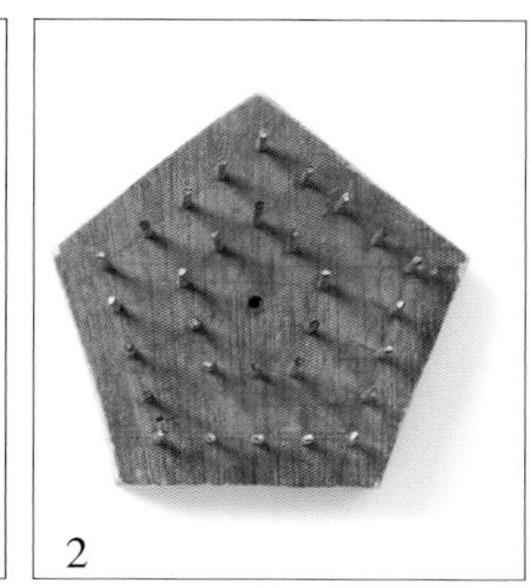
2

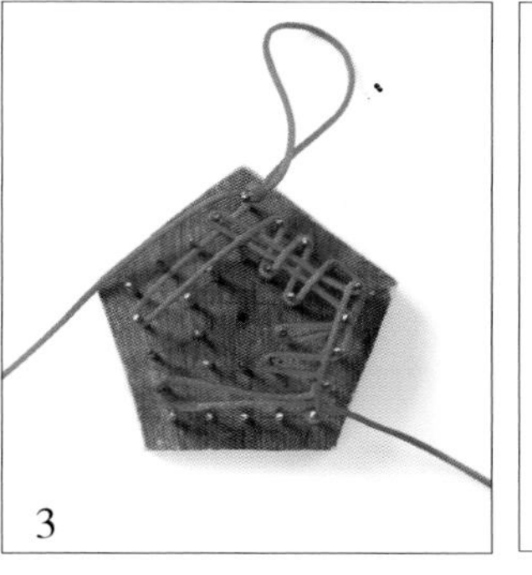
3

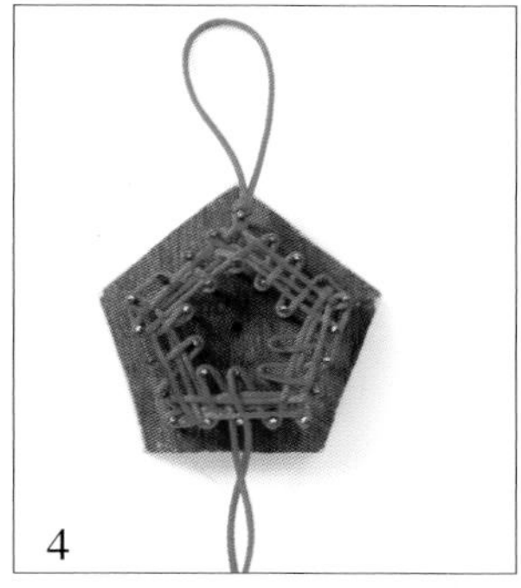
4

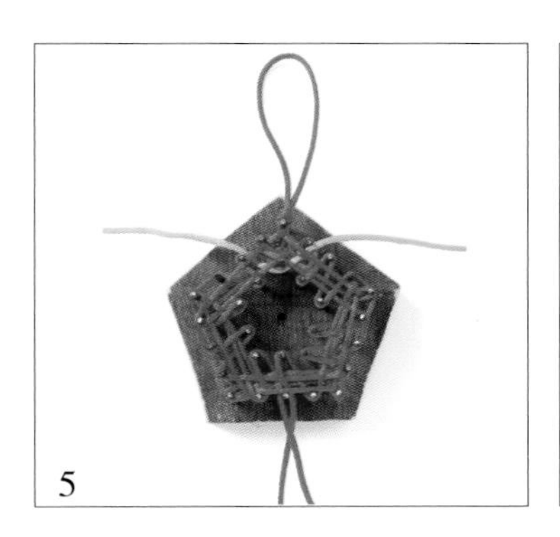
5

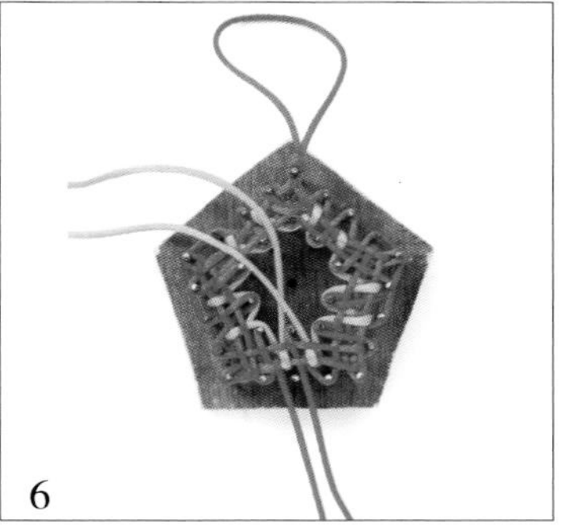
6

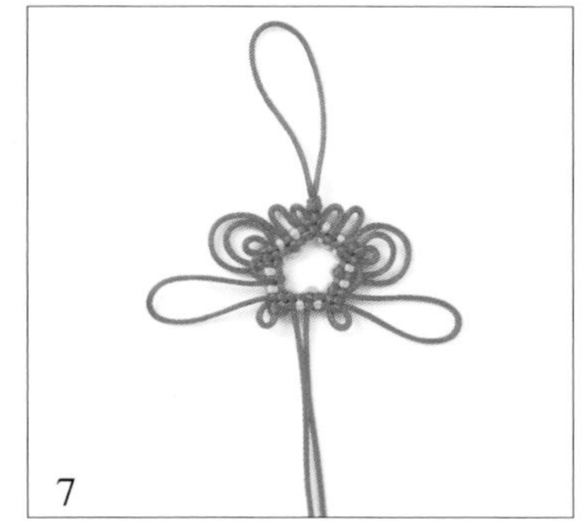
7

8

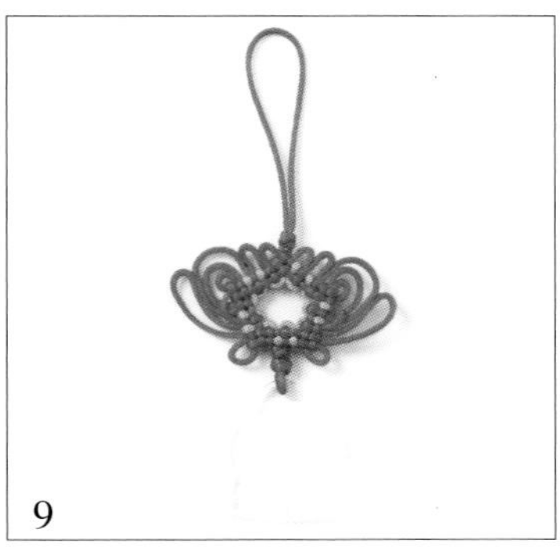
9

10

生龙活虎

制作过程

1. 如图，准备一条线并对折。

2. 用这条线编一个双联结，然后在双联结的上端绕一段紫色的股线。

3. 如图，准备一块垫板。

4. 用紫色的股线在两条尾线的外面绕六段线，然后用其中的一条线如图所示在垫板上横向走两个来回，由此开始编一个二回盘长结。

5. 用另一条线如图所示在垫板上纵向走两个来回，然后继续完成二回盘长结接下来的步骤。

6. 完成一个二回盘长结。

7. 调整好结体。

8. 用两条尾线系一块玉石配件。

9. 在玉石配件的下端加一条线。

10. 用紫色的股线在这两条线的外面绕六段线，由此开始编一个蝴蝶盘长结。

11. 如图，准备一块垫板。

12. 用尾线在垫板上完成一个蝴蝶盘长结。

13. 调整好蝴蝶盘长结的结体。

14. 用两条尾线分别编一个酢浆草结。

15. 用两条尾线合编一个酢浆草结。

16. 用两条尾线如图所示穿入三条流苏，然后分别向上穿过酢浆草结的耳翼。

17. 收紧尾线，调整结体即可。

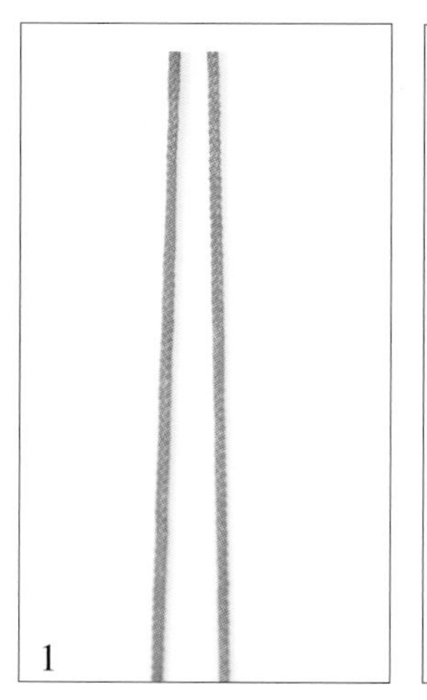
1

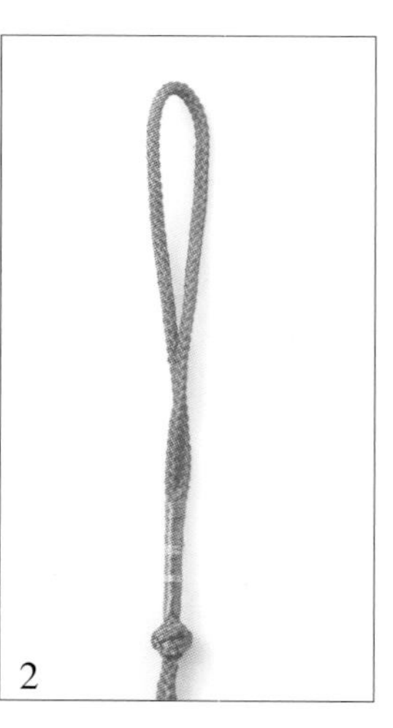
2

3

4

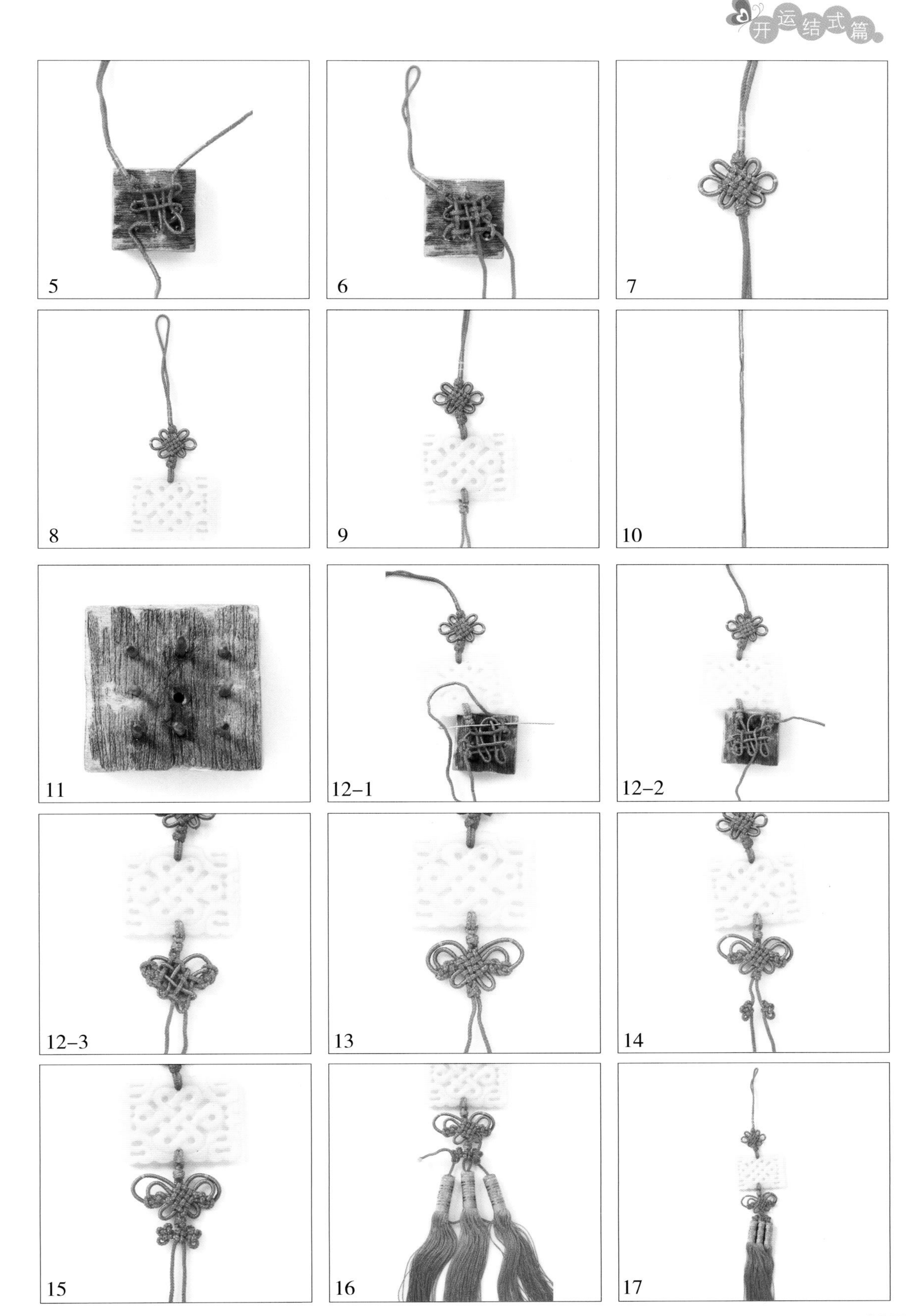
5
6
7
8
9
10
11
12–1
12–2
12–3
13
14
15
16
17

福寿康宁

制作过程

1. 用一条棕色的线编一个双联结，然后在双联结的下端加一条黄色的线，再用棕色的线编一个双联结固定。

2. 如图，用棕色的线在垫板上纵向走四个来回，然后用黄色的线纵向走两个来回，由此开始编一个一字复翼盘长结。

3. 用这两条尾线继续编一字复翼盘长结，注意黄色的线挑、压的次序。

4. 调整好结体。

5. 在一字复翼盘长结的两端分别系一只貔貅，然后用中间的两条尾线依次编一个双联结和一个酢浆草结，再向下穿过貔貅绑好。

6. 在貔貅的下端编一个复翼盘长结。

7. 最后用两条尾线分别系上流苏即可。

1

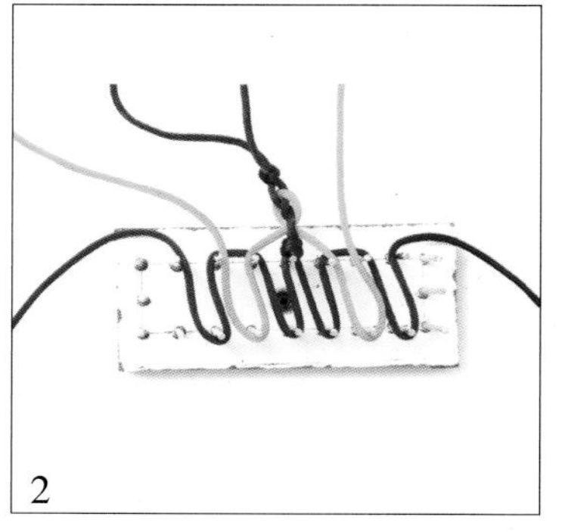
2

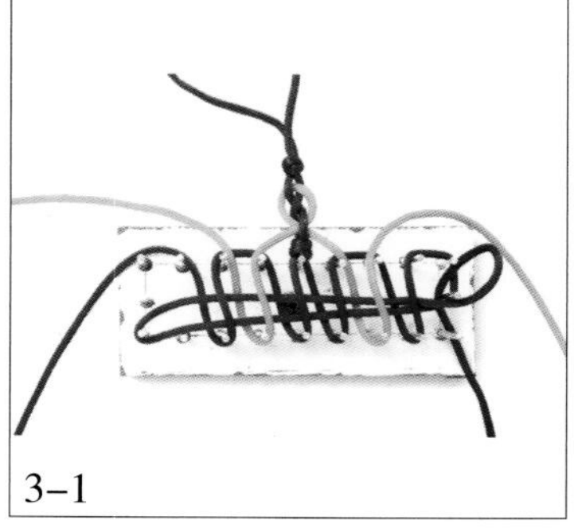
3–1

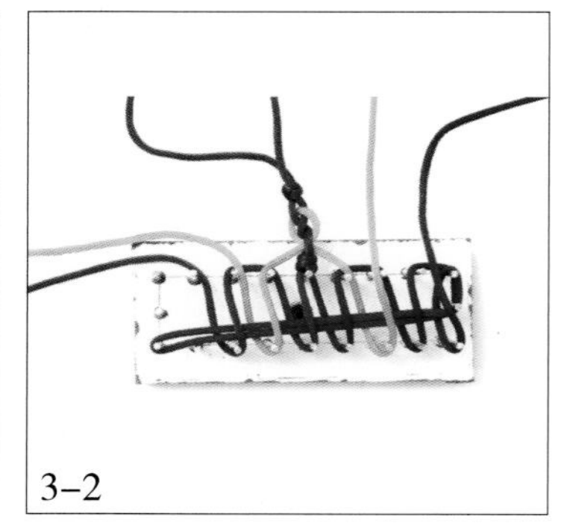
3–2

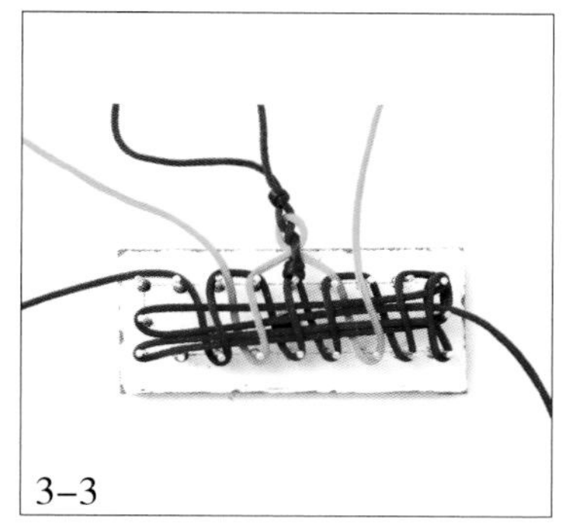
3-3

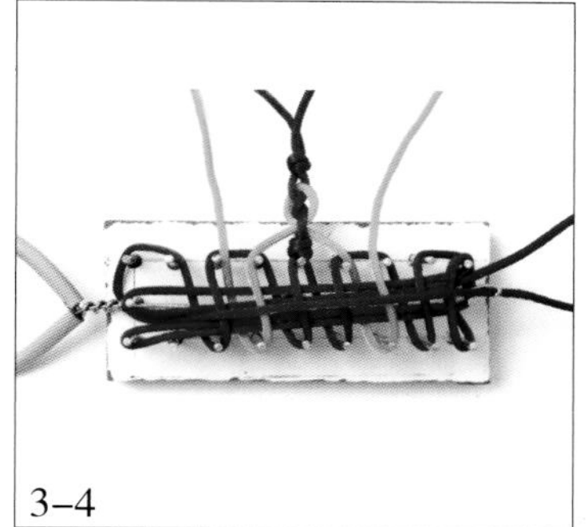
3-4

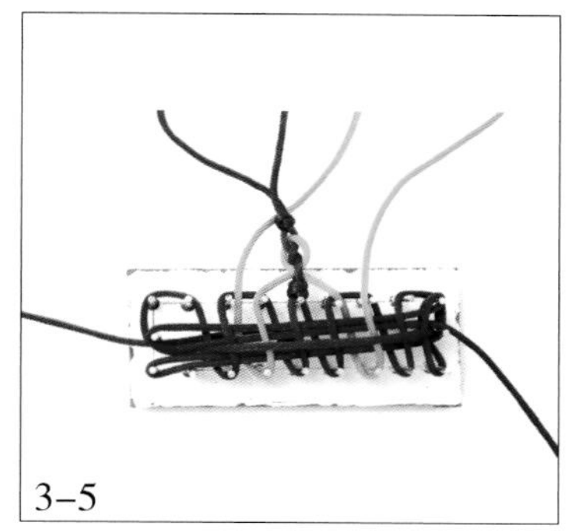
3-5

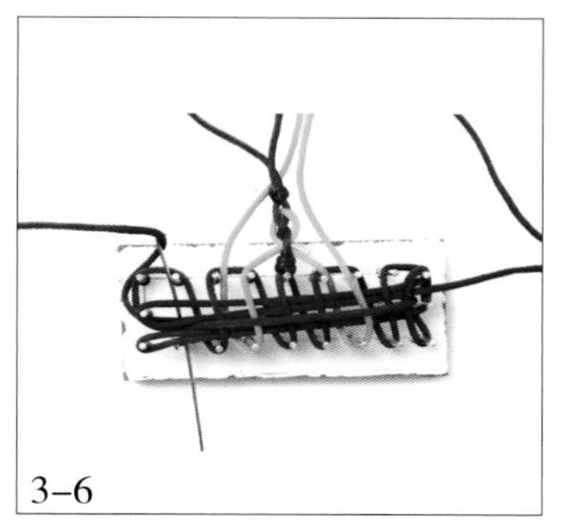
3-6

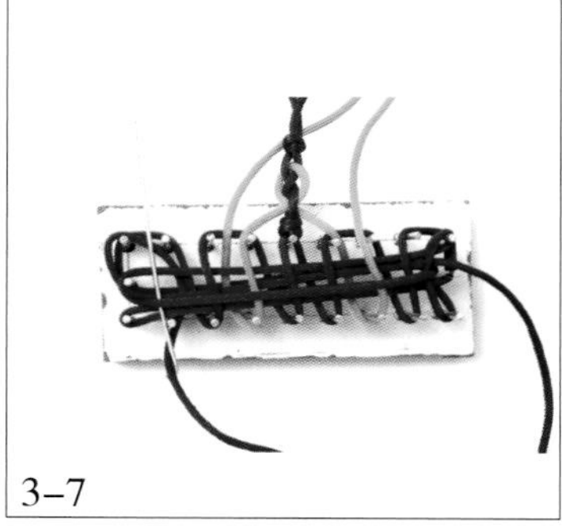
3-7

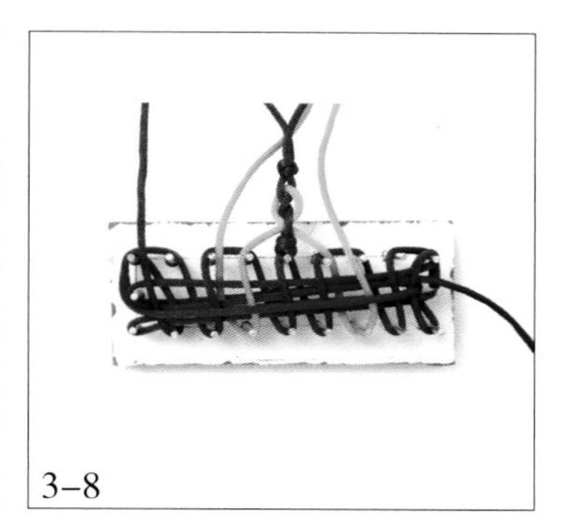
3-8

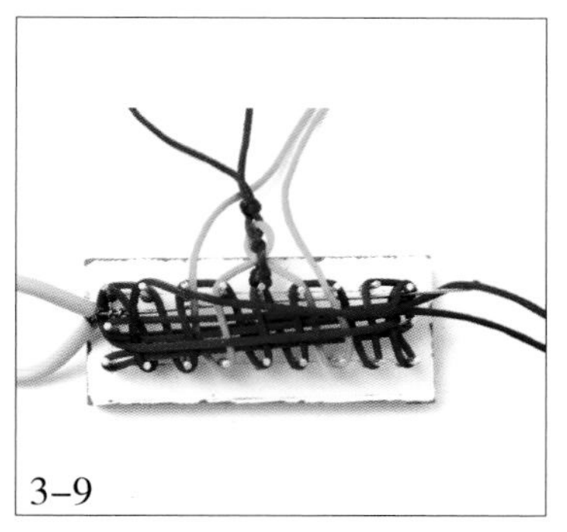
3-9

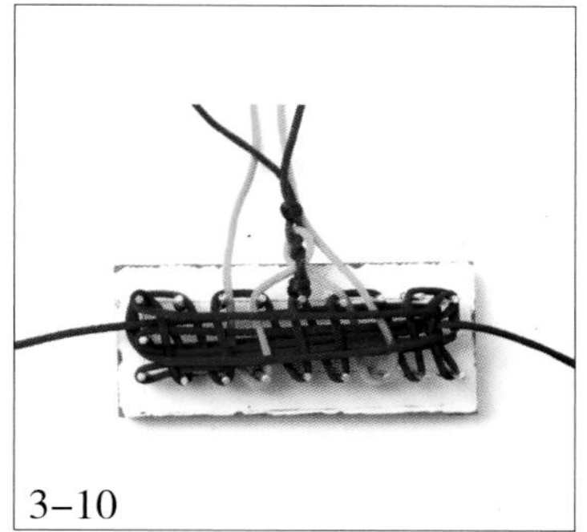
3-10

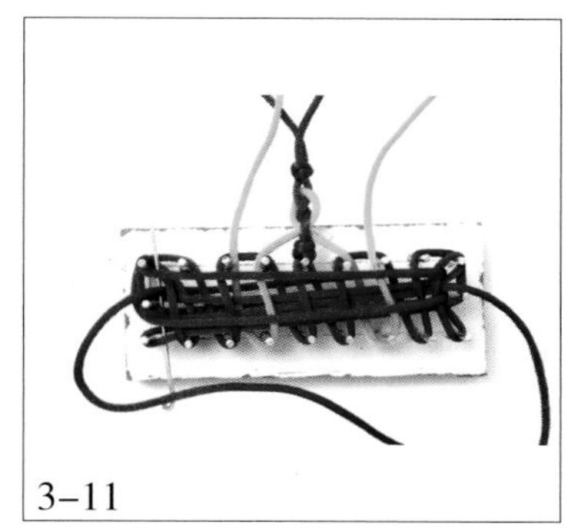
3-11

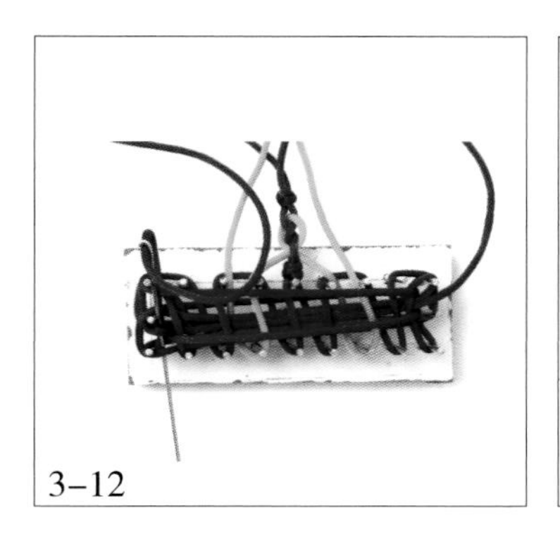
3-12

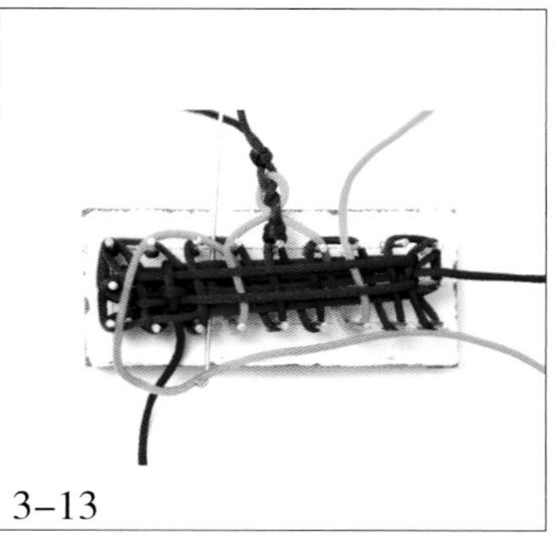
3-13

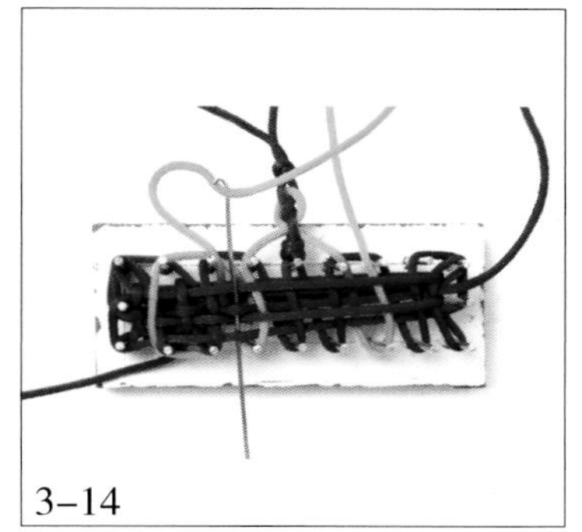
3-14

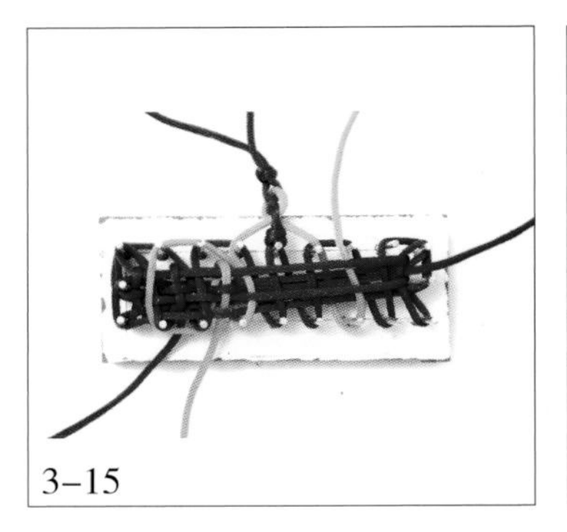
3–15

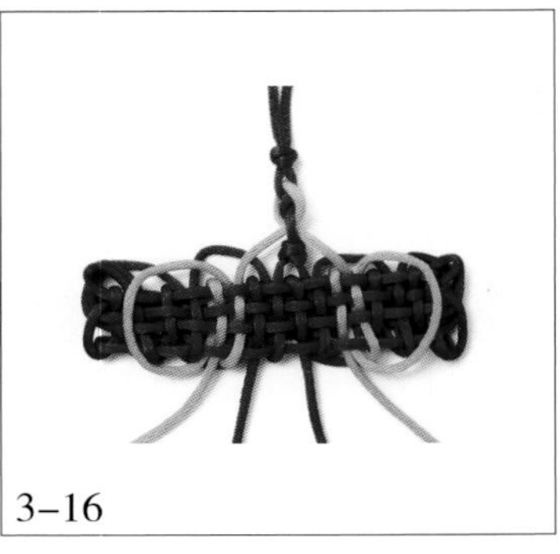
3–16

4

5

6–1

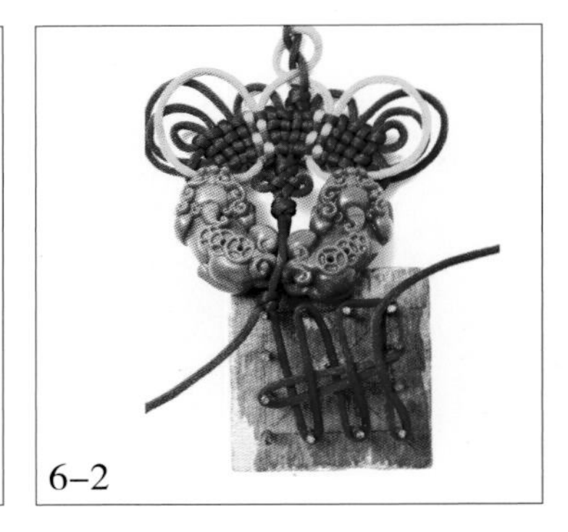
6–2

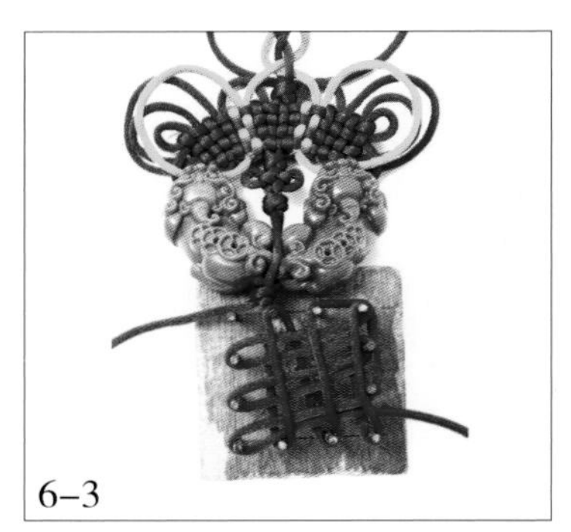
6–3

6–4

6–5

6–6

7

逢吉丁辰

制作过程

1. 用一条线编一个双联结。

2. 在垫板上编一个单翼磬结。

3. 将单翼磬结的结体调整好。

4. 用针穿一条线，在单翼磬结的左右两侧分别编一个双钱结，呈蝴蝶的形状。

5. 用针穿一条金线，跟着步骤 4 中的线的走法走一次。

6. 用尾线系一块玉石配件。

7. 将两条尾线分别向两侧拉出，形成两个耳翼，然后用这四个方向的线相互挑、压，编一个六耳吉祥结。

8. 最后用尾线添加两条流苏即可。

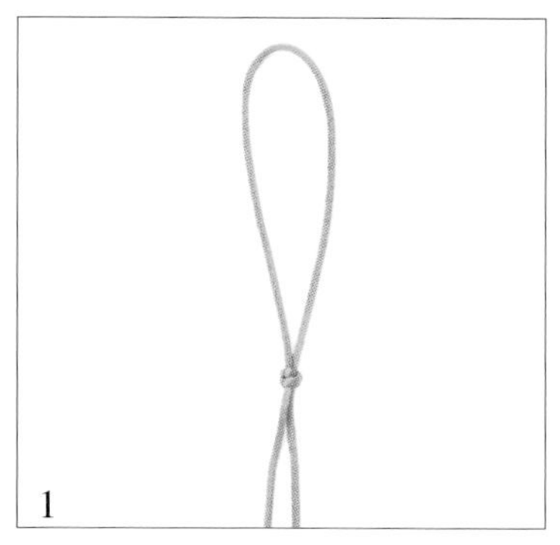

1

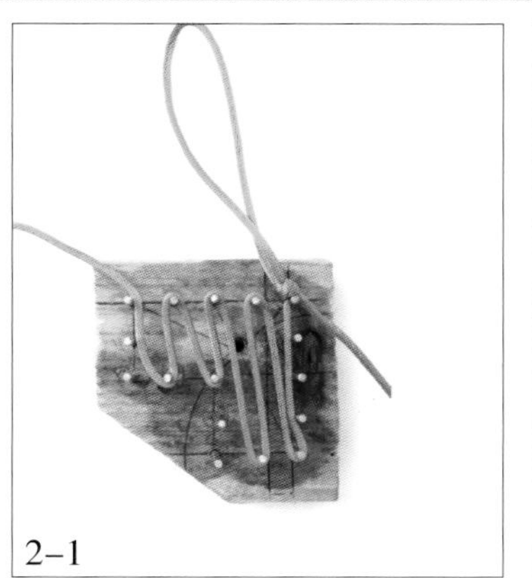

2–1

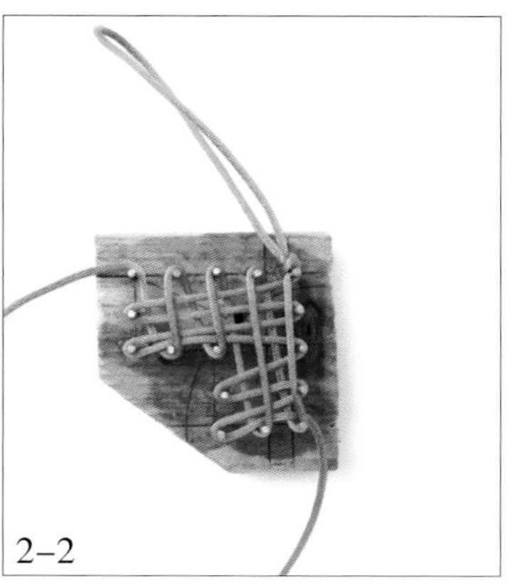

2–2

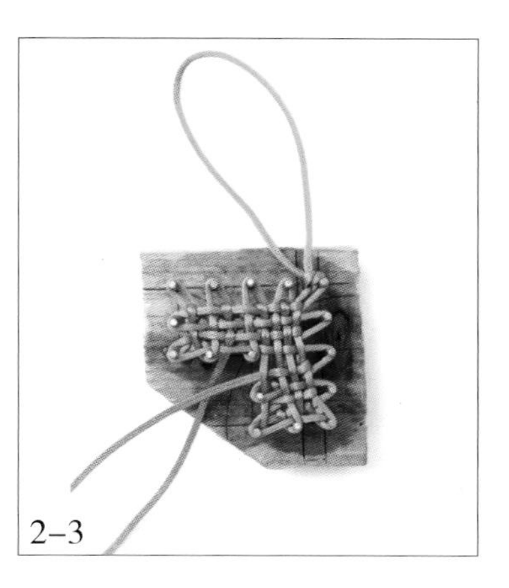

2–3

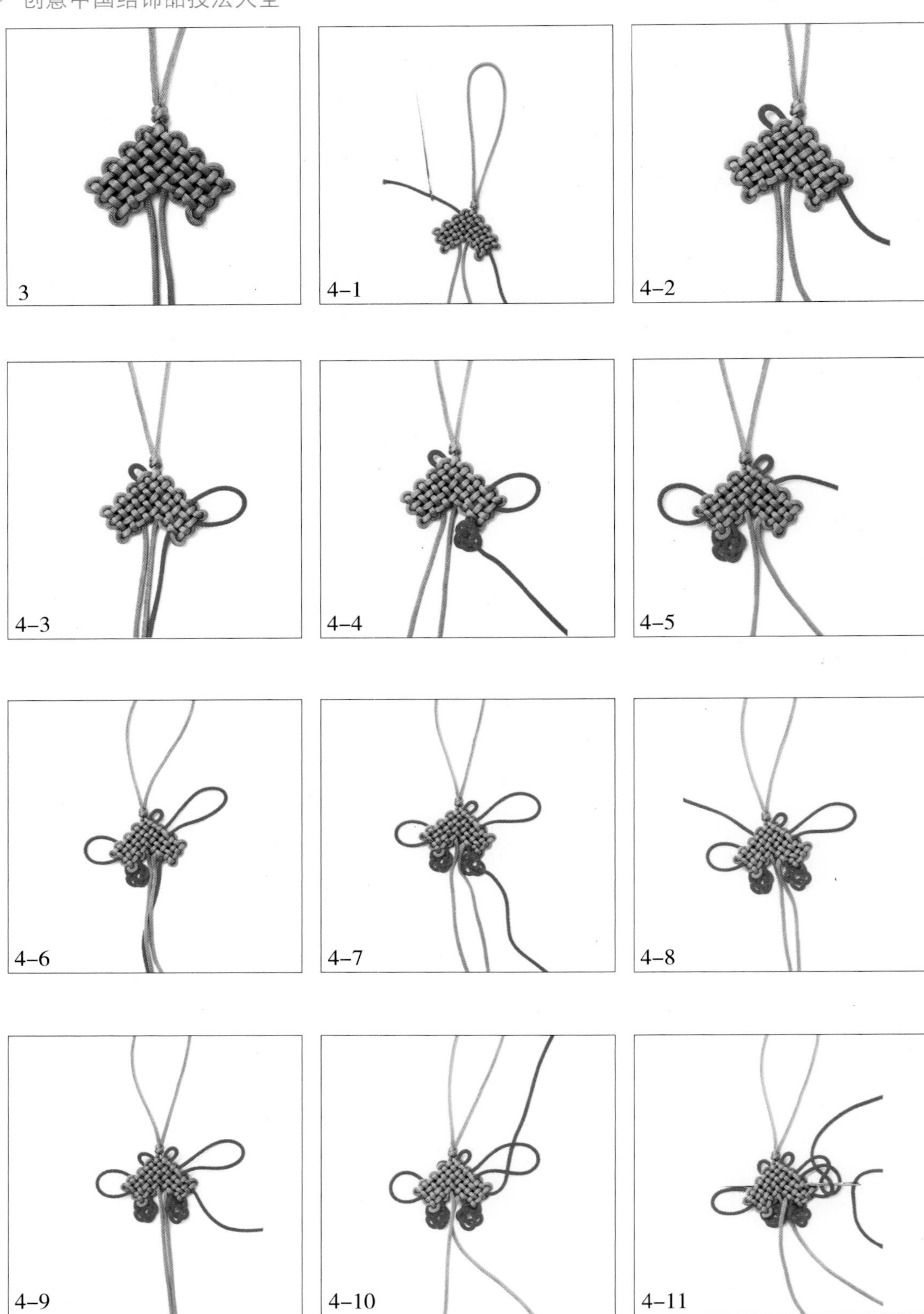
3
4-1
4-2
4-3
4-4
4-5
4-6
4-7
4-8
4-9
4-10
4-11

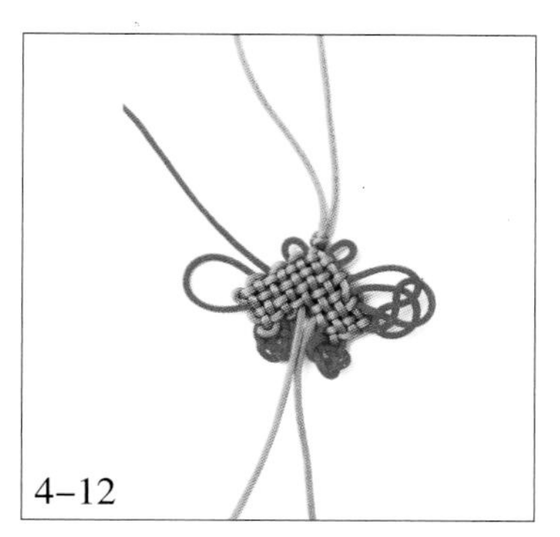
4–12

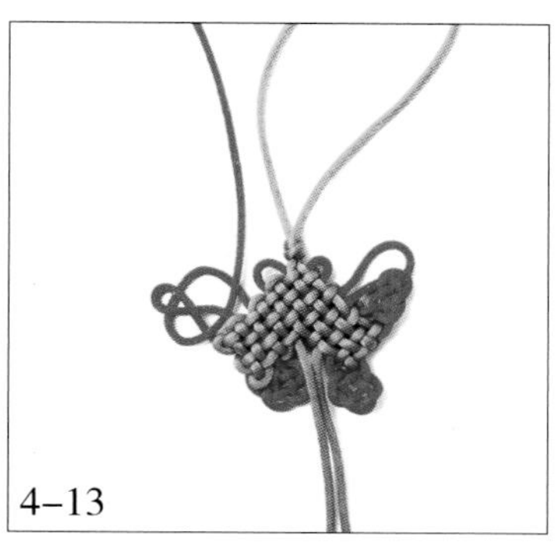
4–13

4–14

4–15

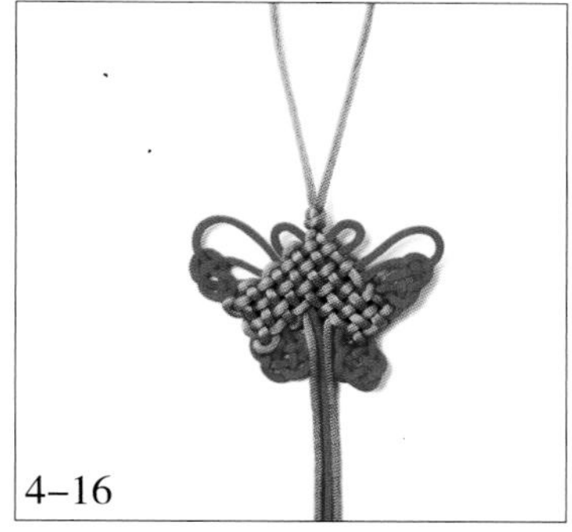
4–16

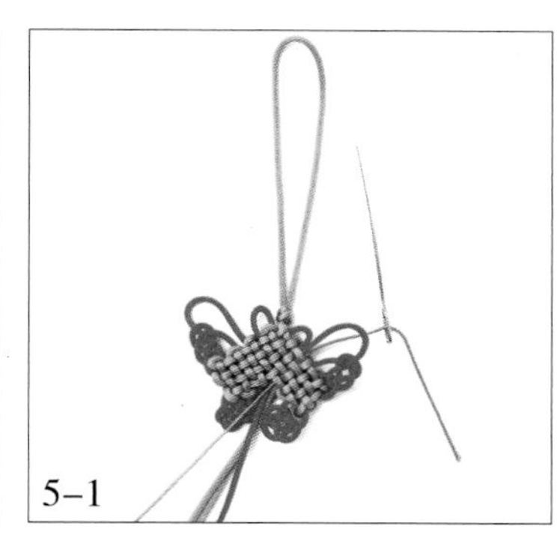
5–1

5–2

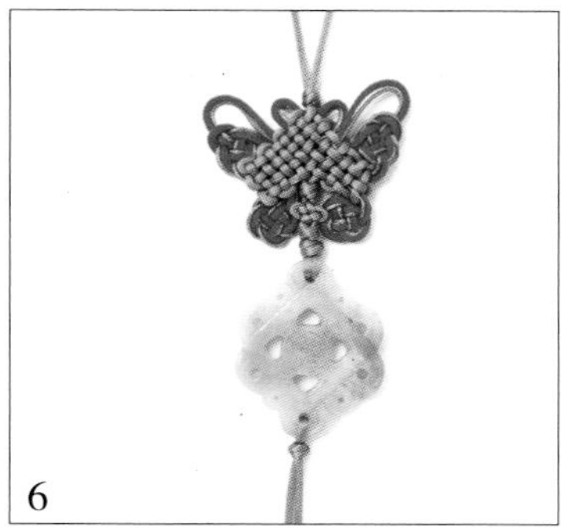
6

7–1

7–2

7–3

8

制作过程

1. 用一条线编一个双联结。
2. 用两条尾线分别编一个酢浆草结。
3. 用两条尾线在中间组合完成一个酢浆草结，然后编一个双联结，再在垫板上编一个三角盘长结。
4. 调整好三角盘长结的结体，然后用针穿一条线，在酢浆草结和三角盘长结的结体上面编双环结。
5. 在三角盘长结的下端穿磨砂金珠和陶瓷配件。
6. 用两条尾线在垫板上编一个三回盘长结。
7. 调整好三回盘长结的结体，然后用针穿一条线，在三回盘长结两侧分别编一个双环结。
8. 最后在这款挂饰的下端系三条流苏即可。

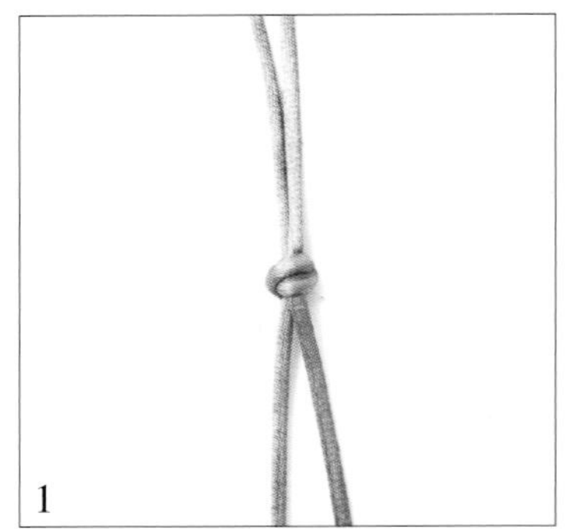
1

2

3-1

3-2

3–3
4–1
4–2
4–3
4–4
5
6–1
6–2
7–1
7–2
7–3
7–4
7–5
8

图书在版编目（CIP）数据

创意中国结饰品技法大全 / 崔芳艳编著. —杭州：浙江科学技术出版社，2017.5

ISBN 978-7-5341-7356-1

Ⅰ. ①创… Ⅱ. ①崔… Ⅲ. ①绳结—手工艺品—制作—中国—图解 Ⅳ. ①TS935.5-64

中国版本图书馆CIP数据核字(2016)第297839号

书　　名　创意中国结饰品技法大全
编　　著　崔芳艳

出版发行　浙江科学技术出版社
杭州市体育场路347号　　邮政编码：310006
办公室电话：0571-85176593
销售部电话：0571-85062597　0571-85058048
E-mail：zkpress@zkpress.com
排　　版　广东炎焯文化发展有限公司
印　　刷　杭州锦绣彩印有限公司
经　　销　全国各地新华书店

开　　本　787×1092　1/16　　印　张　15
字　　数　200 000
版　　次　2017年5月第1版　　印　次　2017年5月第1次印刷
书　　号　ISBN 978-7-5341-7356-1　　定　价　55.00元

责任编辑　王巧玲　仝　林　　**责任美编**　金　晖
责任校对　赵　艳　　**责任印务**　田　文
特约编辑　胡燕飞